本书受国家社会科学基金教育学青年项目（CIA200273）"网络强国战略下网络安全人才需求匹配机制与培养路径研究"资助。

网络安全人才供需匹配机制与培养路径研究

洪宇翔　著

ZHEJIANG UNIVERSITY PRESS
浙江大学出版社
·杭州·

图书在版编目（CIP）数据

网络安全人才供需匹配机制与培养路径研究 / 洪宇
翔著. -- 杭州：浙江大学出版社，2025. 7. -- ISBN
978-7-308-26177-7

Ⅰ. TP393.08

中国国家版本馆 CIP 数据核字第 2025NS4568 号

网络安全人才供需匹配机制与培养路径研究

洪宇翔　著

责任编辑	傅百荣	
责任校对	徐素君	
封面设计	周　灵	
出版发行	浙江大学出版社	
	（杭州市天目山路 148 号　邮政编码 310007）	
	（网址：http://www.zjupress.com）	
排　　版	杭州好友排版工作室	
印　　刷	杭州钱江彩色印务有限公司	
开　　本	710mm×1000mm　1/16	
印　　张	16.5	
字　　数	314 千	
版 印 次	2025 年 7 月第 1 版　2025 年 7 月第 1 次印刷	
书　　号	ISBN 978-7-308-26177-7	
定　　价	78.00 元	

序　言

保障国家安全,人才是第一资源。习近平总书记多次说过,"没有网络安全就没有国家安全"。^①近年发生的俄乌冲突、新一轮巴以冲突一再印证网络空间安全问题不仅是经济安全问题,更是政治和国土安全问题。早在2016年,习近平总书记在网络安全和信息化工作座谈会上就曾强调:"网络空间的竞争,归根结底是人才竞争。"^②必须站在国家安全的高度,考虑网络安全人才的发展问题。

本专著在国内较先从宏观视角系统论述网络安全人才发展战略,包括围绕"网络安全人才供需匹配"核心问题,清晰界定网络安全人才供需匹配的内涵和意义,建立区域层面网络安全人才供需匹配评价模型,探讨当前我国网络安全人才供需匹配存在的问题并提出对策,对我国深入推进网络强国战略人才支撑路径的探寻提供重要的理论和现实指导。总体上,本专著创新点如下:

(1)研究视角创新。本专著从宏观层面分析网络安全人才的供需匹配。宏观人才管理关注整个社会、国家、地区、产业的人才发展,其人才观是"大人才观",目的在于提高国家和地区特定领域人才的质量和数量,以打造基于人力资本的核心竞争力。通过深入分析网络安全人才宏观管理与人才强国战略、网络强国战略、创新驱动发展战略、数字中国战略等的关联,将网络安全人才宏观管理嵌入国家层面战略实施框架内,深化"人才是第一资源"具体内涵,展示网络安全人才供需匹配在国家安全语境下的故事脉络。

(2)研究方法创新。网络安全人才供需匹配是典型的跨学科研究主题,需要围绕关键问题,充分整合运用跨领域理论和研究方法。本专著坚持辩证唯物主义和历史唯物主义方法论,采取理论与实践相结合、定性与定量相结合的研究方法,包括运用扎根理论方法构建区域网络安全人才供需匹配评价模型,通过文本挖掘法提炼网络安全人才胜任力,通过实证研究探究网络安全行为和意识的提升机制,通过系统动力学方法对网络安全人才规模涌现性进行动态建模仿真。

---

① 习近平:把我国从网络大国建设成为网络强国[EB/OL]. 新华网,(2014-02-27)[2024-02-01]. http://www.xinhuanet.com//politics/2014-02/27/c_119538788.htm.

② 习近平在网络安全和信息化工作座谈会上的讲话[EB/OL]. 新华网,(2016-04-26)[2024-02-01]. http://www.xinhuanet.com/zgjx/2016-04/26/c_135312437-6.htm.

研究方法创新将网络安全人才供需匹配落到不同应用场景,可以为不同主体的认知和行动提供系统可操作的指南。

(3)实践启示创新。人文社科的研究启示应有力支持服务国家和地区实践需要。本专著的研究并非空中楼阁,而是在充分把握网络安全新形势新问题新特征的基础上,对全球先进国家网络安全人才促进政策进行了系统梳理,此举能够帮助我们汲取先进经验;基于充分调研访谈和资料分析发掘我国网络安全人才供需匹配的现实问题。例如,瞄准其他先进国家在网络安全知识体系构架和应用上的经验,提出要进行网络安全知识体系本土化,为人才培养和培训开发提供指导;考虑网络靶场作为支撑前沿技术研究、实战攻防演练、人员培训的重要作用,提出密切跟踪国际网络安全科学装置发展前沿,从国家安全和区域发展的高度谋划布局一批网络安全科学装置,并通过国家战略性重点项目全力推进建设。

目　录

第十一章 总结与展望

附 录

图目录

表目录

第一章 绪 论

第一节 研究背景与意义

我国是网络大国,不管是互联网发展水平还是数字经济规模都稳居全球前列。根据中国互联网络信息中心(CNNIC)发布的第 52 次《中国互联网络发展状况统计报告》,我国网民规模达 10.79 亿人,域名总数达 3024 万个,网民使用手机上网的比例达 99.8%;《数字中国发展报告(2022 年)》显示,2022 年我国数字经济规模达 50.2 万亿元,总量稳居世界第二,占 GDP 比重提升至 41.5%,数字经济成为稳增长促转型的重要引擎。网络空间的扩张促进了主要行业生产力提升,并正在改变我们的工作和生活方式,人们越来越依赖互联网来获得日常便利、基本服务和经济繁荣。这种变化的规模和速度往往超过我们的制度、法律和社会规范的变化,也释放出前所未有的复杂性、不确定性和风险。

2019 年上半年,国家互联网应急中心发现我国境内 40 多家大型工业云平台持续遭受漏洞利用、拒绝服务、暴力破解等网络攻击,有 6814 个工业设备、涉及 37 家厂商的 50 种产品存在安全隐患。① 2020 年上半年,在中国境内疫情防控期间,医疗行业成为境外国家和地区的重要网络攻击目标,"白象"及"海莲花"等高级持续性威胁(APT)组织通过伪装疫情热点的恶意文件,对医疗行业及相关人员发起定向攻击,运行恶意程序,窃取敏感数据。② 2021 年上半年,监测数据发现位于境外的约 4.9 万个计算机恶意程序控制服务器控制我国境内约 410 万台主机。③

目前,网络安全问题不断向政治和国防等领域传导渗透,例如在俄乌冲突期间,双方都遭到持续系统的网络攻击。随着我国网络强国、数字中国战略的快速

---

① 2019 年上半年我国互联网网络安全态势[R].北京:国家计算机网络应急技术处理协调中心,2019.

② 2020 年中国互联网网络安全报告[R].北京:国家计算机网络应急技术处理协调中心,2021.

③ 2021 年上半年我国互联网网络安全监测数据分析报告[R].北京:国家计算机网络应急技术处理协调中心,2021.

推进,在众多行业和重要经济领域将会形成一批新型信息基础设施,大量关系国家安全、经济发展和公众利益的活动都将与网络安全有关。今天的网络安全比以往任何时候都更关乎国土安全。随着恐怖分子、个人犯罪分子、跨国犯罪组织和其他恶意行为者将其活动转移到数字世界,长期存在的威胁正在演变。通过网络空间提供基本服务——如电力、金融、交通、水和医疗——也带来了新的漏洞,并为网络安全事件可能带来的灾难性后果打开了大门。越来越多的联网设备和对全球供应链的依赖进一步增加了风险的复杂性。

早在 2016 年,习近平总书记在网络安全和信息化工作座谈会上就曾强调:"网络空间的竞争,归根结底是人才竞争。"[①]保障网络安全,维护网络空间主权、国家安全和社会公共利益,是我国从网络大国向"战略清晰、技术先进、产业领先、攻防兼备"的网络强国转变的关键环节。这需要聚天下英才而用之,要有世界水平的科学家、网络科技领军人才、卓越工程师、高水平创新团队提供智力支持,需要一大批能够熟练完成"态势感知、持续监控、协同防御、快速恢复和溯源反制"任务的网络安全人才队伍的支撑。[②] 网络空间主权之争是国家生存空间争夺战的深层延伸,在这场"看不见硝烟"的战争中,每一名网络安全人才就是一名"战士"。2020 年初的新冠疫情防控充分反映了在重大突发事件环境下相关应急管理人才供需匹配和能力储备的重要性。

在全球范围内,网络安全人才供需不匹配的问题广泛存在。致力于培训和提升网络安全专业人员的非营利组织(ISC)[2]估计,截至 2021 年底,有 270 万个空缺职位申请,其中 140 万个在亚太地区。[③] 我国工业和信息化部发布的《网络安全产业人才发展报告(2021)》显示,我国网络安全专业人才累计缺口在 140 万以上,而每年相关专业的高校毕业生仅 2 万余人,人才供给远远落后于数字化发展整体速度。[④] 据 2022 年《网络安全人才实战能力白皮书》预测,到 2027 年,我国网络安全人员缺口将达 327 万人,但是目前我国网络空间安全人才年培养规模在 3 万人左右,远远赶不上人才需求的迅速增长。[⑤] 此外还存在网络安全人员能力素质不高、结构不尽合理等问题。如何厘清在网络强国战略下满足特定

① 习近平在网络安全和信息化工作座谈会上的讲话[EB/OL].新华网,(2016-04-26)[2024-02-01]. http://www.xinhuanet.com/zgjx/2016-04/26/c_135312437_6.htm.

② Yang, X. , Wang, W. , Xu, X. , Pang, G. , Zhang, C. (2018). Research on the Construction of a Novel Cyberspace Security Ecosystem. *Engineering*, 4(1), 47-52.

③ (ISC)[2]. (2021). *Cybersecurity Workforce Study*, available at: https://media. isc2. org/-/media/ Project/ISC2/Main/Media/documents/research/ISC2-Cybersecurity-Workforce-Study-2021. pdf[2024-02-01].

④ 网络安全产业人才发展报告[R].北京:工业和信息化部人才交流中心等,2021.

⑤ 网络安全人才实战能力白皮书[R].北京:北京航空航天大学等,2022.

网络安全任务需求的网络安全人才特质与匹配机制,提出网络安全人才培养路径,是一项具有重要现实意义的研究课题。

第二节　主要内容

本书共分十一章。

第一章,绪论。介绍本书的研究背景和研究意义;提炼了本书的主要内容;以及介绍本书涉及的研究方法。

第二章,基本概念和理论基础。介绍本研究的基本概念,包括网络安全人才的界定、宏观人才管理的界定以及网络安全人才宏观管理的界定,并提出网络安全人才宏观管理的核心问题是供需匹配;介绍本研究的理论基础,包括宏观层面的理论,如人力资本理论、新增长理论、推拉理论和宏观人才管理理论;中微观层面理论,如人力资源规划理论、人—环境匹配理论以及其他组织行为学理论。

第三章,网络安全人才研究综述。采用科学文献计量的方法,借助CiteSpace软件对网络安全人才研究领域的文献进行作者、机构、国家、关键词等方面的可视化分析,绘制出研究文献的关键词、聚类图谱,得到当前网络安全人才领域的发展现状、研究热点,并预测出未来的研究趋势。

第四章,网络安全人才发展各国举措。对全球其他国家和地区(包括美国、欧盟、英国、俄罗斯和日本)网络安全人才发展政策进行综述,发现目前全球网络安全人才发展的共同点,包括强调合作、扩大输入、提升全民网络安全素养、尽早开发人力、知识技能跨界性、建立知识体系、加强供需匹配等。

第五章,网络安全人才供需匹配评价框架。从"以评促建"视角提出区域层面构建网络安全人才供需匹配评价框架的重要性;介绍过程性评价的思想基础以及将CIPP框架作为指导理论的依据。评价框架的构建,遵循Straussian扎根理论研究方法的步骤,借助NVivo 11软件对数据进行编码和分析,在67个初始概念中提炼16个子范畴,并归纳环境基础、发展规划、人才开发、人才流动、匹配效果等5个主范畴,构建区域网络安全人才供需匹配形成的"故事线",并进行详细阐释。

第六章,网络安全人才系统动力学建模。介绍了系统动力学方法思想基础、建模流程和实现软件;梳理了系统动力学方法在人才领域的研究现状,提出对于区域网络安全人才规模涌现性进行系统动力学建模仿真的适用性;按照系统动力学建模过程,依据上一章得到的区域网络安全人才供需匹配五方面主范畴,确定网络安全人才规模涌现的系统边界,建立因果关系图和流图;运用Vensim软件对不同情景下网络安全人才规模涌现过程进行模拟仿真,提出对策建议。

第七章,网络安全人才胜任力模型研究。介绍了胜任力的内涵,以及网络安全人才胜任力的实践基础和研究现状;在对过往胜任力模型构建方法进行综述的基础上提出通过 Python 进行文本挖掘分析方法的适用性和优越性;依照网页分析、数据预处理、词频分析等步骤,从需求的角度对网络安全人才的胜任力模型进行构建;最后将胜任力模型用于对某高校信息安全专业培养方案进行评价,提出改进对策建议。

第八章,网络安全行为和意识提升实证研究。将网络安全人才从"some people"(有些人)到"all the people"(所有人)进行拓展,认为网络安全人才的胜任力最终体现在行为和意识中。介绍网络安全行为的研究模型;运用详尽可能性模型对教育培训影响网络安全行为的过程进行实证研究;基于资源保存理论和社会交换理论,将网络用户分为个体使用和组织使用场景,探索环境支持对不同场景下个体网络安全行为影响的差异;结合创新扩散理论和网络编排理论,提出提升网络安全意识的过程、认知属性和载体设计思路。

第九章,网络安全人才培养质量模型构建。结合质量功能展开方法,在对网络安全人才培养需求和质量特性进行梳理和量化的基础上,提出了基于质量屋的网络安全人才培养质量评价模型,旨在提供系统呈现网络安全人才培养质量的图式。

第十章,我国网络安全人才培养路径研究。对我国网络安全人才培养现状进行梳理;并提出我国网络安全人才培养路径,包括加强顶层设计,完善体制框架;推动"四链融合",促进系统发展;优化培养方案,培养复合人才;加强师资队伍,科教融合支撑;加速靶场建设,加强实践教育;建立评估标准,推动人才流动等。

第十一章,总结和展望。

第三节　研究方法

本研究坚持辩证唯物主义和历史唯物主义方法论,采取理论与实践相结合、定性与定量相结合的研究方法。

1. 运用扎根理论方法构建区域网络安全人才供需匹配评价模型

区域层面关于网络安全人才供需匹配机制的研究成果仍处于空白,在理论层面还缺乏一个适用于实际情景分析的科学评价框架,亟须从原始资料中形成结论和理论,对其行为和意义建构形成解释性理解。此外,网络安全人才供需匹配不是冷冰冰的数据匹配,而是要高度关注从业人员、用人单位的感知和体验,捕捉在供需匹配场景下的各方观点和态度。因此,本研究运用扎根理论方法识别区域网络安全人才供需匹配"故事线",提炼关键影响变量。扎根理论提出"数据采集—概念演变—理论形成"的探索过程。本研究选择 Straussian 的扎根方法,通过开放性编码、主轴性编码和选择性编码三个过程来实现。

2. 通过文本挖掘法提炼网络安全人才胜任力

采用文本挖掘法(Text Mining),从大量的、非结构化的工作说明(Job Description)中提取重要关键词。主要包括三个步骤:网页分析、数据预处理、词频分析。三个步骤使用的主要工具分别是:(1)网页分析——代理 IP 设置;(2)数据预处理——python-jieba 分词;(3)词频分析——为了剔除高频无效词,保留高频关键词,使用 TF-IDF 技术计算词的权重。通过对公开招聘网站上的"网络安全/信息安全"岗的 Job Description 的爬取,分析大中小型企业对网络安全人才胜任特征的客观要求以实现文本数据的集合,根据 python-jieba 分词、TF-IDF 词频分析以实现关键数据的排序并构建胜任力模型,得出市场对网络安全人才的需求条件。

3. 通过实证研究探究网络安全行为和意识的提升机制

网络安全人才的胜任力最终体现在行为表现中。从网络安全人才"all the people"的视角,基于详尽可能性模型,探讨教育培训如何通过构建知识和社会压力来提升组织成员的网络安全政策遵从行为;基于资源保存理论和社会交换理论,将网络用户分为个体使用和组织使用场景,发现环境支持对不同场景下个体网络安全行为影响的差异。以上实证研究涉及信效度检验、方差分析、相关分析、线性回归、中介效应分析、调节效应分析等方法。

4. 通过系统动力学方法对网络安全人才规模涌现性进行动态建模仿真

系统动力学(System Dynamics)方法是由美国麻省理工学院学者 Forrester 在 1956 年将控制理论、反馈理论、计算和管理科学理论等相结合的基础上提出,其运用多学科的理论集成可以为复杂问题的阐释和解决提供更为系统和完整的方案。[①] 作为一种模拟和分析复杂社会系统行为的方法,系统动力学已被广泛应用于研究各种社会、经济和环境系统,研究成果非常丰富。网络强国战略下网络安全人才的需求匹配和规模提升是网络安全人才多个层面子系统相互耦合、共同作用、循环演化的结果,因此可以借助系统动力学这种系统思考的方法对网络安全人才的涌现机理进行研究。网络安全人才规模、供需匹配等指标将用来

---

① 王其藩.系统动力学[M].上海:上海财经大学出版社,2009:1-2.

表征网络安全人才的状态。这些状态的变化则由初始状态、状态变化率等要素进行表征。状态变化率受到不同子系统状态变量、辅助变量、影子变量的交互影响。在对系统动力学模型边界和要素进行界定的基础上，结合各变量的因果关系，建立状态变量、速率变量、辅助变量之间的反馈结构，运用 Vensim 软件设计因果关系图和流图进行建模仿真。通过调节相关变量参数、考量模型输出敏感性，可以对不同匹配模式对于网络安全人才的绩效和规模状态的影响进行比较分析，从而为政策制定提供支持。

5. 通过质量功能展开方法对网络安全人才培养质量模型进行构建

质量功能展开（Quality Function Deployment，QFD）方法的核心目的在于通过确保产品开发每个阶段的质量来满足客户的需求。质量屋（House of Quality，HoQ）是实现 QFD 的主要工具，旨在将一种图形化的分析矩阵用于将顾客需求转化为具体的产品或服务设计要求，其通常包括客户需求、技术需求、客户与技术需求之间的关联矩阵、客户优先级、竞争分析和技术重要性评级等步骤。研究过程综合了层次分析法、熵权法、决策制定试验与评估实验室方法等以优化网络安全人才培养质量屋构建。

第二章 基本概念和理论基础

第一节 基本概念

一、网络安全人才的界定

在讨论人才管理之前,有必要对人才的概念进行界定。目前全球对于人才并没有统一的定义。客观上,对人才的定义包括以下几个方向:(1)人才是一种"自然能力",即"天赋",人才的能力是天生的,包括天生的智力、创造力和技能,因此"天赋"几乎不可能通过学习后天获得的;(2)人才是一种"能力的精通",是个人后天通过学习和勤加练习获得的;(3)人才是一种"承诺",包括对工作的承诺和对工作单位的承诺,前者被视为与意志、毅力、动机、兴趣和激情有关,后者指的是个人愿意为组织的成功付出努力;(4)人才是"匹配"的结果,即认为人才是相对的,不是绝对的,是个体的特定特征、能力和技能与特定环境的匹配问题,这些特定环境包括组织文化、工作环境和工作类型等。主观上,对人才的定义有两个观点:(1)一种观点认为人才是"所有人",即认为组织价值的创造主要依赖员工,而不是技术、工厂和资本,因为他们是组织绩效的主要决定因素,特别强调组织的成功在于利用每个员工的价值,而非仅仅几个"超级明星";(2)与上一个"包容性"观点相反,另一个观点从"排他性"的角度定义人才,认为人才是组织中的"精英",特别是指有高绩效的和有高潜力的员工。[1]

在本研究中我们认为对人才的定义需要更加包容,可以涵盖以上多个方向和观点,即人才既需要有足够精通的专业知识和技能,也需要和岗位、任务、组织、环境相匹配。有知识和技能,但不能有效匹配,不能充分发挥出人才的作用;能够匹配却没有足够精通的知识和技能,无法应对迅速变化的技术、组织变革和外部环境变化。特别是网络安全人才,既需要有扎实的专业知识和技能,也需要

---

① Gallardo-Gallardo, E., Dries, N., & González-Cruz, T. F. (2013). What is the meaning of "talent" in the world of work? *Human Resource Management Review*, 23(4), 290-300.

有较高的职业素养和政治素养,并且能够与不同网络安全环境、网络安全岗位、组织类型、网络安全任务等情境因素相匹配。此外,相对于"所有人"观点,我们认为人才需要相对一般人力资源有一定的区分性,包括较高的绩效和较高的潜力,网络安全人才非常强调实践性和解决问题的能力,高端网络安全人才还需要具备提出问题的整体解决方案的能力或者进行网络安全技术自主创新的能力,对人才的综合素质有较高要求,因此,并不是所有人都能够胜任网络安全任务。[①] 此外,网络安全是支撑性而非业务性岗位,难以通过市场化的"绩效"对网络安全人才进行简单定义,而更需要强调网络安全人才的复合知识体系和技能,强调其在防范未知网络安全风险以及对未来网络安全突发事件进行有效应急处置的"潜力"。基于此,我们认为网络安全人才是在网络安全相关岗位上具有较高专业知识与技能以及较高匹配度的、具有未来发展潜力的员工。

二、宏观人才管理的界定

人才在组织中可以提供四种资本,包括人力资本、社会资本、政治资本和文化资本。[②] 由于被视为稀缺资源,学者们建议尽可能主动进行人才管理。人才管理的概念在 20 世纪 90 年代末逐渐凸显,反映出各类组织需要调整其人力资源实践,以应对激烈的外部竞争。好的人才管理战略可以帮助组织吸引和留住最优秀的人才。人才管理的本质是通过人才获得竞争优势。人才管理从未像现在这样具有决定性,因为人才是组织可持续成功的主要决定因素之一。[③] 麦肯锡将组织对于人才的趋之若鹜称为"人才之战",并且这场大战并未停歇。[④] 这种情况不仅仅发生在企业、政府和非营利部门等微观层面,也逐渐在国家和区域层面得到重视。

近年来,宏观人才管理(macro talent management)的话题越来越受到关

---

① 即便如此,"所有人"是基础,即全民网络安全意识和技能的水平决定了网络安全人才的发展水平,这种考虑也体现在国内外网络安全人才发展战略中,相关战略我们在第四章中会提及,也会在第八章专门讲述全民网络安全意识和技能提升的影响因素及路径分析.

② Farndale, E. , Scullion, H. , & Sparrow, P. R. (2010). The role of the corporate HR function in global talent management. *Journal of World Business*, 45(2), 161-168.

③ McDonnell,A. (2011). Still fighting the "War for Talent"? Bridging the science versus practice gap. *Journal of Business and Psychology*, 26(2), 169-173.

④ Tung, R. L. , & Lazarova, M. B. (2006). Brain drain versus brain gain: an exploratory study of ex-host country nationals in Central and East Europe. *International Journal of Human Resource Management*, 17(11), 1853-1872.

注,① 也逐渐形成了"从宏观的角度研究人才整体的发展、运行规律以及人才政策体系的学科。它关注的是整个社会、国家、地区、产业的人才发展,其人才观是'大人才观',具体涉及人才的生产和投资、流通和配置以及消费和产出的整体人才社会运行全过程"。② 宏观人才管理的目的是通过关注辖区内直接或间接影响人员技能、知识、素养、流动性等多种相互关联和互动的因素,确保人才规模和质量,促进生产力发展,以利于国家、组织和社会的长期利益。目前,人才争夺战已经加剧并走向全球,许多国家(包括中国、美国、英国、德国、澳大利亚、加拿大、新加坡、印度等)都通过制定各类政策(如移民政策、本土成长政策等)加入了全球人才争夺战,旨在通过人才提升本国和当地经济社会发展的创新动能。

根据欧洲工商管理学院(INSEAD)、波图兰研究所和新加坡人力资本领导力研究所联合发布的《2022年全球人才竞争力指数》,中国已成为最具人才竞争力的中上收入国家,也在金砖国家中排名最高。③ 党的十八大以来,习近平总书记站在党和国家事业发展全局的战略高度,对我国人才事业发展作出一系列重要指示,为新时代做好人才工作提供了根本遵循和行动指南。党的二十大报告强调"教育、科技、人才是全面建设社会主义现代化国家的基础性、战略性支撑。必须坚持科技是第一生产力、人才是第一资源、创新是第一动力,深入实施科教兴国战略、人才强国战略、创新驱动发展战略,开辟发展新领域新赛道,不断塑造发展新动能新优势。我们要坚持教育优先发展、科技自立自强、人才引领驱动,加快建设教育强国、科技强国、人才强国,坚持为党育人、为国育才,全面提高人才自主培养质量,着力造就拔尖创新人才,聚天下英才而用之"④。中国宏观人才管理已经取得了重要成就,在今后一段时间仍然是经济社会发展的重要工作任务。

三、网络安全人才宏观管理

"网络安全领域就好比医疗领域,再好的仪器设备也仅是辅助手段,最终还是依靠医生来解决'运行时'的问题"⑤。本研究主要是从宏观人才管理的视角

① Khilji, S. E., Tarique, I., & Schuler, R. S. (2015). Incorporating the macro view in global talent management. *Human Resource Management Review*,25(3),236-248.

② 赵永乐.宏观人才学概论[M].北京:党建读物出版社,2013:9-11.

③ Lanvin, B., Monteiro, F. *The Global Talent Competitiveness Index* 2022,INSEAD,2022.

④ 新华网.习近平:高举中国特色社会主义伟大旗帜 为全面建设社会主义现代化国家而团结奋斗——在中国共产党第二十次全国代表大会上的报告[EB/OL].求是网,(2022-10-25)[2024-02-01]. http://www.qstheory.cn/yaowen/2022-10/25/c_1129079926.htm.

⑤ 方滨兴.从"人、财、物"视角出发,提升网络空间的安全态势[J].中国科学院院刊,2022,37(01): 53-59.

探讨网络安全人才发展,即以国家网络空间安全为目标,考虑政治经济社会文化等发展现状,对网络安全人才在国家和区域层面的规划、布局、开发和流通等问题进行研究。以下对网络安全人才宏观管理的内涵进行界定(见图1)。

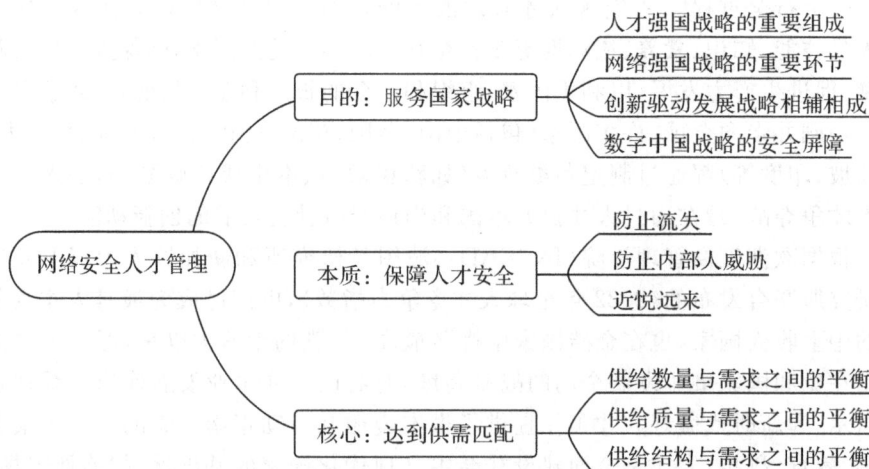

图 1　网络安全人才管理的界定

(一)网络安全人才宏观管理的目的是服务国家战略需求

1. 网络安全人才宏观管理与人才强国战略的关系

党的十八大以来,习近平总书记极为重视人才工作,将人才工作放在全局中的重要战略地位,提出实施人才强国战略等一系列重要论述。2021 年 12 月 16 日出版的第 24 期《求是》杂志发表的习近平总书记的重要文章《深入实施新时代人才强国战略　加快建设世界重要人才中心和创新高地》,对十八大以来党中央做出的建设人才强国的一系列新理念新战略新举措进行了总结:一是坚持党对人才工作的全面领导,二是坚持人才引领发展的战略地位,三是坚持面向世界科技前沿、面向经济主战场、面向国家重大需求、面向人民生命健康,四是坚持全方位培养用好人才,五是坚持深化人才发展体制机制改革,六是坚持聚天下英才而用之,七是坚持营造识才爱才敬才用才的环境,八是坚持弘扬科学家精神。网络安全人才宏观管理是人才强国战略的重要组成部分,是其在网络安全领域的重要实践。

2. 网络安全人才宏观管理与网络强国战略的关系

党的十八届五中全会通过的《中共中央关于制定国民经济和社会发展第十三个五年规划的建议》明确提出实施网络强国战略。习近平总书记指出:"网络空间的竞争,归根结底是人才竞争。建设网络强国,没有一支优秀的人才队伍,没有人才创造力迸发、活力涌流,是难以成功的。念好了人才经,才能事半功倍。"①网络安全人才宏观管理是网络强国战略实施的重要环节。

3. 网络安全人才宏观管理与创新驱动发展战略的关系

党的十八大明确提出要实施创新驱动发展战略。创新驱动根本上就是人才驱动,要实施好创新驱动发展战略,人才队伍的建设是关键,"人才特别是科学家、科技人才、企业家和技能人才等创新型人才是实施创新驱动发展战略的主力军。"②未来,网络安全的问题将越来越复杂,一方面,大数据安全、云安全、物联网安全、工业互联网安全、元宇宙安全等新场景下的安全问题将逐渐凸显,脆弱性加强;另一方面,网络钓鱼、DDoS 攻击、MITM 攻击、勒索攻击等不同形式的攻击手段和技术不断升级,增加了安全威胁。因此,要应对网络安全风险新挑战,必须掌握关键核心技术,一旦被"卡脖子",势必在网络空间安全"战争"中处于劣势。网络安全人才宏观管理与创新驱动发展战略相辅相成。

4. 网络安全人才宏观管理与数字中国战略的关系

《中华人民共和国国民经济和社会发展第十四个五年规划和 2035 年远景目标纲要》明确提出"加快数字化发展　建设数字中国",包括打造数字经济新优势、加快数字社会建设步伐、提高数字政府建设水平、营造良好数字生态。2023年初,中共中央、国务院印发了《数字中国建设整体布局规划》,提出要"强化人才支撑。增强领导干部和公务员数字思维、数字认知、数字技能。统筹布局一批数字领域学科专业点,培养创新型、应用型、复合型人才。构建覆盖全民、城乡融合的数字素养与技能发展培育体系"③。随着数字经济发展、数字社会转型、数字政府建立,越来越多的人和系统暴露在网络空间,对网络安全人才的需求逐步上升,网络安全人才宏观管理是护航数字中国建设的铜墙铁壁。

(二)网络安全人才宏观管理的本质是人才安全

人才安全指的是"国家、地区、组织内部人力资源与社会发展、事业进步的合理匹配和协调增长,免于危险或没有危险,不受威胁或不出事故,有利于主体生产发展的客观状态"④。从国际发展经验来看,发展中国家人才普遍存在向发达国家流动的现象,特别是科技、军事、金融等领域的顶尖人才是各国争夺的重点

① 习近平在网络安全和信息化工作座谈会上的讲话[EB/OL]. 新华网,(2016-04-26)[2024-02-01]. http://www.xinhuanet.com/zgjx/2016-04/26/c_135312437-6.htm.

② 尹蔚民.大力实施人才强国战略——深入学习习近平总书记关于人才工作的重要论述[J]. 求是,2015,640(03):14-16.

③ 新华社.中共中央国务院印发《数字中国建设整体布局规划》[EB/OL]. 中国政府网,(2023-02-27)[2024-02-01]. http://www.gov.cn/zhengce/2023-02/27/content_5743484.htm.

④ 周明丽.新国家安全观视角下的人才安全[J].唯实,2008(01):87-90.

对象。并且人才流动不仅仅发生在国家与国家之间,也包括不同区域、不同行业、不同组织之间的人才流动,人才往往会从经济落后地区流动到经济发达地区,从夕阳产业流动到朝阳产业,从传统制造型企业流动到高薪的互联网企业。人才的流失意味着劳动力的流失、创新主体的缺失乃至国防军事力量的削弱。因此,人才安全是国家安全的重要组成部分,若无法保障人才安全,就会放大军事安全、经济安全、文化安全等的风险,当然也包括网络安全的风险。网络安全人才的流失则意味着能够承担从国家到组织各级网络安全任务的实施主体无法得到充分的补给,这将会导致网络安全威胁的扩大。

此外,安全保障不仅仅是被动防护,也要主动出击,因此人才安全除了要确保人才不外流也要能够吸引更多外部人才。近年来我国实施更加开放的外国人才引进政策,包括改革外国人来华工作管理制度,开辟绿色通道,简化手续,放宽外国留学生在华工作限制,放宽外国人申请永久居留的条件等方式,吸引了大量外籍人才来华交流、工作、创业。[①] 而在区域层面,各个地方也都加紧推动人才战略,"近悦远来",为人才在当地发展提供优渥条件。因为紧缺,网络安全人才更是成为各地争相吸引的重点人才。因此,网络安全人才的问题是数字时代各类组织发展的保障,是数字产业以及数字化转型的传统产业兴旺的基石,是区域可持续发展的血液,更是确保国家安全的重要力量。

(三)网络安全人才宏观管理的核心问题是供需匹配

在针对国家层面人才管理的研究方面,供需匹配是其中一个重要方向。人才供需匹配具有显著的经济和社会影响,人才供需匹配度低不仅会降低生产率和组织效益,安全类人才供需匹配不足更是会产生较大的组织和国家层面的安全隐患。导致人才供需匹配不足的因素包括全球人口和经济趋势,人员和组织的流动性,商业环境、技能和文化的变革,以及劳动力多样性水平。

人才供给和人才需求,是将现代经济学中的"供给"和"需求"范畴引入人力资源管理领域而产生的新概念。人才供给是一个国家或地区能力和素质较高的社会劳动者与谋求职业者所具备的劳动能力的总和。[②] 人才资源供给作为一种现实的生产要素,具有其他生产要素所不具有的无限开发性和高增值性,已成为保障我国经济产业持续发展的重要基础,以及增强综合国力、推动社会进步的决定性因素。本研究结合网络安全发展的特点,将网络安全人才供给定义为有能力进入网络安全行业从事计算机硬件、软件、数据保护工作的就业人员与求业人员的总和。人才需求是指社会在一定时期和一定范围内的人才总需求。人才需

---

① 刘霞,孙彦玲.国家人才安全问题研究[M].北京:中国社会科学出版社,2018:32-45.

② 郑萍.人力资源的供给与需求[J].财经问题研究,1998(11):41-43.

求具有地域性特征。对于一个地区来讲，人才的需求取决于社会、经济、科技、文化、教育等事业的发展。由于各个地区不可能处于相同的发展程度，因此人才需求也不会完全一样。在本研究中，网络安全人才的需求被认为是当前以及未来某一区域的网络安全行业市场对于能够从事计算机硬件、软件、数据保护工作的人才的总需求。

网络安全人才的供给与需求，在网络安全人才市场的发展过程中是相互影响、相互促进的。在供需动态平衡状态下，人才得到充分利用，并且能够良性再生产。[①] 在网络安全场景中，网络安全人才的供需匹配反映了网络安全人才的供给与行业市场对网络安全人才的需求在一定区域内的动态平衡程度，不仅包括网络安全人才供给与需求数量之间达到协调发展的平衡程度，还涉及网络安全人才供给质量与社会需求之间的平衡程度。

第二节 理论基础

一、宏观层面理论

（一）人力资本理论

进入 21 世纪后，生产经济向知识经济进行深刻转变，组织看待"资产"的方式发生了范式转变。传统上，人们一直认为有形资产是组织经济成功的基础。然而，正如 Becker 所描述的。"在大多数国家，物质资源只能解释收入增长的一小部分"。[②] 在知识经济中，劳动力的无形能力和技能以及组织结构、惯例、系统和流程中固有的知识可以为组织的知识资本作出贡献。[③] 这种知识资本通常被称为企业的智力资本。智力资本包括人力资本、社会资本和结构资本。[④] 可以说，人力资本代表了智力资本的基础水平。人力资本在发展和创造新思想和新知识方面发挥着重要作用。1961 年，Schultz 在《论人力资本投资》中系统阐述了人力资本理论，提出人力资本由组织中员工的知识、技能和能力组成，认为人力资

---

① 郑萍.人力资源的供给与需求[J].财经问题研究,1998(11):41-43.

② Becker, G. S. (1964). *Human Capital：A theoretical and empirical analysis，with special reference to education.* New York：Colombia University Press,p. 1.

③ Mahoney, J. T. and Kor, Y. Y. (2015). Advancing the human capital on value by joining Capabilities and governance perspectives. *Academy of Management Perspectives*, 29(3), 296-308.

④ Edvinsson, L. and Malone, M. (1997). *Intellectual capital：realising your company's true value by finding its hidden roots.* New York：Harper Business.

本投资对经济增长起着重要作用。[①] Becker 将人力资本定义为"个人的知识、信息、想法、技能和健康"。[②] Becker 的定义主要是在 Schultz 定义的基础上增加了"个人健康"的额外维度,个人的健康和福祉在现代的研究中得到广泛关注。Bontis 等人将人力资本定义为"组织中的人为因素;将智力、技能和专业知识相结合,使该组织具有与众不同的特点。组织中的人的要素是那些能够学习、改变、创新并提供创造性推动力的要素,如果激励得当,可以确保组织的长期生存",[③]强调了创新、变革和创造力的重要性及其在人力资本中的作用。

人力资本的研究不仅在个体和组织层面,随着知识经济成为全球竞争的主要方向,人力资本的积累、发展和有效利用是现代经济体系竞争力的主要基准和指标,也是各国保持经济社会发展、提升全球竞争力的重要资源。中国社会科学院发布的《2020 年中国人口与劳动》绿皮书建议:"'十四五'时期要积极实施人力资本跃升计划,加快提高教育型人力资本,强化培育技能型人力资本,积极增强健康型人力资本,激发提升创新型人力资本。""人力资本是内生经济增长动力的重要源泉,对一国经济的可持续发展具有决定性作用,因此'十四五'时期经济高质量发展必须建立在加快提升人力资本水平的基础上。"[④]

(二)新增长理论

人力资本真正在经济学领域得到重视得益于新增长理论的提出。传统经济增长理论将技术作为影响经济增长的外生变量。新增长理论通常被称为"内生"增长理论,将技术内化为市场运作的模型,认为知识和技术具有收益增加的特点,而这些增加的收益推动了发展过程。[⑤] 这一新理论解决了经济增长的根本问题:为什么当今世界比一个世纪前更加富裕?为什么有些国家比其他国家发展得更快?新增长理论的要点是知识驱动增长。因为想法可以无限分享和重复使用,所以我们可以无限制地积累它们。它们不受物质世界"收益递减"的影响。新增长理论帮助我们理解从资源型经济向知识型经济的持续转变。它强调创造和传播新知识的经济过程对塑造国家、社区和个人企业的增长至关重要。而知

---

① Schultz, T W. (1961). Investment in human capital. *The American Eonomic Review*, 51(1): 1-17.

② Becker, G. S. (2022). The age of human capital, in Lazear, E. P. T. (Ed.), Education in the Twenty-first Century, The Hoover Institute, Stanford, CA, p. 3.

③ Bontis, N., Dragonetti, N. C., Jacobsen, K. and Roos, G. (1999). The knowledge toolbox: A review of tools available to measure and manage intangible resources. *European Management Journal*, 17(4), 391-402.

④ 社科院建议:"十四五"要积极实施人力资本跃升计划[EB/OL].新浪网,(2021-01-08)[2024-03-01]. https://news. sina. com. cn/c/2021-01-08/doc-iiznezxt1169296. shtml.

⑤ Romer, P. M. (1986). Increasing Returns and Long-Run Growth. *Journal of Political Economy*, 94(5), 1002-1037.

识及其创新行为本身受到经济中人力资本禀赋的影响。人力资本不仅直接影响一个国家的技术创新率,而且间接影响技术相关知识的吸收速度。新经济增长理论提出了人力资本对经济增长的作用机理,认为人力资本是经济持续增长的动力,为知识经济发展提供了科学解释。本研究不仅关注网络安全人才的智力、技能和专业的培养和发展,也关注如何通过体制机制改革提高人才创造力和幸福感。

（三）推拉理论

推拉理论是研究人口迁移的经典理论,其雏形是 Ravenstein 提出的"迁移法则(包括距离因素、阶梯式迁移、流与逆流、城乡移民差异、女性优势、技术因素、经济因素主导法则等)",[①]随后经过 Bogue、Lee 等学者的补充逐渐系统化。Bogue 系统提出推拉理论,认为劳动力的城乡迁移决策是两种不同方向的力相互作用的结果。一方面是以流入地改善生活条件的因素作为"拉力",如资源充足、医疗系统完善、和平环境、收入较高、就业、生活便利、地位平等、教育机会的增加;另一方面是以流出地不利生活条件的因素作为"推力",如资源匮乏、缺乏成熟医疗系统、战争冲突、收入太低、失业、生活不便、种族歧视或个人机会的丧失。人口迁移由拉力和推力两股力量决定。[②] 在此基础上,Lee 认为,影响个体劳动力迁移决策的除了推力和拉力外,还有个体因素与中间阻碍因素。流出与流入地的客观推拉因素只有通过个体的主观感知才能产生作用,因此个人敏感性格、智力、知识、信息来源等都会影响评估和决策。Lee 所指的中间障碍因素即处在人口流入地与人口流出地之间,阻碍人口迁移的因素,主要包括文化差异、语言差异、距离远近、迁移费用等。[③] 后来,学者对推拉理论的发展主要集中于对中间阻碍因素的调整和完善。最为流行的是 Moon 等提出的"the push-pull-mooring framework"(PPM 模型)。PPM 模型将原来的中间阻碍因素命名为"mooring(系泊)"变量,进一步扩大了变量的范围。系泊变量是个人、社会因素或文化变量能够促进或限制移民判断的补充因素。Moon 认为,系泊与推拉因素的差异在于,后者被认为是由社会结构的功能决定的,不受个人控制,但是人们可以对每个系泊问题实施某种程度的个人控制。[④]

---

① Ravenstein, E. （1876）, The Birthplaces of the People and the Laws of Migration. *The Geographical Magazine*, 48(3), 173-177.

② Bogue, D. J. (1958). Streams of Migration Between Subregions: A Pilot Study of Migration Flows between Environments. *Population*, 13(2), 328-345

③ Lee, E. S. (1966). A theory of migration. *Demography*, 3, 47-57.

④ Moon, B. （1995）. Paradigms in migration research: exploring 'moorings' as a schema. *Progress in human geography*, 19(4), 504-524.

（四）宏观人才管理概念框架

目前直接研究宏观人才管理较为成熟的模式是 Khilji 等人提出的概念框架，该模型认为宏观人才管理包括宏观环境、宏观人才管理过程和宏观人才管理输出三大模块。[①]

宏观环境。宏观人才管理是高度情境化的，受到环境因素和国家或地区背景因素的影响。例如（1）全球流动：世界各国政府已经或正在制订旨在提高本国在全球人才市场竞争力的政策。如加拿大、澳大利亚和新西兰制订了具体的计划以通过精心设计的移民政策吸引更多人才。（2）综合人类发展议程：为了与其他国家竞争全球顶尖人才，各国政府需要在国家层面制定更为综合的人才管理政策，并注重利用本国优势，确保高质量的社会学习、教育和人才发展。当政府系统地为研究、开发、创新和创业创造实际机会，同时保持国家机构不受腐败和不必要的外部干扰时，这可以增加该国对人才的吸引力，从而帮助其通过长期竞争优势实现繁荣。（3）侨民流动：在当今世界，人才流动和网络学习日益成为有效全球流动的重要组成部分。人才在全球的流动促进了知识的创造、转移和传播，并帮助组织和社会获得和受益于流动人才所拥有的各种经验。（4）国家文化与制度环境，例如如何看待权力和关系、对歧义的容忍程度、文化兼容性、社会关系、国家体制等。

宏观人才管理过程。除了环境因素，人才管理还受到宏观层面的核心功能和流程的影响。宏观人才管理的核心功能是指宏观层面与人才管理相关的主要功能，包括在宏观层面的人才规划、吸引、获取、开发和保留人才的方式。这些功能为相关的宏观人才管理活动提供动力。同样，人才管理也由发展活动推动，例如人才会产生知识流，产生溢出效应，并可推动知识共享及学习。

宏观人才管理成果。宏观人才管理成果主要涉及组织和国家层面的经济发展、竞争力和创新，包括两类：一类是人才个体的质量，另一类包括某一国家的整体生产率和创新率、该国对人才的吸引力程度以及其经济上的整体竞争力。

二、中微观层面理论

（一）人力资源规划理论

美国管理学家彼得·德鲁克在其撰写的《管理的实践》（*The Practice of Management*）中首次提出"人力资源"的概念。人力资源是指"一定范围内的人口中具有劳动能力的人的总和，是能够推动社会和经济发展的具有智力、体力、

---

① Khilji, S. E., Tarique, I., & Schuler, R. S. (2015). Incorporating the macro view in global talent management. *Human Resource Management Review*, 25(3), 236-248.

劳动能力的人的总称"。[①] 人力资源管理是帮助组织运用人力资源获得竞争优势的一系列活动。人力资源规划是人力资源管理的核心活动,指的是针对组织所拥有的人力资源,结合组织内外部环境、组织战略来对人力资源进行合理分配并预测未来各方面变化所需要的人力资源,确保组织内人力资源的质量和数量在需要的时候和需要的地方都是可用的。目前人力资源规划被认为是组织战略的延伸,人力资源规划与人力资源战略逐渐融合,通过人力资源管理将组织战略目标转化为人力资源战略,并在短期和长期内使员工符合组织的战略要求。这一趋势为优化组织竞争优势提供了更有力支持,提升了组织业务系统的灵活性,创造了符合战略目标的竞争优势和人力资源规划。人力资源供需匹配是人力资源规划的核心目标。[②] 在本研究中,网络安全人才供需匹配可以被认为是面向当前网络安全发展态势,在国家网络强国战略、人才强国战略等引导下,在国家、区域、组织层面等对网络安全人才数量、质量和结构进行合理有效规划的理想结果。

(二)人—环境匹配

人—环境匹配被定义为个人和环境变量在产生显著选择结果时的一致性或匹配程度。[③] 人—环境匹配包含了不同维度:(1)补充匹配与互补匹配。补充性匹配在一个人补充、修饰或者具有与环境中其他人相似的特征时出现,互补性匹配在个人的特征让环境变得完整或补充了其缺少的东西时出现。(2)需求—供给匹配与需要—能力匹配。一方面,环境为个人提供所需的财务、身体和心理资源以及与任务相关的人际关系和成长机会,当环境中的这些资源满足个人的需求时,就实现了需求—供应匹配。另一方面,环境可能需要个人在时间、努力、承诺、知识、技能和能力方面作出贡献。当个人的贡献(供给)满足环境需要时,才能实现需要—能力匹配。需求—供给匹配与需要—能力匹配是互补性匹配的两个方面。(3)此外,还可以从感知(主观)与实际(客观)两个方面解释人—环境匹配。[④] 在各种类型的人—环境匹配中,人—组织匹配和人—工作匹配长期以来在管理研究中被广泛关注。人—组织匹配是指个人与组织之间的兼容性,强调

---

① 赵曙明,等.人力资源管理与开发[M].北京:高等教育出版社,2009:5-6.

② Ulrich, D. (1992). Strategic and human resource planning: Linking customers and employees. HR. *Human Resource Planning*, 15(2), 47-62.

③ Muchinsky, P. M., & Monahan, C. J. (1987). What is person-environment congruence? Supplementary versus complementary models of fit. *Journal of Vocational Behavior*, 31(3), 268-277.

④ Sekiguchi, T. (2004). Toward a dynamic perspective of person-environment fit. *Osaka Keidai Ronshu*, 55, 177-190.

个人与组织在多大程度上具有相似的特征和/或满足彼此的需求。[①] 人—工作匹配是指一个人的能力与工作需求或一个人的愿望与工作属性之间的匹配。[②] 网络安全人才供需匹配本质上就是人才与环境（包括国家和地区战略、网络安全态势和技术、组织环境、工作类型和网络安全任务等）的匹配。

（三）其他组织行为学理论

组织行为学研究始于"科学管理之父"泰勒等早前管理学者研究科学选择和培训员工、通过差别计价工资制度激励员工行为等，并以梅奥的霍桑实验为转折点，强调人际关系的重要性。目前组织行为学已经发展成为研究组织中人的心理和行为规律的一门重要学科，并与管理学、社会学、心理学、经济学、伦理学等多个学科都有交叉。作为一个重要的研究领域，上一节介绍的人—环境匹配就是当前的一个热点问题，此外还有比如组织公民行为、积极组织行为理论、组织社会化等。网络安全人才供需匹配微观上表现为人才与组织、岗位的匹配，并最终反映到人才的网络安全政策遵从行为、创新行为、组织公民行为等。[③]

---

① Kristof A. L. (1996). Person-Organization Fit: An Integrative Review of Its Conceptualizations, Measurement and Implications. *Personnel Psychology*, 49(1), 1-49.

② Edwards, J. R. (1991). Person-job fit: A conceptual integration, literature review, and methodological critique. In C. L. Cooper, & I. T. Robertson (Eds.), *International Review of Industrial and Organizational Psychology* (Vol. 6, pp. 283-357). New York, NY: Wiley.

③ 第八章中会对个体层面的网络安全行为进行探讨，所涉及的组织行为学理论参见该章理论综述部分.

第三章 网络安全人才研究综述

第一节 研究方法和对象

本研究采用科学文献计量的方法,借助陈超美博士开发的 CiteSpace 软件对网络安全人才研究领域的文献进行作者、机构、国家、关键词等方面的可视化分析,绘制出研究文献的关键词、聚类图谱,更加直观地看出当前网络安全人才领域的发展现状、研究热点,并预测出未来的研究趋势。

研究数据分别从"中国知网"数据库与"Web of Science"核心集数据库进行收集。在"中国知网"数据库中以"网络安全人才""信息安全人才""网络空间安全人才"为主题词进行检索,类别选择核心期刊和 CSSCI 来源期刊;在"Web of Science"核心集数据库中以"cyber security professional""cyber security talent""information security talent""cybersecurity talent""information security professional""cybersecurity professional""network security professional""cybersecurity workforce""network security talent"为主题词进行检索,检索日期均为 2010 年 1 月 1 日到 2023 年 2 月 28 日,经过人工筛选与 CiteSpace 的文献去重之后,总共获得有效中文文献 859 篇,有效英文文献 221 篇。

第二节 研究现状分析

一、年度发文量分析

年度发文量统计在一定程度上可以反映出该领域的研究进程与发展速度。通过对 2010 年到 2023 年国内外网络安全人才研究的年度发文量进行整理得到图 2。从国内发文量看出,网络安全人才研究的文献数量呈现出逐年增长的态势。2010 年到 2015 年处于萌芽阶段,这一段时期的年度发文量较少;2015 年到 2019 年处于发展阶段,这个时期内年度发文量呈现出逐年增长的态势。2015 年教育部宣布新增网络安全专业学科,培养高质量的网络安全人才;2017 年打造网络安全示范高校项目,目的是加强网络安全学科建设与专业人才培养。2019 年以后处于稳定阶段,在 2022 年达到顶点,发文量为 136 篇。近些年网络安全形势日益严峻,网络安全人才供需缺口巨大,因此有关网络安全人才的主题一直是研究热点,如何构建符合我国国情的网络安全人才评价培养体系也是未来的研究趋势。

从国外发文量看,2010 年到 2016 年关于网络安全人才研究的发文量较少,2016 年到 2022 年发文量不断增加,并在 2021 年达到顶峰,为 34 篇。由于中外文献数据只统计到 2023 年 2 月 28 日,所以显示 2023 年的发文量较少。

	2010	2011	2012	2013	2014	2015	2016	2017	2018	2019	2020	2021	2022	2023
国内论文量	13	9	17	17	32	37	58	78	102	125	111	114	136	10
国外论文量	3	1	4	4	6	4	1	6	15	27	20	34	31	3

图 2　国内外网络安全人才研究领域年度发文量统计

二、国家合作分析

国家合作图谱是将"Web of Science"数据库中检索的文献导入 CiteSpace 中可视化得到的。分析得到的发文量与中心性是衡量一个地区在某领域研究贡献大小的关键因素。通过对国家发文量分析,可以了解网络安全人才研究领域相关国家的研究能力及影响力。此外,由于学科研究具有地域分布性,同一地域范围内研究者之间开展合作的机会较多,信息交流更加频繁。CiteSpace 软件借助中心性指标来衡量节点的重要性,中心性越大,该节点发挥作用越大,当节点中心性大于 0.1 时称为关键节点。

由图 3 可以看出美国、英国、澳大利亚、日本等国是发文量较大的国家,且不同国家之间连线非常紧密,表明不同国家对网络安全人才研究已经形成较紧密的合作网络。由表1可知发文量排名前三的国家分别是美国、英国、澳大利亚，发文量分别为62篇、15篇、11篇。中心性位于前三名的分别是英国、意大利、美国，中心性分别为0.58、0.37、0.22，均大于0.1，表明这些国家在网络安全人才研究领域处于核心地位，相关研究成果具有较大的影响力。由此也得出，发文量与学术研究的影响力之间并没有直接关系，发文量大的国家，其研究影响力不一定大。发文量最多的国家是美国，这与美国作为世界上头号网络强国，较早开始进行网络安全战略布局，开展对网络安全人才培养有密切关系。从2010年起美国的相关发文量逐渐增加，在2019年达到最大。美国在网络安全人才领域的研究集中于网络安全能力、网络安全意识、网络安全教育等方面，与澳大利亚、日本、英国、中国均有合作。其中，中国的中心性为0.11，表明中国在网络安全人才研究领域与其他国家之间的合作程度还不够紧密。在全球互联网形势日益严峻的形势下，各个国家对网络安全人才的需求都有很大缺口。各国在网络安全人才研究领域开展交流合作，积极借鉴别国的先进经验，探索出符合各自国情的网络安全人才培养模式，以弥补网络安全人才缺口。

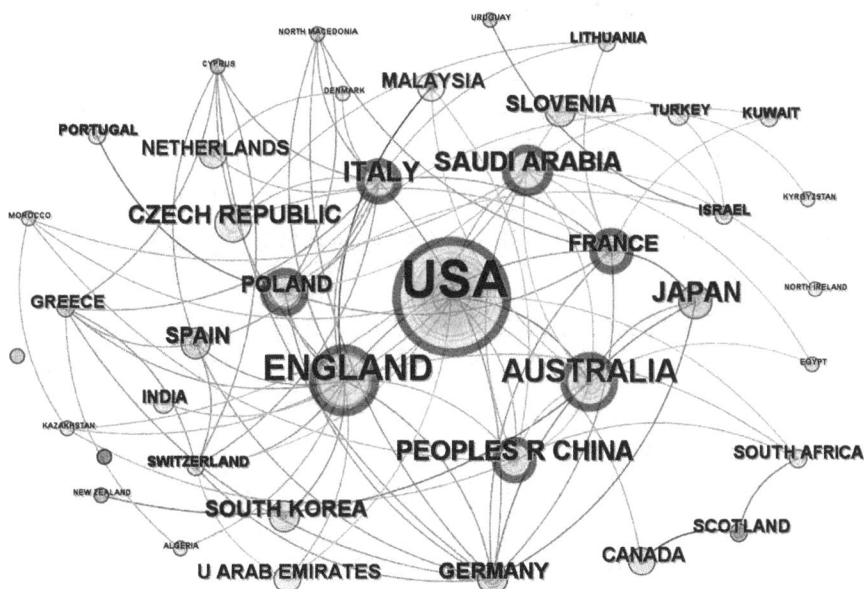

图3　网络安全人才研究国家合作图谱

表 1 网络安全人才研究领域发文量前 10 的国家

序号	国家	发文量/篇	中心性
1	美国	62	0.22
2	英国	15	0.58
2	澳大利亚	11	0.13
4	日本	9	0.04
5	意大利	8	0.37
6	捷克	7	0.01
7	中国	7	0.11
8	沙特	7	0.20
9	韩国	6	0.00
10	挪威	6	0.00

三、国内外合作机构分析

对国内外合作机构进行分析,可以显示合作机构间的研究影响力与合作关系。合作网络中节点大小反映某机构文献发文量的频次,节点之间的连线代表不同机构之间合作关系,节点之间连线越粗,表明机构之间的合作关系越紧密。

在 CiteSpace 中选择"institution"为节点得到国内外合作机构之间的可视化图谱分别为图 4(国内)与图 5(国外),合作机构的具体发文量见表 2。由表 2 可看出,国内网络安全人才研究发文量位于前三名的机构分别是中国信息安全评测中心、北京电子科技学院、中国人民解放军战略支援信息工程大学,表明这些机构在网络安全人才研究领域的影响力较高。整体来看国内各个机构之间的合作程度较低,尽管研究机构数量众多,但大都为零散分布,未来应加强国内各机构之间的合作形成研究合力。

国外网络安全人才研究领域发文量位于前三名的机构分别是 State University System of Florida、Masaryk University、Japan Advanced Institute of Science & Technology (JAIST)。

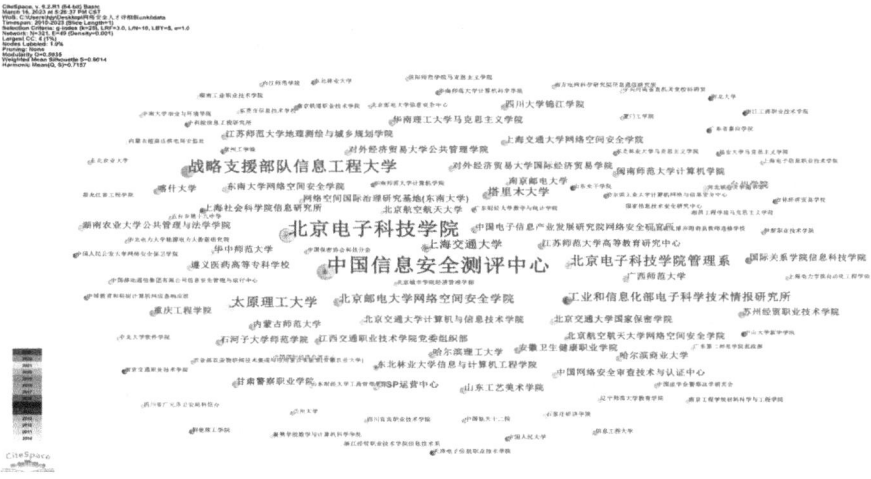

图 4 国内网络安全人才研究领域合作机构可视化图谱

图 5 国外网络安全人才研究领域合作机构可视化图谱

表 2 国内外网络安全人才领域机构信息表

国内机构	发文量/篇	国外机构	发文量/篇
中国信息安全测评中心	11	State University System of Florida	7
北京电子科技学院	10	Masaryk University Brno	6
中国人民解放军战略支援部队信息工程大学	6	Japan Advanced Institute of Science & Technology (JAIST)	6
太原理工大学	4	United States Department of Defense	6

续表

国内机构	发文量/篇	国外机构	发文量/篇
上海交通大学	4	Norwegian University of Science & Technology（NTNU）	5
电子科学技术情报研究所	3	Old Dominion University	5
北京邮电大学网络空间安全学院	3	University of North Carolina	3

四、国内外合作作者分析

对网络安全人才领域发文作者进行分析，不仅可以找出该领域内具有权威性的学者，而且还能够分析作者之间的合作关系情况。在 CiteSpace 软件中将节点设置为"Author"，绘制出国内外网络安全人才研究领域合作作者可视化图谱，见图 6（国内）与图 7（国外）。在图谱中节点代表发文作者，节点的大小代表作者发文量的多少；节点之间的连线则表示发文作者之间的合作关系，连线粗细代表作者之间合作的紧密程度。从图 6 可以看出中文发文量最多的作者为王星，其发文量为 11 篇，其次为位华、李艳两人，发文量均为 5 篇，同时也已经形成几个以王星、位华等人，孙宝云、李艳等人，张红艳、武威等人以及方兵等人为中心的核心研究群。其中以王星为代表的研究团体主要致力于"网络安全人才队伍建设与人才政策"领域的研究，以孙宝云为代表的研究团体主要致力于"网络安全人才需求"领域的研究，以武威为代表的研究团体主要致力于"网络安全教育"领域的研究。从图 7 中可以看出英文文献的高产作者有 Beuran、Tan、

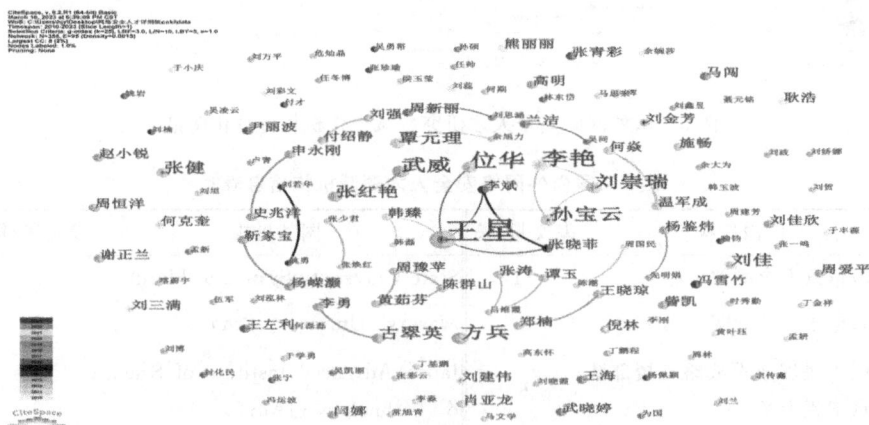

图 6 国内网络安全人才研究领域合作作者可视化图谱

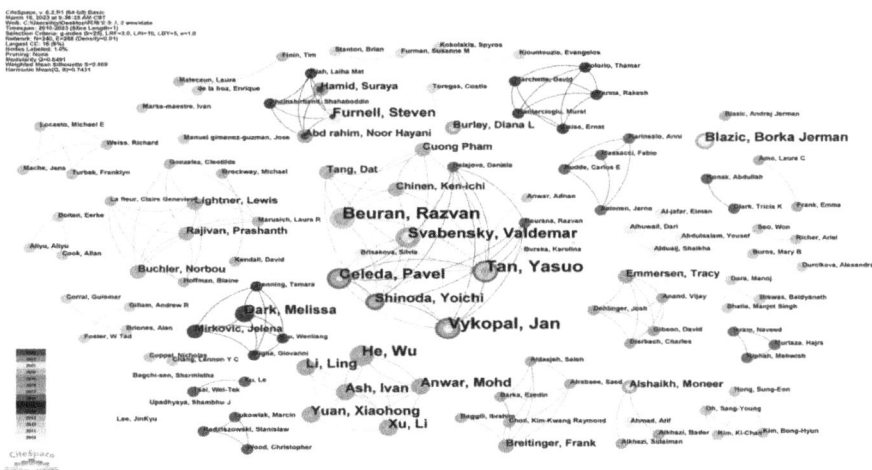

图 7　国外网络安全人才研究领域合作作者可视化图谱

Vykopal 等,发文量均为5篇,相比于国内,国外可以明显地看出形成较核心的研究群,不仅数量较多而且各个研究群之间的连接强度大,表明国外各个研究群之间合作关系非常紧密,未来国内应不断扩大核心研究群体的规模与数量,加强国际学术合作研究。

第三节　研究热点分析

一、关键词共现分析

关键词是文章核心内容与主题的浓缩,高频关键词代表学界在某一领域的主要研究方向,对某一研究领域内的关键词分析能帮助明确该领域当前的研究热点。关键词共现图谱中的节点代表关键词,节点的大小代表关键词的频次,节点越大,频次越高。关键词频次能反映出当前的研究热点,一定程度上代表学科主题研究分布情况与研究趋势。借助 CiteSpace 软件绘制出国内外网络安全人才研究的关键词共现图谱见图 8 与图 9。

图 8 中关键词节点共有 416 个,连线 88 条,网络密度为 0.0103。为更加清楚看出关键词频次排名,确定当前研究热点,表 3 列出国内网络安全人才研究领域的高频关键词信息,除了"网络安全"(出现频次为 263 次,中心性为 0.83),与人才直接相关的高频关键词包括"大学生"(出现频次为 160 次,中心性为 0.21)、

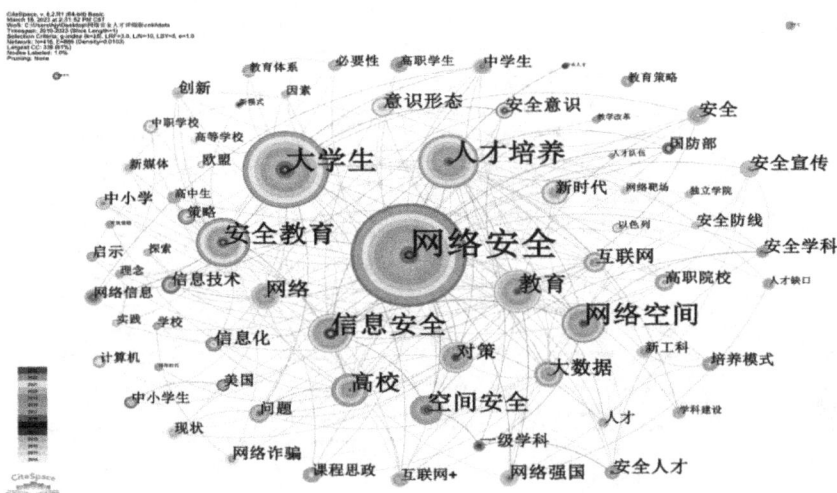

图 8　国内网络安全人才研究领域关键词共现图谱

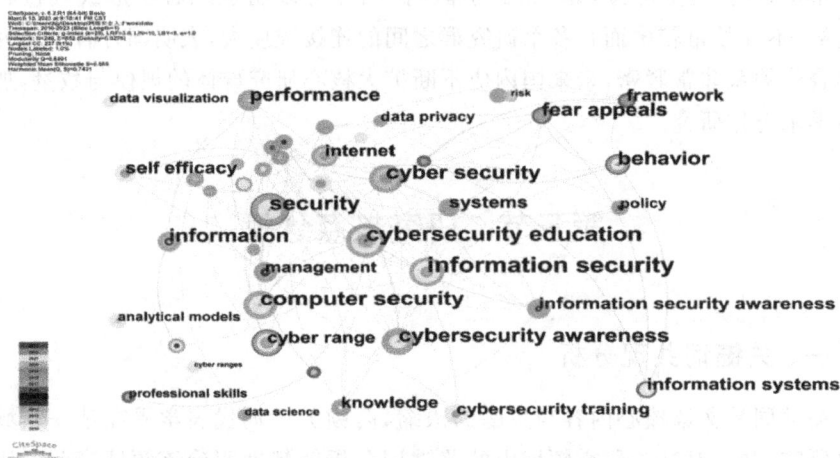

图 9　国外网络安全人才研究领域关键词共现图谱

"人才培养"(出现频次为 80 次,中心性为 0.11)、"安全教育"(出现频次为 66 次,中心性为 0.14)、"培养模式"(出现频次为 27 次,中心性为 0.09)、"新工科"(出现频次为 14 次,中心性为 0.05)、"课程体系"(出现频次为 13 次,中心性为 0.04)等。由此可见,国内网络安全人才培养以高等教育为"龙头",并且在学科交叉、培养模式建设、课程体系创新方面做出较多努力。例如,田晋玲、陈平针对当前网络空间安全人才需求现状提出"四位一体"创新模式。[①] 张志刚、刘蕊从竞赛平台、教育培训、人才计划、人才发展环境等方面探究美国网络安全人才队伍建设经验,并提出对中国的启示。[②] 李文婷、张誉馨提出从人才培养模式、课程设计、师资力量等方面来提升网络安全人才培养路径。[③] 杨鉴炜将 OBE 理念引入网络安全人才培养中,构建以学生为中心,借助平台与反馈评价机制来培养出创新型、复合型网络安全人才。[④] 马行空等人针对当前网络空间安全人才创新实践能力培养过程中存在的问题,提出训赛一体的网络安全人才创新实践能力培养模式。[⑤]

表 3　国内网络安全人才研究领域的高频关键词信息

序号	关键词	频次	中心性
1	网络安全	263	0.83
2	大学生	160	0.21
3	人才培养	80	0.11
4	安全教育	66	0.14
5	网络空间	45	0.14
6	信息安全	45	0.17
7	培养模式	27	0.09
8	大数据	19	0.01
9	新工科	14	0.05
10	课程体系	13	0.04

图 9 中共有 249 个关键词节点,852 条连线,网络密度为 0.0276。为更加清晰把握国外网络安全人才领域的研究热点,表 4 列出国外网络安全人才领域研究的高频关键词信息,能看出与人才相关的高频关键词有"cybersecurity

① 田晋玲,陈平.中职学校网络空间安全人才培养的创新教学模式[J].山西财经大学学报,2019,41(S1):54-55.

② 张志刚,刘蕊.美国通过网络战略布局培养网络安全人才的做法及其启示[J].中国科技人才,2021(03):31-37.

③ 李文婷,张誉馨.浅谈高校网络安全人才培养发展方向[J].工业信息安全,2022(01):89-94.

④ 杨鉴炜.基于 OBE 理念的高校网络安全人才培养[J].山东电力高等专科学校学报,2022,25(06):56-59.

⑤ 马行空,刘强,逄德明,等.训赛一体的网络空间安全人才创新实践能力培养[J].计算机教育,2022,333(09):35-39.

education" "cybersecurity awareness" "cybersecurity training"。例如,Aldaajeh 等人在分析现有网络安全教育与培训的基础上,提出一种目标—问题—成果 (GQA)的模式去实现网络安全人才培养目标,并进一步提升网络安全人才的技能与网络安全意识。[1] Švábenský 等人指出为应对严重的网络安全威胁,网络安全人才需要进行实践培训,在此过程中要借助各种软件来模拟网络安全威胁,并强调这些软件工具在网络安全教育中发挥重要作用。[2] Hajny 等人认为网络安全教育与培训是保证网络安全的重要条件,离不开专业的教育计划与培训课程,基于此提出根据网络安全人才工作要求设计培训计划。[3]

表 4 国内网络安全人才研究领域的高频关键词信息

序号	关键词	频次	中心性
1	cybersecurity education	16	0.29
2	security	16	0.29
3	computer security	12	0.19
4	information security	12	0.35
5	cybersecurity awareness	11	0.11
6	cyber security	11	0.17
7	cyber range	9	0.11
8	Information security awareness	6	0.11
9	cybersecurity training	5	0.03
10	computer crime	3	0.01

二、关键词聚类分析

为进一步弄清楚网络安全人才领域的研究热点,采用 CiteSpace 软件进行关键词聚类,绘制出网络安全人才研究领域关键词聚类图谱,如图 10。图谱中

---

[1] Aldaajeh, S., Saleous, H., Alrabaee, S., Barka, E., Breitinger, F., & Choo, K. (2022). The role of national cybersecurity strategies on the improvement of cybersecurity education. *Computers & Security*, 119, 102754.

[2] Švábenský, V., Vykopal, J., eleda, P. et al. (2022). Applications of educational data mining and learning analytics on data from cybersecurity training. *Education and Information Technologies* 27, 12179-12212

[3] Hajny, J., Ricci, S., Piesarskas, E., Levillain, O., & Nicola, R. D. (2021). Framework, tools and good practices for cybersecurity curricula. *IEEE Access*, 9, 94723-94747.

"#"代表聚类的编号及名称,编号数量越小,包含的关键词数量越多,采用 LLR 对数似然算法得到聚类标签,不同的聚类标签代表不同的研究主题。

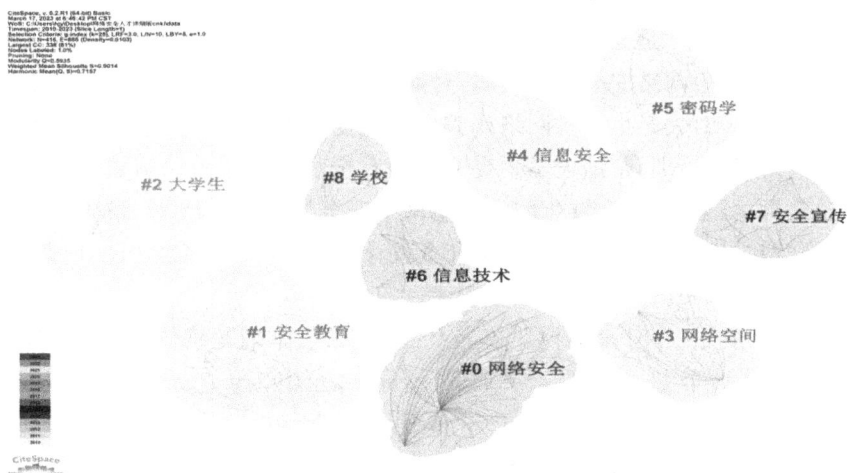

图 10 国内网络安全人才研究领域关键词聚类可视化图谱

如图 10 所示,国内聚类模块值为 0.5935,聚类平均轮廓值为 0.9014,说明按照此种聚类划分出的结构是明显的,可以清晰看出网络安全人才研究领域的各个主题,且聚类结果也有说服力。国内网络安全人才研究可分为九个热点主题,分别是网络安全、安全教育、大学生、网络空间、信息安全、密码学、信息技术、安全宣传、学校。

经过整理分析可以发现网络安全人才培养研究是重点,包括(1)对当前网络安全人才培养情况进行分析(培养目标、培养方式、培养机制等方面),整体上把握网络安全人才培养的现状。例如,程宇分析国外发达国家工业信息安全人才培养现状与政策的基础之上,对我国的工业信息化安全人才培养提出意见。[①]
(2)对当前社会和行业对网络安全人才的需求进行分析(包括企业、政府、高校等各类机构的需求,以及未来发展趋势和变化)。例如,刘崇瑞等人从企业视角分析就业市场对网络安全人才的要求,分别为资历要求、知识要求、技能要求、职业素养要求。[②] (3)对当前网络安全人才培养中存在的问题和挑战进行分析。例如,夏冰提出某地区当前对网络安全人才培养问题包括缺乏顶层规划、高校匹配

---

① 程宇.国内外工业信息安全人才培养现状浅析[J].自动化博览,2019,36(S2):72-75.
② 刘崇瑞,王洪杰,王聪,孙宝云.就业市场对网络安全人才的需求分析——基于企业招聘广告的内容分析[J].科技管理研究,2020,40(03):182-187.

度较低、网络安全企业动力不足等。① (4)还有学者提出了网络安全人才培养的策略和建议。例如,宋晓峰等人针对网络安全人才培养问题,提出一种以学科竞赛与专业认证为抓手的网络安全人才培养质量提升方法。②

此外,“大学生”是当前国内网络安全教育的重点研究对象。作为比重最高的“网民”,大学生网络安全意识较弱,对网络违法犯罪行为产生的途径缺乏清晰的认识。近年来,大学生也是网络诈骗的最大受害群体。相关研究认为可以通过组织网络安全培训,帮助大学生提升网络安全意识和能力。例如,周恒洋、邹浩提出全员化、全程化、全域化的大学生网络安全教育新路径。③ 张树启认为在移动互联网时代,高校针对学生网络安全教育问题,应从课堂教学、实地调研、教育培训等方面入手。④

如图 11 所示,国外聚类模块值为 0.6491,聚类平均轮廓值为 0.8690,聚类结果可分为八个热点主题,分别是 cybersecurity awareness、self-efficacy、cybersecurity education、computer security、cyber war、collaborative learning、security awareness。经过整理分析可以分为两个方面,分别是网络安全人才培养研究、基于网络靶场与网络战的计算机安全研究。

网络安全人才培养研究方面,例如 Beuran 等人提出一种将网络安全培训活动与学习管理系统相结合的网络安全人才培训机制。⑤ Jones 等人通过对网络安全专业人士进行访谈得出对网络安全人才的培养可以通过开发与网络、漏洞、编程相关的网络安全课程开展。⑥ 基于网络靶场与网络战的计算机安全研究,例如 Nock 等人提出通过打造网络靶场来提升网络安全人才攻防实战能力。⑦ Yamin 和 Katt 提出随着网络安全形势变化,需要对人才进行新型安全技能的培

---

① 夏冰.河南省网络安全人才培养生态建设现状、困境和对策[J].网络空间安全,2020,11(05):108-113.

② 宋晓峰,韩鹍,倪林,等.学科竞赛和专业认证联合驱动的网络安全人才培养质量提升方法研究[J].计算机教育,2022,328(04):1-4.

③ 周恒洋,邹浩.“三全育人”视域下大学生网络安全教育探析[J].学校党建与思想教育,2022,665(02):73-75.

④ 张树启.移动互联网时代大学生网络安全教育的策略研究[J].学校党建与思想教育,2022,687(24):63-65.

⑤ Beuran, R., Tang, D., Tan, Z. et al. (2019). Supporting cybersecurity education and training via LMS integration: CyLMS. *Education and Information Technologies*, 24, 3619-3643

⑥ Jones, K. S., A. S. Namin and M. E. Armstrong. (2018). The Core Cyber-Defense Knowledge, Skills, and Abilities That Cybersecurity Students Should Learn in School: Results from Interviews with Cybersecurity Professionals. *ACM Transactions on Computing Education*, 18(3), 1-12.

⑦ Nock, O., Starkey, J., Angelopoulos, C. M. (2020). Addressing the Security Gap in IoT: Towards an IoT Cyber Range. *Sensors (Basel)*, 20(18), 5439.

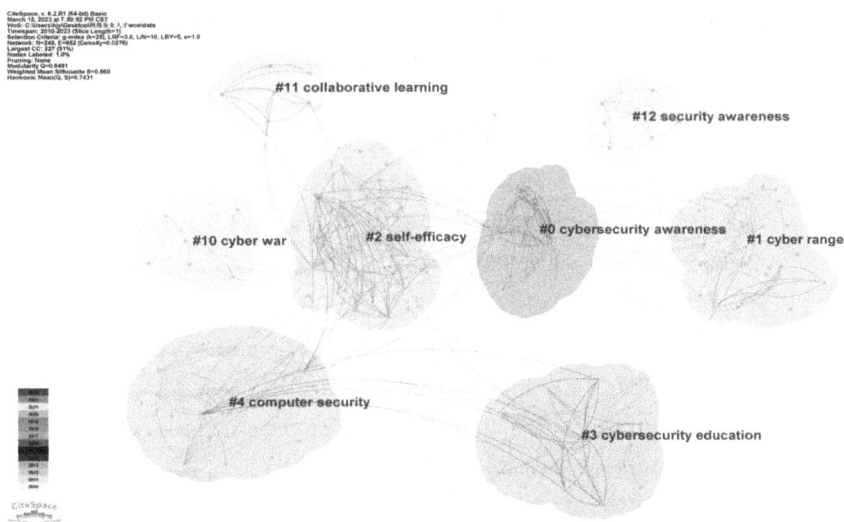

图 11　国外网络安全人才研究领域关键词聚类可视化图谱

训，可以借助网络靶场提供计算机基础设施的模拟仿真，从而提升网络攻击与防御技能。[1]

三、国内外网络安全人才领域研究前沿分析

关键词突现是指关键词在某一时间段内使用频次显著增加，反映该阶段研究领域文献新的研究主题和内容的关注强度，Burst Detection（突变）算法是Kleinberg 在 2002 年提出的，通过对关键词的突变强度和持续时间研究可以探索一个领域的研究前沿。[2] 图 12 与图 13 分别是对国内外研究关键词进行突变检测得到。图谱中 Begin 是关键词开始突变的时间，End 是结束的时间，中间的时间差值是关键词突变的持续时间，Strength 表示突变强度，值越大代表关键词影响力越大，是该时间段内研究热点。

中文文献共有 18 个突现词，根据时间排序，2010—2015 年这一时期对网络安全人才的研究主要集中于信息安全、网络空间安全、网络攻防等方面，在信息全球化与网络安全威胁日益严重的情况下，更多学者对如何应对网络安全这一

---

[1]　Yamin，M. M. and B. Katt，(2022). Use of cyber attack and defense agents in cyber ranges：A case study. *Computers & Security*，122，102892.

[2]　Kleinberg，J. (2002). Bursty and hierarchical structure in streams，*in Proceedings of the 8th ACM SIGKDD International Conference on Knowledge Discovery and Data Mining*. ACM Press：Edmonton，Alberta，Canada.

关键词	年	强度	开始时间	结束时间	2010—2023
信息安全	2010	2.08	2010	2015	
中学生	2011	1.88	2011	2014	
国防部	2012	2.33	2012	2016	
网络攻防	2014	1.81	2014	2015	
对策	2014	1.74	2014	2015	
空间安全	2011	3.06	2015	2019	
高职学生	2013	2.01	2016	2017	
高中生	2017	2.33	2017	2018	
教育体系	2017	1.64	2017	2019	
新工科	2019	2.16	2019	2020	
网络强国	2014	2.08	2019	2020	
创新	2019	1.73	2019	2020	
意识形态	2019	2.42	2020	2023	
中职学校	2020	2.07	2020	2023	
课程思政	2021	3.3	2021	2023	
策略	2013	2.5	2021	2023	
高职院校	2013	2.15	2021	2023	
计算机	2011	1.66	2021	2023	

图 12　国内网络安全人才研究领域前 18 位突现词

问题开展对策研究,逐渐认识到培养网络安全人才的重要性。2016—2020 年,在网络强国战略提出以后,学者们研究重点转移到网络安全人才培养方面,希望从教育体系、新工科、课程设置等方面来提升网络安全人才的质量与数量。2021—2023 年,研究热点集中于网络安全意识与职业教育,加强中职学校与高职院校的学生网络安全教育与培训,不仅能培养学生的网络安全意识,也能储备大量的网络安全人才。

英文共有 12 个突现词,根据时间排序,2013—2018 年研究热点集中在信息、意识、管理等方面。2018—2020 年,这一时期内国外学者更加关注的是网络安全与互联网。2020—2023 年学者们关注重点转移到网络安全意识与计算机安全方面,通过计算机安全竞赛能够加强学生网络安全意识的培养,同时也能够不断提升学生的网络安全技能。

关键词	年	强度	开始时间	结束时间	2010—2023
information	2013	1.33	**2013**	2019	
management	2010	1.37	**2015**	2017	
awareness	2013	3.05	**2018**	2019	
performance	2011	1.98	**2018**	2019	
cybersecurity	2015	2.25	**2019**	2020	
internet	2019	1.8	**2019**	2020	
deterrence	2019	1.1	**2019**	2021	
selfefficacy	2019	1.1	**2019**	2021	
analyticalmodels	2020	1.32	**2020**	2021	
security	2019	2.72	**2021**	2023	
computersecurity	2015	2.44	**2021**	2023	
cybersecurifiyaNvareness	2018	2.11	**2021**	2023	

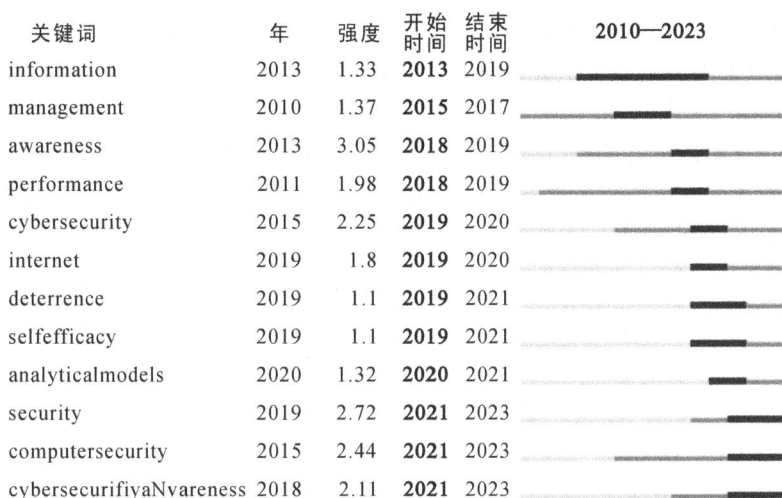

图 13　国外网络安全人才研究领域前 12 位突现词

第四节　结　论

通过研究现状对比分析,在年发文量上,国内外的发文量趋势都处于不断增长的状态。在合作作者上,国外学者之间形成许多小型的网络安全人才研究的核心合作群,不同学者之间联系程度较为紧密,而国内尽管一些学者发文量比较高,但整体上还未形成较为核心的研究群,许多作者呈现零散分布,不同学者之间合作机会较少,形成的核心合作群数量较少;未来国内外学者之间仍需不断加强学术上的交流合作,同时国内也要不断扩大核心合作群的数量与规模。在合作机构上,国外各个研究机构间已形成几个规模较小的核心机构研究群,但数量与规模上都还较小,大多数研究机构间并未直接开展学术合作;国内不同研究机构间合作关系较弱,尚未形成核心机构研究群,整体上不同机构间仍然是零散分布,未来国内外都需要进一步扩大核心机构研究群的数量与规模。

通过研究热点对比分析,国内该研究领域高频关键词为"网络安全""人才培养""安全教育""培养模式""课程体系"。国外该研究领域高频关键词为"cybersecurity education""computer security""information security""security""cybersecurity awareness"。从研究热点主题上看,国内的热点主题研究集中在网络安全人才培养研究、基于信息技术的网络安全研究、大学生群体的网络安全教育研究这三方面。国外的热点主题则集中在网络安全人才培养研究、基于网络靶场与网络战的计算机安全研究这两方面,值得注意的是国内外共同关注的热点主题为网络安全人才培养研究,这表明国内外都非常重视人才培养问题,但国外对大学生群体的网络安全教育研究较少。

通过研究前沿对比分析,根据关键词突变性来看,国内网络安全人才领域的研究前沿为意识形态、高职院校。其中意识形态方面的研究表明学者更加关注网络安全意识的重要性。在当今网络安全形势日益严峻的情况下,在高职院校中实施课程体系改革,培养高职院校学生的网络安全意识不仅能够提升应对网络安全风险的能力,也能够弥补当前我国网络安全人才的巨大需求。国外网络安全人才领域的研究前沿为计算机安全与网络安全意识,特别强调要通过一些计算机安全方面的竞赛活动来提升网络安全意识。可以看出国内外网络安全人才领域的研究前沿均涉及网络安全意识方面。

第四章　网络安全人才发展各国举措

第一节　美国网络安全人才政策

美国的互联网技术起步早,其网络安全战略也较早建立,逐渐形成了立于国家战略高度的网络安全人才政策体系,有丰富的经验值得参考。

1998 年,美国国家安全局公布《信息保障技术框架》,提出人、技术和操作是"深度保卫战略"的三个方面。信息保障的实现始于高层管理层(通常是首席信息官级别)对感知威胁的明确理解,必须遵循这一承诺,制定有效的信息保障政策和程序,分配角色和责任,承诺资源,培训关键人员(如用户和系统管理员),并实施个人问责制。这些步骤包括建立物理安全和人员安全措施,以控制和监控对设施和 IT 环境关键要素的访问。"人"被收入为信息安全战略核心之一,是保障信息及信息系统安全的关键,美国对网络安全人才的重视初步显现。

2000 年,《信息系统保护国家计划》提出网络空间保护计划的实施将依赖新的安全标准、多层防御技术、新的研究和训练有素的人员。在各个要素中,最迫切需要和最难获得的,也是所有其他事情的必要条件,是一支训练有素的计算机科学/信息技术(IT)专家队伍。在所有计划的 10 项任务的第 7 项是"培训和雇用足够数量的信息安全专家"。调查发现,全美的熟练信息技术人员的供应缺口越来越大,特别是在信息系统安全方面的人员短缺最严重的,需要通过加强职业研究、建设信息技术卓越中心(由这些中心培训和认证当前的联邦 IT 人员,并帮助他们在整个职业生涯中保持高水平技能)、创建服务奖学金计划以招募和教育下一代联邦 IT 工作者和安全管理人员、制定招聘和培训计划、制定和实施联邦信息安全与信息安全意识课程等五项任务来解决人才短缺问题。第 8 项为"提升全美公众网络安全意识"。

2003 年,《网络空间安全国家战略》提出五项优先计划,其中第三项为"国家级网络安全意识和培训计划",认为当前网络空间安全问题除了现有信息技术系统中的漏洞外,用户和管理人员在改善网络安全方面至少还有两个主要障碍:缺乏知识和对问题的理解;无法找到足够数量的经过充分培训和/或适当认证的人员来创建和管理安全系统。加强网络安全的关键是提高各级用户和管理人员的意识,并保持足够的训练有素和经过认证的 IT 安全专家库。联邦政府不能独自创造或管理这一努力的所有方面,它只能与行业、其他政府和非政府组织合作。提出主要行动和倡议包括:促进全面的国家意识计划,以增强所有美国企业、普通工作人员和民众的能力;实施充足的培训和教育计划,以支持国家的网络安全需求;提高现有联邦网络安全培训计划的效率;促进私营部门对取得广泛认可的专业网络安全认证的支持。

2008 年,《国家网络空间安全全面规划(CNCI)》第八项"扩大网络教育"强调,虽然正在花费数十亿美元用于新技术,以确保美国政府在网络空间中的安全,但决定成功的是拥有正确知识、技能和能力的人来实施这些技术。然而,美国没有足够网络安全人才实施该计划。现有的网络安全培训和人员发展计划虽然很好,但重点有限,缺乏一致性。为了有效确保持续的技术优势和未来的网络安全,提出必须培养一支技术熟练、精通网络的员工队伍和一支有效的未来员工队伍。

2009 年,《网络空间政策评估》提出美国需要就网络安全问题开展全国对话,发起全国公众意识和教育运动,以提高公众对威胁和风险的认识。美国应启动 K-12 网络安全教育计划,扩大大学课程,为数字时代创造一支合格的劳动力提供条件。为了帮助实现这些目标,应该提高所有公民的网络安全风险意识;建立一个教育系统,以加强对网络安全的理解,并使美国能够保持和扩大其在信息技术领域的科学、工程和市场领导地位;扩大和培训劳动力,以保护国家的竞争优势;帮助组织和个人在管理风险时作出明智的选择。其中也特别提到总统的网络安全政策办公室应考虑如何更好地吸引网络安全专业人才,并在联邦服务部门内留住具有此类专业知识的员工;各机构之间以及可能与私营部门之间的共享培训和轮换任务不仅有效,而且有助于促进相互交流和建立专业网络。同年 5 月,时任美国总统奥巴马在白宫设立"网络安全办公室",任命"网络安全协调员";6 月,美国国防部宣布正式成立网络战司令部,协调军队内部各部门和机构的网络战行动。

2010 年 4 月,《国家网络安全教育计划(NICE)》正式启动,致力于培养一支从雇佣到退休全生命周期都具有全球竞争力的综合网络安全队伍,保障美国应对网络安全挑战。在管理架构上,NICE 计划由美国商务部国家标准与技术研究所(NIST)牵头,国土安全部、国防部、教育部、美国国家科学基金会、国家情报总监办公室、美国联邦人事管理局等共同领导。NICE 计划分为四个部分:国家网络空间安全意识普及;正规网络空间安全教育工作;网络空间安全人才框架;网络空间安全人才培训和职业发展。为了有效开展 NICE 计划,NICE-NIST 内部管理委员会 2011 年发布了《NICE 网络空间安全人才队伍框架》(以下简称"NICE 框架"),确立了网络空间安全及其人员的分类方法及各种标准等。NICE 框架网络安全人才模块见图 14。

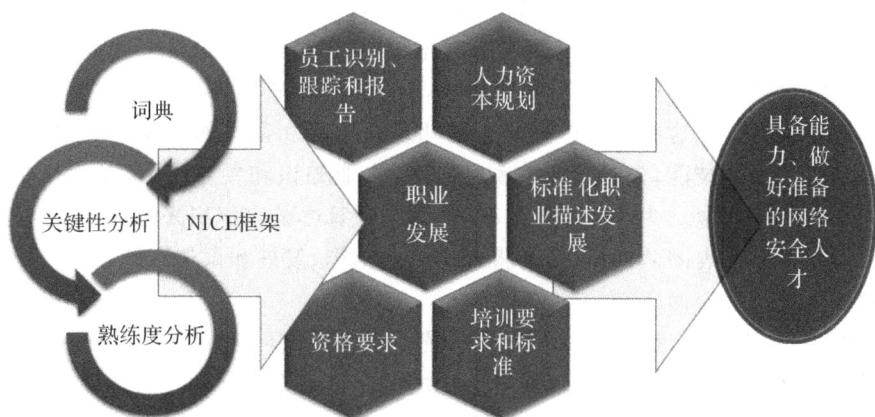

图 14　NICE 框架网络安全人才模块图

2015 年,联邦首席信息官(FCIO)发起了为期 30 天的网络安全冲刺。网络安全冲刺团队由管理和预算办公室领导,由来自国家安全委员会、国土安全部、国防部以及其他联邦民事和国防机构的代表组成。《网络安全战略与实施计划(CSIP)》是网络安全冲刺的结果,包括正在进行的进度报告和纠正措施,目标是确定关键的网络安全差距和新出现的优先事项,并提出具体建议来解决这些差距和优先事项。CSIP 提出了五个目标以加强联邦民用网络安全,其中第 4 项目标"联邦政府可以招聘和留住最高素质的网络安全人才",这是基于前期冲刺团队确定的与联邦网络安全工作人员相关的两个关键观察结果:缺乏网络和 IT 人才是大多数联邦机构保护信息和资产能力的主要资源限制;有许多现有的联邦计划来应对这一挑战,但这些计划的实施和意识不一致。

以 CSIP 为基础,2016 年,美国发布了《联邦网络安全人才战略》,用以提升联邦政府网络安全人才队伍:(1)确定网络安全劳动力需求。通过查明关键能力和能力差距,提高政府对网络安全工作人员的认识,以加强工作人员规划;(2)通过教育和培训扩大网络安全劳动力。与教育机构、专业组织、培训组织和其他专家合作,从 P-12 到大学级教育,提供网络安全项目指导,以显著扩大政府及其他部门可利用的熟练网络安全人才的渠道;(3)招聘和雇佣高技能人才。在满足适用法律和标准的情况下,通过招聘高技能人才,以扩大网络安全工作队伍,并简化招聘和安全审批流程;(4)留住和培养高技能人才。推动组织整体范围的人才保留和人才发展举措,以支持网络安全队伍的持续增强。

2016 年 2 月 9 日宣布的《网络安全国家行动计划(CNAP)》以 CSIP 活动为基础,同时呼吁对网络安全教育和培训进行创新和投资,以加强人才队伍。作为 CNAP 的一部分,2017 财年总统预算建议投资 6200 万美元,以扩大"CyberCorps ©:服务奖学金计划",为学术机构开发网络安全核心课程,加强国家网络安全学术卓越中心计划,以增加参与的学术机构数量,并在全国范围内扩大网络安全教育。这些举措将有助于联邦政府招募和留住网络安全人才,这些人才具备全面的技能,包括技术敏锐性、政策专业知识和领导能力,以确保联邦资产和网络的安全。为了制定该战略,管理与预算办公室组织来自政府、私营部门和学术界的代表团队,对正在和将要实施的招聘、发展和留住网络安全专业人员的战略进行了全面审查。

2017 年,特朗普签署了 13800 号总统行政令《加强联邦政府网络与关键基础设施网络安全》以改善国家面对日益加剧的网络安全威胁的网络态势和能力。其中第三部分第四条措施为"网络安全人才发展",要求商务部和国土安全部对教育和培训美国未来网络安全劳动力的范围和充分性进行评估,并就如何支持公共和私营部门推动国家网络安全劳动力的可持续发展提出建议。商务部和国土安全部做出回复《支持国家网络安全劳动力的增长和维持》,总结了网络安全工作人员的基本特征,包括:(1)美国大多数关键基础设施由私营公司拥有和运营,这使得其网络安全工作队伍至关重要;(2)联邦政府在很大程度上依赖其网络安全工作人员,截至 2017 年 8 月,美国网络安全相关工作岗位的空缺估计为 299000 个,从全球来看,预计到 2022 年,网络安全劳动力短缺将达到 180 万人;(3)需要填补的职位范围很广,从最低学历即可获得的入门级职位到需要高级学历、多重认证以及长期在职技术、管理和业务经验的职位;(4)在许多情况下,雇主需要具备特定行业专业知识或技能的网络安全人才;(5)各行业对优秀网络安全人才的竞争十分激烈,与其他类型劳动力相比,从事网络安全工作的少数群体和妇女人数不足;(6)退伍军人代表了可用且未充分利用的劳动力供应;(7)在许多地区,网络安全职位的薪酬往往高于其他职位的平均水平,但在某些地方,包括联邦政府,网络安全薪酬低于吸引人才所需的水平。

以 13800 号行政命令以及据此开展的工作和编写的报告为基础,2018 年 9 月,特朗普政府发布《国家网络战略》。该战略提出美国政府如何通过提升网络安全来保障国家安全、通过发展数字经济和提升创新促进国家富裕等举措。该战略强调高技能的网络安全人才队伍是国家安全的战略优势,美国将充分发展庞大的国家人才库,同时吸引与其价值观相同的海外人才中最优秀、最聪明的人才,发展一支优秀的网络安全人才队伍。优先措施包括:建立和维持人才通道;

扩大美国工人的再就业和教育机会；增强联邦网络安全队伍；利用行政权力表彰和奖励人才。

2019 年 5 月，特朗普签署了 13870 号总统行政令《美国的网络安全劳动力》，政府出台《网络安全人才行政令》，认为美国的网络安全劳动力是保护美国人民、国土和美国生活方式的战略资产。在命令第三方面"加强国家网络安全工作队伍"第一项提出：为了实现商务部和国土安全部回复 2017 年 13800 号总统行政令报告的愿景，即准备、发展和维持一支国家网络安全人才队伍，以保障和促进美国的国家安全和经济繁荣，将优先考虑以下当务之急：(1)发起全国行动呼吁，提请注意并调动公共和私营部门资源，以满足网络安全人才的需求；(2)改造、提升和维持网络安全学习环境，以培养一支充满活力和多样化的网络安全人才队伍；(3)使教育和培训与雇主的网络安全人才需求相一致，改善协调，并为个人终身职业做好准备；以及(4)制定和使用证明网络安全人才投资的有效性和影响的措施。第二项提出为了加强国家识别和缓解关键基础设施和防御系统中网络安全漏洞的能力，特别是安全和可靠性依赖于安全控制系统的网络物理系统，相关部门应尽快确定和评估联邦和非联邦网络安全人才的技能差距和培训差距；建议开发填补联邦和非联邦人员技能差距的课程。第三项提到教育部部长根据适用法律制定并实施年度总统网络安全教育奖。第四项提到应鼓励国家、地区、地方、部落、学术、非营利和私营部门实体自愿将 NICE 框架纳入现有的教育、培训和劳动力发展工作之中。商务部部长应每年向总统提供有关非联邦实体有效使用 NICE 框架的最新信息，并就改进 NICE 框架在网络安全教育、培训和劳动力发展中的应用提出建议。

拜登上台后提升了白宫在网络安全方面的领导地位，于 2021 年成立国家网络主任办公室(ONCD)，该办公室是白宫总统行政办公室的一个组成部分，专门就网络安全政策和战略向总统提供建议。ONCD 与白宫和跨部门合作伙伴以及各级政府、美国的国际盟友和伙伴、非营利组织、学术界和私营部门密切合作，制定和协调联邦网络安全政策。2023 年 3 月 2 日，拜登政府发布了新的《国家网络安全战略》(新版《国家网络安全战略》就是 ONCD 负责开发的)。新战略以前一个战略为基础，继续保持其许多优先事项的势头，同时寻求推进和发展最初由 2008 年 CNCI 发起的许多战略努力。新战略强调了两个根本性转变：重新平衡保卫网络空间的责任，以及重新调整激励措施以支持长期投资。拜登政府将该战略分为五大支柱，重点是保护关键基础设施，破坏和瓦解威胁行为者，塑造市场力量以推动安全和弹性，投资于有弹性的未来，以及建立国际伙伴关系以追求共同目标。编号为 4.6 的战略目标就是要从国家战略的层面加强网络安全人力资源(在"投资于有弹性的未来"模块)，该部分提到目前美国有数十万个网络安全岗位空缺,并且这一差距还在扩大。提出要满足所有经济部门对网络安全专业知识的需求,特别关注关键基础设施,并且推动聚焦安全和弹性的下一代技术的持续创新;要发展现有网络安全人才推进计划(如 NICE、CyberCorps ©等);要让美国国家科学基金会和其他科学机构正在进行的人才发展计划服务国家网络安全人才培养等。该战略还专门强调建立和维持一支强大的网络劳动力队伍的前提是需要全国范围内形成对于网络安全职业的认同。

同年 7 月,白宫又发布了《国家网络安全战略执行计划》通过超过 65 项举措来实施上述战略提到的"五大支柱"。针对战略目标 4.6,计划提出由 ONCD 牵头出版《国家网络安全劳动力和教育战略》并且跟踪其执行情况。事实上《国家网络安全劳动力和教育战略》几乎同时出版,该战略的副标题是"释放美国的网络人才"。战略包括四个方面内容:为每个美国人提供基本的网络技能培训、改造网络教育、扩大和增强美国的网络劳动力、加强联邦网络劳动力。三个指令性要求贯穿了整个战略目标:利用协作性劳动力发展生态系统来满足网络劳动力需求,使学生终身追求网络技能,通过更大的多样性和包容性来加强网络劳动力。其中专门强调要跨学科整合网络安全,使网络工作人员为构建设计安全的系统做好准备,特别是要加强联邦对该方面的投入,将网络安全整合到计算机科学、软件工程、操作技术和其他相关大学课程,以及 K-12 教育、新兵训练营、雇主主导的培训和其他形式的教育培训中。

同年 8 月,与 ONCD 紧密合作的美国网络安全与基础设施安全局(简称CISA,该组织成立于 2018 年,隶属美国国土安全部,专门负责保护美国的关键基础设施免受物理和网络威胁)发布《2024—2026 财年 CISA 网络安全计划》,该计划是在新版《国家网络安全战略》框架下提出的具有较强可操作性的实施指导办法。计划提出了应对直接威胁、加固安全、大规模提升安全三大目标,其中第三个目标中就有构建国家网络人才队伍的细分目标。

第二节　欧盟网络安全人才政策

1992 年,欧盟通过《信息安全框架决议》,该决议是构建欧盟信息安全的第一个法律文本,倡导欧盟需要建立针对信息安全的统一战略框架,并通过合作共同应对信息安全威胁。

1999 年,欧盟提出"电子欧洲 eEurope"行动倡议,以加快欧洲向知识经济的过渡,并使欧盟各成员国的发展步伐同步。2000 年 6 月欧盟实施《电子欧洲行动计划》,该计划有三个主要目标:确保欧洲充分利用互联网和数字技术的潜力,以促进竞争力和长期可持续增长;让每个人、家庭和学校、每个企业和行政部门都能使用互联网和新的数字技术;确保互联网和新技术促进社会融合,特别是社会中最脆弱的成员。该行动计划特别强调要对青少年进行数字素能的培训。

2001年3月,欧盟公布实施《电子学习行动计划:设计明天的教育》,提出实施电子学习倡议的方式和方法,实施期为2001—2004年。该行动计划提出欧洲已经存在严重的技能短缺,特别是在信息技术领域,1999年这一缺口估计为80万个职位,并可能会增至170万个。该行动计划特别强调了要加强各级培训活动,特别是要促进全民数字素养提升。

2001年11月,欧盟签署《网络犯罪公约》,该公约是第一个旨在处理通过互联网和其他计算机网络实施犯罪的国际条约。《公约》的主要目标是制定一项"共同刑事政策",通过协调国家立法、加强执法和司法能力以及改进国际合作,更好地打击全球范围内与计算机相关的犯罪。为此,《公约》要求签署国根据其国内法律将四类计算机相关犯罪定义为刑事犯罪并加以制裁:欺诈和伪造、儿童色情制品、侵犯版权以及安全漏洞(例如黑客攻击、非法数据拦截、危害网络完整性和可用性的系统干扰)。

2003年2月18日,欧盟通过《关于欧洲建立网络和信息安全文化的决议》,要求成员国和欧盟机构必须进一步制定一项全面的欧洲网络和信息安全战略,并努力实现"安全文化",同时考虑到国际合作的重要性;在发展安全文化方面,一项重要任务是明确所有利益攸关方对网络和信息系统安全的责任;提供适当的教育和职业培训,特别是要提高年轻人对安全问题的认识。

2010年,欧盟发布《数字欧洲计划》,旨在通过基于以互联网为核心的信息和通信技术(ICT)来最大限度发挥欧洲社会和经济潜力。计划提到欧洲正遭受日益严重的ICT专业技能短缺和数字素养不足的困扰。针对这个问题,计划提出要教育欧洲公民使用ICT和数字媒体,尤其是吸引年轻人接受ICT教育至关重要。ICT从业人员和电子商务技能的供应需要增加和升级。

2013年,欧盟发布《网络安全战略》,战略报告提出"我们的自由和繁荣越来越依赖于一个强大和创新的互联网,如果私营部门创新和民间社会推动其增长,互联网将继续繁荣。但网络自由也需要安全和保障",目前在整个欧洲已经有超过十分之一的互联网用户成为网络欺诈的受害者。报告提出要加强国家在网络安全教育和培训方面的努力,对计算机专业学生进行网络安全和安全软件开发及个人数据保护培训,以及对公共行政部门工作人员提供国家信息系统基本培训;欧盟委员会要求欧洲网络与信息安全局(ENISA)在2013年提出"网络和信息安全驾驶执照"的路线图,作为自愿认证计划,以提高IT专业人员的技能和能力;每年举办一次"欧洲网络安全月",并从2014年开始,将组织同步的欧盟—

美国网络安全月。

根据《网络安全战略》中的要求,2014 年 ENISA 发布《欧洲网络信息安全教育项目路线图》,其主要目标是定义路线图并介绍可以实施的步骤,以便与网络和信息安全教育的最佳实践保持一致。报告分为三个部分:第一,对现有课程和认证计划的描述;第二,介绍和讨论当前课程和认证中的差距,并介绍新形势,其目标是为填补已确定的差距提供未来努力的方向;第三,一系列供进一步审议的建议。该报告建议为普通大众创建一个网络与信息安全技能欧洲通行证(Europass),这与欧洲语言通行证(Europass Language Passport)的模式非常一致,可以根据既定的自我评估框架,对某些网络与信息安全领域(如隐私、一般安全)的技能进行自我评估。例如,Europass 可以帮助求职者在欧洲各地申请工作,也可以帮助雇主评估潜在候选人。

2016 年,欧盟发布《欧洲新技能议程》,致力于实现关于技能对维持就业、增长和竞争力的战略重要性的共同愿景。该议程认为在过去十年中,对数字技术专业人员的需求每年增长 4%。然而,欧洲各级都缺乏数字技能。尽管就业持续强劲增长,但预计到 2020 年,ICT 专业人员空缺的数量将增加一倍,达到 75.6 万个。此外,几乎一半的欧盟人口缺乏基本的数字技能。欧盟委员会正在启动数字技能和就业联盟,以开发一个庞大的数字人才库,并确保欧洲的个人和劳动力具备足够的数字技能。

作为落实《欧洲新技能议程》的一部分,2018 年欧盟提出《终身学习关键能力欧洲参考框架》,其中列出了人们生活所需的知识、技能和态度,特别提出在教育和培训的各个阶段,提高所有人群的数字能力水平。该框架定义数字能力涉及自信、批判性和负责任地使用数字技术,它包括信息和数据素养、沟通与协作、媒体素养、数字内容创作(包括编程)、安全(包括与网络安全相关的数字福祉和竞争力)、知识产权相关问题、问题解决和批判性思维。

为了实现《终身学习关键能力欧洲参考框架》对数字能力提升的要求,欧盟于 2018 年发布《数字教育行动计划 2018—2020》。该计划阐述了教育和培训系统如何更好地利用和创新数字技术,并支持在快速变化的时代发展生活和工作所需的相关数字能力。计划特别注重初级教育和培训系统,提出了三个优先事项:更好地利用数字技术进行教学、为数字化转型培养相关的数字化能力和技能、通过更好的和前瞻性的数据分析改善教育。计划特别强调如果不能向所有年龄段的欧洲人传授数字技能,一个重要的威胁是,欧洲将失去最具竞争力的优势——一支高技能和受过教育的劳动力。

2020 年 9 月,欧盟发布《数字教育行动计划 2021—2027》,概述了如何通过合作进一步丰富欧盟成员国教育体系的质量、包容性、数字化和绿色维度,为人才培养提供框架性指导。该计划认为应当注重数字化转型给网络安全带来的挑战,提出要开展针对教育工作者、家长和学习者的提高认识的活动,促进个体的网络安全、网络健康和媒介素养意识提升,增加网络安全硕士课程,为整个欧盟的先进数字领域提供相关的高质量学习机会,为教师和其他教育人员制定通用指南,制定能被欧洲各国政府、雇主和其他利益相关者认可和接受的欧洲数字技能证书。

2020 年 12 月,欧盟发布《欧洲数字十年网络安全战略》。战略报告提到新冠疫情加速了工作模式的数字化,增加了网络攻击的脆弱性。欧盟的工业格局正在日益数字化和互联化;这也意味着网络攻击对工业和生态系统的影响可能比以往任何时候都大。欧洲网络安全专业人员的职位估计仍有 291000 个空缺。招聘和培训网络安全专业人员是一个缓慢的过程,网络安全专业人员的欠缺会给组织带来更大的网络安全风险。战略报告提到欧盟努力提升劳动力,培养、吸引和留住最优秀的网络安全人才,并投资于世界一流的研究和创新,这是总体上防范网络安全威胁的重要组成部分。修订后的数字教育行动计划将致力于提高个人(特别是儿童和年轻人)以及组织(特别是中小企业)的网络安全意识。它还将鼓励妇女参与科学、技术、工程和数学("STEM")教育和 ICT 工作,提高数字技能和再培训。此外,委员会将与欧盟知识产权局、ENISA、成员国和私营部门一起,开发网络安全意识提升工具和指南,以提高欧盟企业网络安全能力。

2022 年,ENISA 为成员国提供了欧洲网络安全技能框架(ECSF),用于支持识别和阐明与欧洲网络安全专业人员角色相关的任务、能力、技能和知识,它是欧盟定义和评估相关技能的参考。在此背景下,欧盟于 2023 年 4 月通过了《网络安全技能学院沟通》,这是一项政策倡议,旨在汇集、改善并协调现有的网络技能倡议,以期弥合网络安全人才缺口,提高欧盟竞争力。ECSF 推出的目的在于:(1)确保整个欧盟网络安全专业人员的需求(工作场所、招聘)和供应(资格、培训)之间有通用术语并取得共同理解;(2)支持从劳动力角度确定所需的关键技能组合,使学习计划的提供者能够支持这套关键技能的发展,并帮助政策制定者提出有针对性的举措,以缩小技能方面的差距;(3)有助于理解领先的网络安全专业角色及其所需的基本技能,包括立法等软技能,尤其是能够使非专业人士和人力资源部门了解并支持网络安全人力资源规划、招聘和职业规划的要求;(4)促进网络安全教育、培训和劳动力发展的协调;(5)有助于加强对网络攻击的防护,并确保社会 IT 系统的安全。它提供了关于如何在欧洲网络安全劳动力中实施能力建设的标准结构和建议。

第三节　英国网络安全人才政策

英国第一份国家网络安全战略(NCSS)于 2009 年发布,随后于 2011、2016、2022 年进行了迭代,均将网络安全技能和人才发展作为重点目标。

2009 年 6 月发布的 NCSS 主题为"网络空间的安全、可靠性和韧性"。战略报告提出了英国网络安全的愿景"公民、企业和政府可以充分享受安全、可靠和有韧性的网络空间带来的好处:在国内外共同努力,了解和应对风险,减少犯罪分子和恐怖分子的利益,并抓住网络空间的机会,增强英国的整体安全和韧性。"该战略强调,政府、各行业组织、国际合作伙伴和公众需要共同努力,通过提高知识、技能和决策能力,实现降低风险和利用机会的战略目标,以确保英国在网络空间中的优势。战略报告提出将在内阁办公室设立网络安全办公室,该办公室将全面负责本网络安全战略,为网络安全问题提供跨政府的战略领导,并将通过跨政府计划推动该战略的实施。其中一项工作任务提出要确保政府和行业在网络安全环境下增加所需的技能和专业水平,这不仅限于技术技能也包括与当前和未来技能缺口相关的其他更多复合型技能。这项工作将需要制定和启动补救措施,以弥补任何已查明的不足,例如,在政府内外开展培训、提供认证或奖励,以及长期发展可行的职业道路。

2011 年的 NCSS 主题为"在数字世界中保护和促进英国",该战略报告提出愿景"2015 年,英国将从一个充满活力、韧性和安全的网络空间中获得巨大的经济和社会价值,我们的行动将以自由、公平、透明和法治的核心价值观为指导,促进经济繁荣、国家安全、社会发展。"战略提出的 4 个目标之一就是:英国需要具备支撑所有网络安全目标所需的跨领域知识、技能和能力。战略报告认为网络安全专业人员目前是政府和企业中的稀缺资源。为了帮助提升和维护英国的网络安全专家库以及促进全民网络安全素养提升,战略报告提出实施一系列行动,例如到 2012 年 3 月,对如何在所有级别(包括高等教育和研究生级别)提高网络安全教育参与度进行研究;在 2012 年期间,建立一个演习计划,以提高应对网络空间事件的能力;提高公共和私营部门信息保障和网络防御的专业水平;在 2012 年 3 月之前建立一个信息保障和网络安全专业人员能力认证计划,并在 2012 年建立一个专家培训认证计划。继续支持网络安全挑战赛作为将新人才引入该行业的一种方式;管理关键技能,帮助在英国建立一个"道德黑客"社区,以确保网络受到有力保护;提高公众和企业对网络安全威胁的认识,以及提升他们可以采取行动保护自己的能力。

2016 年的 NCSS 报告提出到 2021 年的愿景"英国能够安全应对网络威胁，在数字世界中繁荣发展"。其中一个目标是：拥有一条自我维持的人才管道，为公共和私营部门提供满足国家需求的技能。报告提出，政府现在将采取行动，填补关键网络安全角色的供需缺口，这是一个长期的、变革性的目标。熟练的劳动力是世界领先的网络安全商业生态系统的生命线。具体举措例如，在现有工作的基础上，制定并实施自立技能战略，将网络安全纳入教育系统；明确地阐述政府和行业在发展网络安全技能方面的角色；建立一个学校计划，为 14～18 岁的天才儿童创造专业网络安全教育和培训；建立一个基金，以重新培训那些在网络安全专业方面表现出巨大潜力的员工；确定并支持高质量的研究生教育，识别并弥补任何专业技能差距——承认大学在技能发展中发挥的关键作用；支持网络安全教师专业发展的认证；发展网络安全专业；发展国防网络学院，作为国防部和更广泛政府网络开展培训和演习的卓越中心，解决专业技能和更广泛的教育问题；开发政府、武装部队、工业界和学术界在培训和教育方面的合作机会；扩大 CyberFirst 计划，以识别和培养多样化的年轻人才库；将网络安全和数字技能作为教育系统中相关课程的一个组成部分，从小学到研究生，制定标准，提高质量，成为未来网络安全人才的基础。

补充阅读

　　CyberFirst 是由英国政府通信总部（GCHQ）下属的国家网络安全中心（NCSC）[①]设立的，旨在识别和培养各种有才华的年轻人从事网络安全职业。Cyber First 活动启发和鼓励来自不同背景的学生考虑从事网络安全工作并申请 Cyber First 助学金，通过向年轻人介绍网络安全世界来帮助他们探索对技术的热情。Cyber First 涵盖范围广泛的活动：

　　➢ 仅限女生参加的比赛（Girls Competition），旨在支持对网络安全事业感兴趣的女孩。比赛适合初学者到专业级，是学习网络安全新知识的机会。比赛的每个类别的内容都与国家课程和苏格兰卓越课程的计算机科学教学大纲中的科目一致。然而，比赛将包含一些传统教育中未涵盖的高级网络主题，寻求扩展团队的横向思维和额外的网络

---

　　① GCHQ 是英国世界领先的情报和网络安全机构，其使命是帮助保持英国的安全。该机构利用尖端技术识别、分析和破坏数字化威胁。他们与军情五处、军情六处、执法部门、军方和国际合作伙伴密切合作，以应对网络威胁。作为 GCHQ 的一部分，NCSC 成立于 2016 年 10 月，提供无与伦比的实时威胁分析、防御国家网络攻击，并为网络入侵受害者提供量身定制的建议。NCSC 可以使用政府可用的一些最先进的能力，其突破性的网络安全方法正在提高英国对网络威胁的抵御能力。

知识。目前 Girls Competition 已成功吸引了超过 43000 名 12～13 岁的女孩参与。

> Cyber First 课程。NCSC 提供旨在向年轻一代介绍网络安全世界的短期课程。这些课程被称为开拓者（Trailblazers）、冒险者（Adventurers）、捍卫者（Adventurers）、未来（Futures）和高级（Advanced）。

> 助学金和学位学徒制度。Cyber First 助学金每年夏天为本科生提供 4000 英镑的经济援助和付费网络安全培训，以帮助他们开启网络职业生涯，学位学徒制度允许本科生在学习的同时赚钱，为 GCHQ 的工作做好准备。

> Cyber First 学校/学院。自 2018 年以来，NCSC 试行网络学校中心（CSH）计划。CSH 鼓励当地学校、NCSC、其他政府部门和地方公司和组织之间的合作，这些公司和组织的共同目标是鼓励年轻人参与计算机科学和网络安全在日常技术中的应用。

2021 年 12 月，英国发布《国家网络战略 2022》，愿景为建设"网络强国"，将"人员、知识、技能、结构和伙伴关系是我们网络力量的基础"作为网络强国的 5 个内涵之一。报告提出"增强和扩展国家各个层面的网络技能，包括通过一个世界级的多样化网络安全专业来激发和培养未来人才"等目标，英国致力于提供持续、多样化的网络安全高技能人才，能够确保数字经济的核心要素，以及创新和开发新方法。到 2025 年，计划取得以下成果，例如(1)拥有进入网络职业所需技能的人数大幅增加，以确保教育和技能政策满足人们和雇主的需求。(2)一个更高质量、更成熟、更受认可和结构化的网络安全专业。(3)网络劳动力更加多样化，为代表性不足的群体和来自英国各地弱势社区的群体进入网络职业并在网络职业中蓬勃发展提供了更有效的支持。(4)通过教育系统推动稳定而多样化的高技能人才流动。(5)政府能够更好地识别、招聘、培训和留住所需的网络专业人员。

2022 年英国政府发布专门针对公共政府部门的网络安全战略——《英国政府网络安全战略：构建一个网络韧性公共部门》，报告第七章为"培养正确的网络安全技能、知识和文化"。战略报告强调如果不培养所需的网络安全技能和知识，以及在整个政府中促进网络安全的文化转变，就不可能实现这一战略的愿景和目标。所提的具体任务是，了解所有政府网络安全技能要求；政府吸引并保留其所需的多样化网络安全劳动力；政府不断发展其网络安全队伍，以确保其拥有并保留所需的技能；政府专业职能部门具备足够的网络安全知识和意识，确保积极考虑网络安全;政府拥有一种网络安全文化,使其人民能够学习、质疑和挑战,从而不断改进行为,实现可持续的变革。

第四节　俄罗斯网络安全人才政策

在俄语中,网络安全基本等同于信息安全。[①] 俄罗斯历来重视对于信息资源的保护。早在 1995 年颁布的俄罗斯联邦法《关于信息、信息化与信息保护》中,信息资源被列入俄罗斯的国家财富,该法律成为俄罗斯网络安全保护的合法性基础。2021 年 7 月 2 日颁布新修订的《俄罗斯联邦国家安全战略》,其中信息领域被认为是国家安全战略的重点领域,并且用专门一章进行详细阐述(其2015 年发布的上一版本并未专章论述),提出在信息和通信技术迅速发展的同时,公民、社会和国家的安全受到威胁的可能性也在增加。确保信息安全的目的是加强俄罗斯联邦在信息空间的主权。信息安全专业人才的发展顶层设计则由俄罗斯安全决策最高咨询机构—联邦安全会议负责,1995 年以来俄联邦安全理事会及其所属的信息安全跨部门委员会制定了一系列信息安全专业人才培养政策。[②]

2000 年 9 月,俄罗斯颁布第一版《俄联邦信息安全学说》,该学说被认为"是俄罗斯历史上首份维护信息安全的国家战略文件,它的颁布标志着信息安全正式成为俄国家安全的组成部分",[③]该学说认为信息安全领域合格人员数量不足是俄联邦信息安全的内部威胁之一,要建立信息安全和信息技术领域的统一人员培训体系。

2008 年,俄联邦安全会议批准了《俄联邦信息安全领域科学研究的主要方向》,其中针对信息安全人员支持问题,提出诸如形成国家对俄罗斯联邦从事信息安全领域专家专业培训水平要求的统一政策的问题;信息安全领域劳动力资源平衡预测和不同层次和方向人员培训预测的问题;使用现代教育技术培训信息安全领域专家的方法问题;人员持续培训系统以及信息安全领域专业教育内容的发展;信息安全领域人才培训体系的组织法律法规支持问题;信息安全领域人才培养的资源和技术支持问题等重点研究领域。

---

① Lilly,B.，Cheravitch, J. The Past, Present, and Future of Russia's Cyber Strategy and Forces, 2020 12*th International Conference on Cyber Conflict* (*CyCon*)，Estonia, 2020.

② 刘刚,刘琳.俄罗斯信息安全专业教育体系建设及启示[J].情报杂志,2020,39(10):38-44.

③ 张孙旭.俄罗斯网络空间安全战略发展研究[J].情报杂志,2017,36(12):5-9.

俄罗斯联邦时任总统德米特里·梅德韦杰夫于 2012 年 2 月 3 日批准《确保俄罗斯联邦关键基础设施生产和技术过程自动化控制系统安全领域的国家政策的主要方向》，提出要推动该领域的人员教育培训，提高公民信息安全文化的整体水平。包括在专门教育机构的基础上，改进人员(包括管理人员)的培训、再培训和认证系统，以确保自动控制系统和关键信息基础设施的安全；提高公民信息安全文化的总体水平，包括提高公众对关键信息基础设施、信息安全威胁和防范这些威胁的方法的认识；在公众意识中形成对利用信息技术从事非法行为的人的不容忍。

2013 年 11 月《俄罗斯联邦 2014—2020 年信息技术产业发展战略及 2025 年展望》指出信息技术产业劳动力市场存在严重的人员短缺现象，提出要提高人才培训质量，扩大在高等教育机构中引入行业公司学生实习机会，并鼓励此类公司与高等教育机构合作。且计划直接在信息技术、工程、应用数学和物理学领域，增加高等教育和专业教育机构的录取学生人数。通过居留许可和工作许可来鼓励国外人才向俄罗斯迁移，同时给予国内信息技术人才舒适的工作和生活条件，减少人才流失等。

2016 年 12 月，俄罗斯总统普京签署新版《俄罗斯信息安全学说》，该学说提出在科技和教育领域信息安全科学研究效力不足、信息安全领域的人员配备不足以及公民对确保个人信息安全的认识不足等问题。提出在该领域要实现俄罗斯信息技术的竞争力和开发信息安全领域的科学和技术潜力；创建和实施最初抵抗各种影响的信息技术；进行科学研究和实验开发，以创造有前途的信息技术和确保信息安全的手段；信息安全和信息技术应用领域的人力资源开发；确保保护公民免受信息威胁，包括形成信息安全文化。

由俄联邦政府 2015 年 7 月批准的《信息安全领域人才保障问题主要决定》、2017 年 3 月批准的《俄联邦信息安全领域人才保障发展长期构想》、2017 年 8 月批准的《俄联邦信息安全保障领域的主要科学研究方向》等政策可以发现，人员配置任务被列入俄联邦信息安全科学研究优先领域清单，在安全理事会部门间委员会、俄罗斯联邦安全理事会下属科学委员会信息安全科、保护国家机密部门间委员会、俄罗斯联邦教育和科学部的领导下，该国已经形成了信息安全领域多层次人员培训系统的主要方向。[①]

---

① 刘刚,刘琳.俄罗斯信息安全专业教育体系建设及启示[J].情报杂志,2020,39(10):38-44.

第五节　日本网络安全人才政策

日本在 2000 年开始就致力于推动网络安全相关战略实施。2000 年日本内阁成立"IT 战略本部";2005 年在内阁官房设置"信息安全中心",在"IT 战略本部"下成立"信息安全政策委员会",由内阁官房长官担任议长,内阁官房信息安全中心作为信息安全政策委员会的事务局,网络安全工作由内阁统一协调。①

2001 年提出《e-Japan 战略》指出为了让广大公众充分享受先进的信息和通信网络社会的诸多便利,必须确保信息安全,并建立一个人们可以毫无顾虑地有效利用互联网的环境。为了实现这一目标,提出要建立信息安全文化,促进与信息安全相关的技术和人力资源基础设施的发展,特别是要培养在信息安全领域拥有足够知识和技术技能的专家。为了进一步发展专业技能和知识,将扩大政府教育研究机构;促进对政府人员的教育培训;并将努力更有效地使用资格认证制度。

日本政府在 2010 年 5 月发布的《保护国民信息安全战略》,提出要培养信息安全人才,活用共通的人才评价工具,通过基于产学联合的实践性人才培养方法等培养高级信息安全人才,为人才培养制定职业发展路径等。

2013 年 6 月出台《网络安全战略》,提出目前日本从事信息安全工作的技术人员约为 26.5 万人,但潜在安全人才缺口约为 8 万人。另外,在约 26.5 万人中,能够满足所需技能的人才只有 10.5 万人多一点,对于剩下的 16 万多人才来说,还需要更多的技能提升。为了填补人才缺口,提出要发掘培养能够灵活使用网络安全技能的优秀个人的集训研修;充实实践性教育课程,强化产学联系,改善能力评价机制;政府机关将率先聘用外部信息安全人才。此外,战略还提出要提高公众的网络安全素养。在所有的普通国民都与网络空间共存的情况下,有必要持续地提高以基数广的普通国民为对象的素养;另外,这也有助于为培养高级人才提供基础。

2013 年 10 月,日本发布《网络安全合作国际战略》,提到网络安全事件应对以及相关政策制定的主体都要具备一定的安全意识和能力,要持续实施各种能力开发和意识启发活动,通过对负责人实施网络安全培训等对其进行能力建设,并提供提高公众网络安全意识的资料,在世界范围内开展提高网络安全意识的传播活动,为提高国际安全水平作出贡献。日本每年 10 月都会开展一场关于网

---

① 胡薇.日本网络安全体系的布局、特征及其启示[J].重庆社会科学,2021(04):126-136.

络安全的国际宣传活动,将努力在全球层面扩大这项活动。并且该战略还强调要加强亚太区域合作,深化日本与东盟在网络空间人才建设方面的合作。

2014年5月,《新信息安全人才培养计划》提出创造人力资源"需求"和"供给"的良性循环,以提高日本的信息安全水平。"需求"的关键在于管理意识的改革,管理者要从战略的高度思考与信息安全有关的问题和方向,并进行有效沟通,创造信息安全环境和文化,提高对信息安全的投资意愿,创造需求。"供给"的关键在于人力资源的数量扩张和质量提升。将信息安全定位为IT工程师的必备能力,开发和发现能够应对全球威胁的卓越人才。要加强人力资源开发在国际和国内多主体间的合作交流。产业界、学术界和政府应紧密合作,共同推进信息安全人才能力相关的评价标准和资格认证。此外,计划强调人力资源开发不是短期就能完成的,必须长期进行,尤其是要创造与信息安全相关的人才培养所需的环境,达成共识。

2015年,日本再次发布《网络安全战略》,在开发和保障人力资源方面,提出目前日本从事网络安全工作的工程师在质量和数量方面都极度短缺,将加强网络安全及相关领域的教育,培养具有突出能力的人才,努力创造、培养、保障一个人才可以在未来继续发挥积极作用的环境。具体举措例如:(1)高等教育阶段满足社会需求的人力资源开发和职业能力培养。产业、学术界和政府需要更加有机的合作,以有效地开发满足社会需求的人力资源。研究生院、大学和技术学院等高等教育机构将推动旨在通过学习和实践网络安全理论和基础知识来加强实践技能的举措。通过产学官合作支持教材开发,并准备云环境中的练习环境促进人力资源开发的实践活动。此外还强调推动法律和商业等社会学科以及安全和通信技术的融合,培养复合型网络安全人才。(2)加强中小学教育阶段的教育。(3)寻找、培养和确保具有卓越能力并能在全球发挥积极作用的人才。举办汇集海外参赛者的竞赛活动,完善人力资源网络建设。(4)改善人才环境,在未来继续发挥积极作用。厘清网络安全人力资源职业生涯,及时和适当评估网络安全人才实践能力,建立资格认证体系。促进供需匹配,包括加强轮班制,推进跨行业、学术界、政府的员工职业发展路径建设,形成人力资源供需良性循环。(5)开发人力资源以增强组织实力。强调要加强应急演练将个体能力有效嵌入组织能力提升。

2016年6月,日本发布《加强网络安全人力资源开发的综合政策》,提出要使"人才需求(就业)"和"人才供给(教育)"相适应,促进良性循环的形成,并提出了供需循环的概念架构。具体来说,在"经营层",要促进意识改革,将网络安全相关措施作为经营战略的一环积极采取措施。并且,在推进使经营层和实务者层之间沟通顺畅的"桥梁人才层"培养的同时,在"实务者层"构建产学官联合的人才培养循环系统。

2017 年 4 月,日本网络安全战略总部颁布《网络安全人力资源开发计划》,强调供需匹配形成良性循环的重要性,特别是随着网络安全环境的不断变化以及 2020 年东京奥运会和残运会的办会压力,网络安全人才的质量和数量依然需要提升。提出的相关举措,包括在需求侧,转变管理思维,网络安全不应被视为不可避免的成本,而应该是一种"责任",是管理战略本身的一部分,特别是要加强中小企业对网络安全的认识,改变中小企业管理者的心态。在供给侧,一是要在中层中培育一批网络安全的"中介人力资源",在对公司战略和业务本身有深刻理解的前提下,又同时具有网络安全背景,能够有效将公司 IT 规划以及网络安全部署落实到基层;二是要推动构建人力资源跨组织、跨团队协作的体系,使他们在网络安全方面工作互补;三是要广泛提升各种角色的网络安全知识和技能,促进多主体合作网络防御演练;四是在信息安全技术方面开发高水平人才;五是要为 2020 年东京奥运会和残奥会培养高级人才;六是要加强中小学阶段教育,扩大未来网络安全人才基数。

2018 年发布新版《网络安全战略》,是根据 2015 年修订的《网络安全基本法》,经安全战略总部审议,形成的为期三年的网络安全战略规划。针对网络安全人才发展,主张加强战略管理层、业务层和技术层的网络安全人才培训和学生的信息安全基础教育,具体包括:立足于实际情况,推进再学习计划的实施,包括战略管理层面实用教材的开发和导师的发掘与培训;在系统规划、建设和运行过程中继续加强为培养从业者和工程师而推出的教育计划、资格考试和练习,提高知识和技术水平;在小学和中学阶段,提供发展性教育,例如从小学开始就必修编程教育,了解计算机等信息和通信技术的原理和机制;加强各政府机关安保人员的保障和培训,确保和制定每个部门和机构的人力资源计划;促进全球范围内的网络安全人才培养,按照国际标准对从事人力资源培养的大学和事业单位项目进行认证,达到一定的标准,实施联合演练,促进学分转移。与主要国家合作,建立促进与海外人力资源开发组织的各种合作机制和认证。

2019 年 1 月,网络安全战略总部发布《网络安全意识和行动增强计划》提出未来发展的基本构想。一方面,促进个人和组织的"意识和行动"。另一方面,从持续实施、为不同人群提供适当的工具和内容、促进有关方面的合作这三个角度来推进举措。在具体工作中,将年轻人和中小企业确定为优先目标。如,派遣信息安全讲师到小型企业开展培训、研讨会、讲座等活动;对信息教育中发挥核心作用的教师和其他人员进行培训。

2021 年 9 月新制定的《网络安全战略》,提到日本将迎来社会 5.0,[①]数字经济取得巨大发展,其影响波及人民生活。在推进数字化的过程中,有必要对诸如恶意利用和滥用等损害行为、公众素养较低、公共机关和民间组织的数字化进程迟缓等诸多问题做出正确的应对。为此,将设置的数字厅作为形成数字社会的指挥塔,以实现"不让任何人掉队,对人友善的数字化"目标。提出了从 2020 年起未来三年采取措施的目标和实施政策,提出通过"Cybersecurity for All"理念提升全民网络安全。战略提到,有必要继续深化官民在"质"和"量"两方面的措施,例如"DX with Cybersecurity"所需人才的环境整备、提高管理柔性、保障政府网络安全人才重组。

2022 年 12 月,日本发布修订后的《国家安全战略》,该战略修订期间发生了俄乌冲突,为了能够对冲突期间大范围的网络攻击进行响应以避免未来的威胁,日本在新战略中将网络安全提升到更重要的位置,强调主动网络防御举措,[②]旨在帮助日本加强网络安全响应能力以及采用与网络安全相关的前沿技术。其中有一章便是要提高网络安全领域的应对能力,并且强调要促进政府内外部人力资源的开发和有效利用。为了和该战略保持一致,同时发布的《国防建设计划》提出扩大网络人员数量,并为其提供培训。

第六节　全球网络安全人才发展政策综述

随着网络攻防技术的变革发展(作者梳理了相关技术,参见表 5 表 6)以及国际局势的深刻变化,网络安全威胁在全球蔓延。网络安全人才对于保障网络安全的重要性已经在全球形成共识,网络安全人才的缺口也是全球共同面临的一个挑战。通过对以上几个国家和地区网络安全人才发展相关政策的综述,发现了几个共同点。

一是强调网络安全人才发展的促成需要多部门多主体跨区域的合作。各国

---

① "社会 5.0"(Society5.0)是日本政府在 2016 年推出的"第五期科学技术基本计划(2016—2020)"中提到的新型社会形态。具体而言,是指人类的社会发展从"狩猎社会(Society1.0)"到"农耕社会(Society2.0)""工业社会(Society 3.0)""信息社会(Society4.0)"逐步进化后,未来一种假想中的新的"超智能社会"形式。其最终目标是依靠物联网、人工智能等科技手段,融合网络空间与现实的物理空间,使所有人(不分年龄、性别、地域、语言)均能在需要的时候享受高质量的产品与服务,实现经济发展的同时解决人口老龄化、劳动力短缺等社会问题,最终构建一个以人为中心的新型社会。

② Osawa, J. (2023). How Japan Is Modernizing Its Cybersecurity Policy, available at: https://www.stimson.org/2023/japan-cybersecurity-policy. (accessed 2024-2-1).

都将网络安全人才管理视为国家发展战略,美国 CNCI 提到,网络安全人才的发展需要一项类似于 20 世纪 50 年代提升科学和数学教育的国家战略,这需要举全国之力进行合作。例如美国 NICE 计划的参与部门包括了美国商务部、国土安全部、国防部、教育部、美国国家科学基金会、国家情报总监办公室、美国联邦人事管理局等。2019 年特朗普政府出台的《网络安全人才行政令》提请注意并调动公共和私营部门资源,以满足网络安全工作人员的需求。2016 年的英国《国家网络安全战略》提出网络安全人才短缺问题的解决需要来自各主管部门、其他公共部门、教育提供者、学术机构和行业的共同投入。2013 年日本发布《网络安全合作国际战略》提到要加强亚太区域合作,深化日本与东盟在网络空间人才建设方面的合作。

二是要扩大网络安全人才输入渠道。美国商务部和国土安全部对 13800 号总统行政令作出的回复中提到要通过对非网络安全领域从业人员进行再培训,增加妇女、少数群体和退伍军人参与。2018 年发布的美国《国家网络战略》提到要扩大美国工人的再就业和教育机会,并吸引与美国价值观相同的海外人才。2023 年发布的美国《2024—2026 财年 CISA 网络安全计划》提出要扩大未来劳动力的渠道,包括从"K 到 Gray"。[①] 2017 年发布的《英国数字化战略》提出要实施针对职业中期转向网络安全的人员再培训计划。2018 年日本发布的《网络安全战略》,提出要促进全球范围内的网络安全人才培养,与主要国家合作,按照国际标准对网络安全人力资源项目进行认证,促进学分转移,建立促进与海外人力资源开发组织的各种合作机制和认证。

三是强调全民网络安全意识和能力的提升,这一方面是数字社会和数字经济发展的必然要求,另一方面也是网络安全人才发展的基石。2013 年欧盟发布《网络安全战略》,提出要每年举办一次"欧洲网络安全月",并从 2014 年开始,将组织同步的欧盟—美国网络安全月。2013 年日本发布《网络安全合作国际战略》,提到日本每年 10 月都会开展一场关于网络安全的国际宣传活动,将努力在全球的层面上扩大这项活动。2021 年日本《网络安全战略》提出要提升全民网络安全意识和能力。

四是要尽早开发网络安全人力资源。例如美国《网络空间政策评估》提出要启动 K-12 网络安全教育计划。2016 年的英国《国家网络安全战略》提到要扩大 CyberFirst 计划,以识别和培养多样化的年轻人才库。2013 年日本出台《网络安全战略》,提出有必要谋求从初等、中等教育阶段开始的意识启发,实施标语、海报比赛等参与型意识启发活动;2018 年日本发布新版《网络安全战略》,提到

---

① 即从青少年到老年的全生命周期。

在小学和中学阶段,提供发展性教育,例如从小学开始就必修编程教育,了解计算机等信息和通信技术的原理和机制。

五是强调网络安全知识技能的跨界性,不仅仅是网络安全岗位需要掌握,所有相关岗位都应该具备该能力。美国 CNAP 提出网络安全工作人员包括技术和非技术专业人员。2009 年 6 月的《英国网络安全战略:网络空间的安全、可靠性和韧性》明确网络安全人才的技能不仅限于技术方面也包括与当前和未来技能缺口相关的其他更多复合型技能。

六是要建立网络安全人才知识体系。目前美国《NICE 框架》纳入现有的教育、培训和劳动力发展工作,成为帮助雇主建立一支有能力并且准备好的网络安全人员队伍的核心参考。2014 欧盟网络与信息安全局发布了《欧洲网络信息安全教育项目路线图》,其主要目标是定义路线图并介绍可以实施的步骤,以便与网络和信息安全教育的最佳实践保持一致。在英国国家网络安全计划支持下,英国"网络安全知识体系"(CyBOK)项目应运而生,于 2017 年启动,将人力、组织和监管,攻击与防御,系统安全,软件和平台安全,基础设施安全 5 个方面,21个知识领域(KAs)纳入一个连贯的总体框架(最初版为 19 个知识领域)。

七是供需匹配被视为网络安全人才管理的重要指标。要提升对于需求的感知,美国《加强联邦政府网络与关键基础设施网络安全》提到尽管情况的总体背景和紧迫性很明显,但缺乏关于网络安全工作人员职位需求以及教育和培训计划的全面可靠数据。2019 年 5 月,特朗普签署《网络安全人才行政令》,要求国防部部长、运输部部长、能源部部长和国土安全部部长尽快确定和评估联邦和非联邦网络安全人员的技能差距和培训差距,并建设弥补联邦人员技能差距的课程。2008 年俄联邦安全会议批准的《俄联邦信息安全领域科学研究的主要方向》提到信息安全领域劳动力资源平衡预测以及不同层次和方向人员培训预测的问题,俄联邦将信息安全人员配置任务列入信息安全科学研究优先领域清单。日本发布的《新信息安全人才培养计划》《加强网络安全人力资源开发的综合政策》《网络安全人力资源开发计划》都一再强调"人才需求(就业)"和"人才供给(教育)"相适应,形成良性循环的重要性。2021 年日本发布《网络安全战略》提到供需匹配不仅包括"质量"和"数量"两方面,还需要创造能促进人力资源发挥积极作用的"环境"。

八是俄乌冲突触发各国调整网络安全战略,其中也包括对于网络安全人才的战略布局。俄乌冲突昭示网络战已经成为现代战争的重要形式。冲突期间,双方重要网络系统与关键基础设施为主要攻击对象。乌克兰国防部、外交部、内政部、教育部等多个政府部门与军事网站、最大的两家银行以及部分重要经济实体都因遭受大规模网络攻击而关闭,能源、通信等公共服务基础设施遭到破坏性网络攻击。与此同时,俄罗斯政府、金融、能源、媒体、交通运输等多个行业系统被攻击,导致包括克里姆林宫、国家杜马、国防部在内的多个核心网站关闭,电网系统、铁路系统和多家电视台及其他俄罗斯网站都曾处于瘫痪状态。网络空间安全已经从经济领域毫不意外地蔓延到政治和军事领域。因此在冲突发生之后各个领先国家纷纷调整网络安全战略。例如相关人士分析日本最新版《国家安全战略》的修订就充分考虑了俄乌冲突呈现的网络安全威胁新态势,在新战略中将网络安全提升到更重要的位置,更加积极主动开展网络防御;并且在相关配套战略中强调要加大网络安全人才队伍建设。欧盟理事会在 2022 年通过的《NIS2 关于在欧盟范围内实现高水平共同网络安全措施指令》提出欧盟将在网络安全方面投入更多的资金及人员,进而加强网络防御能力,这也可能是对俄乌冲突网络攻击态势的主动响应。

表 5　网络攻击技术

序号	攻击手段	技术特征	案例
1	信息泄露	通过网络应用挖掘受害者个人信息	2020 年俄罗斯 APT 组织 Berserk Bear 攻击美国政府并窃取了数据。从两台受害者服务器中窃取了数据,包括敏感的网络配置和密码、标准操作程序(SOP)、IT 指令、供应商和采购信息、打印访问徽章。
	身份盗用	利用相似的网络账户冒充受害者,发布非法、恶意、诈骗类消息	2021 年乌克兰海军网站 Web 遭遇大规模网络攻击。黑客在网站上发布了有关"International Sea Breeze-2021"军演的虚假报道。
	钓鱼网站	通过伪造银行站点窃取账户密码、劫持用户浏览器	2022 年,StrivePhish 组织开展大批量针对国内企业、高校和事业单位等进行大规模专业的邮件钓鱼事件,该攻击通过钓鱼窃取用户邮箱账号和密码。
	暴力破解	枚举可能的密码保护答案,致使最终密码的暴力破解	大部分网民及部分机构的账号习惯使用数字和英文单词作为账户密码,如"123456""password""iloveyou"等,而遭到入侵。

续表

序号	攻击手段	技术特征	案例
2	Web 安全	SQL 注入，攻击者注入的恶意 SQL 代码未经正确过滤和验证就被应用程序执行时，攻击者利用这漏洞执行未授权的数据库操作	2008 年俄格战争，俄罗斯对格鲁吉亚展开了全面的"蜂群"式网络阻瘫攻击，致使格方电视媒体、金融和交通等重要系统瘫痪，机场、物流和通信等信息网络崩溃，急需的战争物资无法及时运达指定位置，直接影响了格鲁吉亚的社会秩序以及军队的作战指挥和调度。
3	DDoS 攻击	攻击者通过同时向目标服务器发送大量的请求或流量，超过其处理能力的极限，导致服务不可用或响应极其缓慢	2022 年俄乌冲突，乌克兰的军事、政府、金融等部门的网络系统遭到大规模 DDoS 攻击。DDoS 攻击通过系统资源消耗的方式造成乌克兰众多关键基础设施和重要网络系统瘫痪，严重影响了乌克兰的社会秩序。
4	供应链投毒	攻击者通过操纵或篡改软件、硬件、服务或其他供应链组件，将恶意代码或漏洞注入受影响的组件中	2020 年 12 月，SUNBURS 后门首次被披露，该攻击利用流行的 SolarWinds IT 监控和管理套件传播木马，事件已确认受害的重要机构至少 200 家。
5	勒索病毒	加密用户计算机中的数据，然后勒索受害者支付赎金以获取解密密钥	2022 年，哥斯达黎加政府在已知勒索软件团伙之后遭到勒索软件攻击账户获得了多个政府系统的访问权限。袭击首先针对金融部门，影响政府和私人金融服务，然后蔓延到国家医疗网络，同时要求支付 2000 万美元。
6	后渗透	攻击者成功获取对目标系统的访问权限后，进一步对受感染系统进行侦察、获取更多信息、控制系统、持久化访问、横向移动等过程	/

表6　网络防御技术

序号	防护手段	技术特征	案例
1	WAF	位于网络应用程序和用户之间的安全设备或服务,用于保护网络应用程序免受各种Web攻击和漏洞利用	2014年乌克兰冲突期间,乌克兰政府使用WAF来保护其网站免受敌对势力的网络攻击。
2	RASP	一种动态的、嵌入式的安全防御技术,直接嵌入到应用程序中,在运行时对应用程序进行监控和保护	2021年波及范围较广的Log4j2漏洞事件,RASP帮助阿里云安全团队观测到Log4j2漏洞利用和危险行为。
3	SAST/DAST	SAST工具通过从内部检查Web应用程序来测试安全性,并通过在开发过程中扫描应用程序源代码来查找代码缺陷和漏洞,DAST工具通过测试已经编写的Web应用程序(在运行时)来查找漏洞	2003年的美国伊拉克战争中,美军使用了一种名为"Qualys Sonar"的SAST工具来检测和防止恶意软件和黑客攻击。Qualys Sonar可以检测Windows应用程序中的漏洞和弱点,并提供详细的报告和建议。
4	蜜罐	一种网络安全防御技术,它是一台模拟真实系统的虚拟或物理计算机,旨在吸引攻击者并监视其活动	2016年,以色列军方部署了一系列虚拟蜜罐,用于吸引伊朗黑客对以色列的军事和政府系统进行攻击。这些蜜罐在未经授权的情况下捕获了大量有关伊朗黑客组织的情报,并揭示了敌方的攻击策略和目标。
5	NGFW	"下一代防火墙",其是一种集成了传统防火墙功能和高级安全特性的网络安全设备	2016年乌克兰电信局的网络攻击事件,乌克兰采用NGFW技术来提供对外部攻击的防御。
6	IDS	一种网络安全设备或软件,用于监控和检测网络中的异常活动和潜在的入侵行为	2011年利比亚内战期间,利比亚政府使用IDS来监测和检测潜在的入侵行为。IDS能够实时分析网络流量,并警示管理员可能存在的安全问题,提高对网络攻击的识别和反应能力。

续表

序号	防护手段	技术特征	案例
7	EDR	一种网络安全技术,用于监测、检测和响应终端设备上的安全事件和威胁	2018年俄罗斯对乌克兰的网络攻击,乌克兰部署了EDR系统来发现和应对恶意软件的传播和潜在可疑活动。
8	堡垒机	一种用于增强网络安全的专用服务器或设备,它通常用于保护敏感网络资源和服务器,作为网络的入口点,用于限制对内部网络的访问,并监控和审核访问行为	2011年的利比亚内战中,反对派武装使用了一种名为"Netsparker"的堡垒机来管理和控制服务器。Netsparker是一种高级服务器安全解决方案,可以提供实时监控和管理功能。

第五章　网络安全人才供需匹配评价框架

第一节　网络安全人才供需匹配指标
体系研究框架构建

一、网络安全人才供需匹配指标体系的重要性

保障网络空间安全，"人才是第一资源"。在这场"看不见硝烟"的战争中，每一名网络安全人才就是一名"战士"。必须从国家安全的角度，把网络安全人才这个战略资源的开发、储备、管控纳入区域管理的视野和范畴，这就需要一个能够具有可操作性、动态性和前瞻性的评价框架。虽然目前已有较多研究从网络安全人才市场的供需现状出发，对我国网络安全人才需求和人才供给进行了详细的分析和总结，但在区域层面关于网络安全人才供需匹配评价的研究成果仍处于空白，在理论层面还缺乏一个适用于实际情景分析的科学评价框架。

网络安全人才供需匹配评价模型构建的目的在于完善反馈机制，从而帮助在一定区域内形成网络安全人才管理的"评价—反馈—改进"的良性循环，把握当前网络安全人才供需现状，确保网络安全人才的供应均衡和效能最大。从评价的需求重要性来看，网络安全人才供需匹配评价的主体主要为网络安全人才管理机构，包括政府和高校等。面向网络安全人才的管理部门，将网络安全人才供需匹配评价作为人才发展评估的重要手段，通过对某一区域网络安全人才供需两端的综合诊断，可以及时发现网络安全人才发展存在的问题，其评价结果可以作为区域网络安全人才队伍建设过程中问题发现的现实依据。相关部门可以有针对性地调整网络安全人才发展路径，实现网络安全人才供需两端的可持续发展。同时，网络安全人才供需匹配评价也可以为建立健全区域网络安全人才发展规划体系提供有益参考。

实现网络安全人才的供需匹配是一项战略性、范围广、领域多的工作，需要提前谋篇布局。"以评促建"是网络安全人才供需匹配评价的重要思想，通过形成网络安全人才供需匹配的具体规范和要求，相关部门可以依此拓展完善网络

安全人才发展规划体系。本研究从我国网络安全人才供需的区域特征出发,以过程性评价为导向,结合质性研究方法,挖掘网络安全人才供需匹配的关键影响要素及相互影响作用,构建供需匹配指标体系。

二、网络安全人才供需匹配指标体系构建的思想基础

评价有三方面特征,一是评价是一个系统的、持续的过程;二是其过程包括描述(界定要回答的问题和要获取的信息)、获取(获取相关信息)、提供(向决策者提供信息,以便他们能够利用这些信息做出决策,从而改进正在进行的项目)三个基本步骤;三是评价被视为服务于决策的过程。[①] 有效的评价模型可以为管理者提供关于在组织、过程和工作/执行者层面需要什么样的绩效,要衡量什么样的绩效,对绩效偏差要问什么问题,以及要采取什么行动来修改绩效等信息。虽然目前在区域网络安全人才培养效果评价方面没有专门的理论指导,教育评价是对教育对象的系统描述和/或对其价值的评估。[②] 1967 年美国哈佛大学 Scriven 教授在《评价方法论》中第一次区分了过程性评价(Formative Assessment)与结果性评价(Summative Assessment),相对于结果性评价关注人才培养的质量,过程性评价是贯穿在培养过程中的反馈性评价,实时通过反馈信息对培养过程进行调整,以改善培养效果、获得预期结果。过程性评价的核心是反馈,[③]通过过程性评价提供的反馈在提升学生学习动力、帮助学生改进学习方法、提升学习效率等方面具有显著益处。目前,教育管理者和实施者对过程性评价的关注越来越多,该评价方法普遍被认为对于教学和人才培养至关重要。

本研究认为最初运用于教育领域的过程性评价所关注的核心问题与网络安全人才供需匹配是一致的。网络安全人才的供需匹配作用机制是供需两端相互协调与配合的动态过程,关注全程性动态评价可以提高网络安全人才供需匹配评价的有效性与可靠性,及时了解网络安全人才供需两端的发展现状及其存在的主要问题,为促进我国网络安全人才事业发展,实现网络强国战略目标提供重要的启示。因此,参考过程性评价的内涵,网络安全人才供需匹配评价是根据一定的标准与程序,对人才供需匹配过程中的各类信息进行搜集、整理、处理,并做出价值判断的综合性评价活动。从评价的价值取向看,网络安全人才供需匹配

---

① Stufflebeam, D. L. (1971). The Relevance of the CIPP Evaluation Model for Educational Accountability. *Journal of Research and Development in Education*, 5, 19-25.

② Nevo, D. (1983). The Conceptualization of Educational Evaluation: An Analytical Review of the Literature. *Review of Educational Research*, 53(1), 117-128.

③ Hattie, J., & Timperley, H. (2007). The power of feedback. *Review of Educational Research*, 77(1), 81-112.

评价是以网络安全人才发展提供有益反馈为目的的评价活动;从评价对象看,网络安全人才供需互动机制中的各类过程性因素都应纳入评价的范围;从评价效果看,网络安全人才供需匹配评价要及时发现人才供需过程中存在的问题,推进人才供需双侧的改进,实现网络安全人才的均衡发展。

面向实际需求,网络安全人才供需匹配评价框架必须重点考虑以下三个问题:一是适用性。网络安全人才供需匹配评价框架既要用于及时发现区域网络安全人才供需匹配过程中的薄弱环节,同时也要用于加强和改善区域网络安全人才管理,其核心理念是在不断发现问题和解决问题的循环过程中,实现网络安全人才供给和需求的高质量发展。二是饱和度。网络安全人才的供需匹配是一项系统工程,也是一个持续的动态过程,受到社会、政治、经济、文化等环境因素,政府、企业、院校、培训机构等实施主体,教育、培训等活动的共同作用,因此,在评价模型设计时要充分涵盖供需两端匹配的全过程,融入与之相关联的人、物、活动等要素。三是可操作性。网络安全人才供需匹配评价模型需结合现实需求,充分协调和利用评价各方力量,制定具体实施方案,让模型指导评价活动,发挥作用。

三、网络安全人才供需匹配评价框架的指导理论

本研究结合网络安全人才供需匹配评价主体、评价内容、评价方法的实际需要,基于中共中央、国务院印发《深化新时代教育评价改革总体方案》提出的"改进结果评价,强化过程评价,探索增值评价,健全综合评价"的评价原则,强调网络安全人才供需匹配评价的多元性、全程性、改进性和动态性,选择 CIPP 评价理论作为本次评价研究的指导理论,为网络安全人才供需匹配评价"定方向"和"找路子",形成网络安全人才供需匹配评价的基本框架。

CIPP 评价模型由 Stufflebeam 于 1966 年开发,并被引入教育领域。CIPP 模型是对于过程性评价和结果性评价的集成,关注四方面的评价:背景评价(Context Evaluation)、输入评价(Input Evaluation)、过程评价(Process Evaluation)和结果评价(Product Evaluation)。背景评价提供了整个系统的优势和劣势的信息,以帮助规划系统每个级别的以改进为导向的目标。输入评价提供了为实现既定目标而选择和构建的备选战略的优势和劣势信息。过程评价提供了所选战略在实际实施条件下的优势和劣势信息,从而可以加强战略实施。结果评价提供的信息用于确定是否正在实现目标,以及是否采用应继续、修改或终止实现目标的变更程序。

背景评价通常被称为需求评价。它主要回答:"我们需要做什么?"并帮助评价特定环境中的问题、资产和机会,包括定义相关背景,确定目标人群并评估其

需求,确定满足需求的机会,诊断需求背后的问题,并判断项目目标是否充分响应评价的需求等。

输入评价有助于制定一个项目以满足确定的需求。它主要回答:"我们应该怎么做?"并确定最有可能实现期望结果的程序设计和教育策略。因此,其主要方向是确定和评价当前的系统能力,寻找并批判性地检查潜在的相关方法,并推荐替代项目战略。输入评价步骤的结果是一个旨在满足确定需求的项目。

过程评价监控项目实施过程。它主要回答:"我们做得对吗?"并对项目的实施过程进行持续检查。过程评价的重要目标包括记录过程并提供关于(a)计划活动执行程度和(b)是否需要调整或修订计划的反馈。过程评价的另一个目的是评价参与者接受和履行其角色的程度。

结果评价确定并评价项目成果。它主要回答:"项目成功了吗?"目的是通过评价项目的价值、重要性和公正性来衡量、解释和判断项目的结果。其主要目的是确定所有参与者的需求得到满足的程度。

这些环节贯穿了评价对象的完整过程,能够在不同的条件下,通过一个动态的评价流程对活动实施全过程进行监控、诊断与反馈。

CIPP 模型对于指导网络安全人才供需匹配评价框架构建的适用性在于以下几个方面:一是 CIPP 模式评价方法多样化契合了网络安全人才供需匹配评价目标的多样性。多种评价方式结合是 CIPP 评估模型的一大优势,既包含了网络安全人才供需匹配机制中客观背景条件的诊断性评价,也兼顾了网络安全人才供需匹配作用过程中的形成性评价与反映匹配效果的结果性评价,这种方式可以避免由于评价方法选择所造成的偏差,也可以较为全面地体现网络安全人才供需匹配评价的全过程及评价目标。二是 CIPP 模式评价主体多元化契合了网络安全人才供需匹配评价过程的动态性。CIPP 评价模式的指标涵盖了多个主体的评价,提高了政府、高校、企业等各个利益相关者在网络安全人才供需匹配评价模式中的参与度,从多个角度对某一区域的网络安全人才供需匹配状态进行监控并提供了合理化的反馈渠道,体现了网络安全人才供需匹配评价的动态性。三是 CIPP 模式评价目的的发展性契合了网络安全人才供需匹配评价的反馈改进机制。CIPP 评估模型强调"在实践中学习",以确定有问题的项目特征的纠正措施,特别适合在动态社会背景下的评估项目。将 CIPP 评价模式应用于网络安全人才供需匹配评价框架,则可以定期对网络安全人才供需活动进行评价,建立起网络安全人才供需匹配的即时、短期、长期等反馈机制,并将评价结果即时用于网络安全人才供需矛盾的调整中。

第二节　网络安全人才供需匹配度评价指标的构成要素分析

一、研究方法

评价指标是评价标准和目标的体现。本研究主要采用质性研究的方法,遵循扎根理论(Straussian grounded-theory)的研究路径,分析与提炼网络安全人才供需匹配度评价指标的构成要素。由于当前学界对于扎根理论方法的运用存在诸多争议,并且存在一些应用误区,因此本研究首先探讨了扎根理论法的基本思路,而后再分析扎根理论法对于本议题的适用性,最后再明确本研究运用扎根理论法的具体操作步骤。

（一）扎根理论的基本思路

质性研究特别适合新生领域的探索,定性研究人员寻找的是涌现的知识,而不是"预先确定的"想法。定性研究是复杂的——既有归纳的,也有演绎的,但基于理论的研究主要是归纳的。质性研究者不是试图客观地记录外部现实,而是一个解释者。[①] 网络安全人才的研究在过去十多年里受到越来越多的关注,但是,要么是通过实证研究验证网络安全人才行为的形成机制,要么就是关注现状和对策研究方面,并没有探究网络安全人才供需匹配的深层机制,该领域的研究并没有成熟的理论,特别是要从区域层面挖掘网络安全人才供需匹配"故事"线索的研究更是少见。质性研究方法是以研究者本人作为研究工具,在自然情境下,采用多种资料收集方法,对社会现象进行深入的整体性探究。概念、范畴和理论植根于数据,从数据中产生,并通过分析、编码和解释的归纳过程,从原始资料中形成结论和理论,通过与研究对象互动,对其行为和意义建构获得解释性理解的一种活动。

（二）扎根理论的研究路径

美国学者 Strauss 和 Glaser 在 *The discovery of grounded theory: strategies for qualitative research* 一书中共同提出的扎根理论是质性研究方法中的典型研究路径,"从系统获取和分析的数据中发现理论",它连接了理论性研

---

① Marshall, C., & Rossman, G. B. (1999). *Designing qualitative research* (3rd ed.). Thousand Oaks: Sage; Creswell, J. W. (1994). *Research design: Qualitative, quantitative, and mixed methods approaches*. Thousand Oaks, CA: Sage.

究与经验性研究的鸿沟,提供了一套可以在经验资料的基础上构建理论的方法和程序。他们提出的方法包括几方面要素:(1)系统地获取数据,(2)定性分析的不断比较方法,(3)理论的产生,即形成一个"数据采集—概念演变—理论形成"的过程。他们认为,从这样一个系统的发现过程中产生并植根于其中的理论是与数据密切相关,而不是遵循先入之见的理论,甚至是过快形成的假设。与实证研究不同,研究者在进行扎根之前并不提出具体的理论假设和猜想,而是直接对成体系的调查资料进行经验概括,并在不断比较的过程中提炼出反映社会现象的概念,进而发展范畴以及范畴之间的关联,最终升华为理论。因此,他们认为最为首要的工作是在收集数据之前避免应用形式化的理论,要避免强迫数据符合先入为主的理论。研究人员需要对可能与既定理论不一致的假设和观察结果持开放态度。研究人员在理解数据时要足够开放,忠诚于数据。

网络安全人才供需匹配不是冷冰冰的数据匹配,而是要高度关注于从业人员、用人单位的感知和体验,捕捉在供需匹配场景下的各方观点和态度,这一方面扎根理论非常适合于对于网络安全人才供需匹配的理解。定性方法并没有试图忽视被研究对象的主观性或偏见。相反,定性方法承认偏见和主观性,并试图捕捉被研究对象视角的丰富观点,甚至将偏见和主观性作为更大观点的基本部分。因此,定性方法更完整,更有能力捕捉隐性知识。

Strauss 和 Glaser 以不同的方式发展了他们的研究方法。Glaser 的方法被称为经典扎根理论研究,而 Strauss 的方法被命名为"Straussian"。在本研究中选择 Straussian 扎根方法。Straussian 扎根理论的主要思想通过开放性译码、主轴性译码和选择性译码三大层次译码过程来实现。扎根理论流程如图 15 所示。

二、数据收集和整理

扎根理论的数据来源形式广泛,包括访谈记录、观察记录、新闻报道、政策文件、研究文献或传记等。一般来说,扎根理论主张在最初的资料收集中,要尽可能地占有丰富、详细的资料,对所观察到的任何细节都要予以关注。在本研究中,原始数据来源包括两部分:一是通过访谈获取第一手资料,二是通过搜集行业相关调研报告作为第二手资料。其中,一部分访谈记录和调研报告等作为扎根编码分析的原始材料,余下一部分则主要用于理论饱和度检验。同时,由于扎根理论的资料收集是一个螺旋式的上升过程,本研究在资料搜集过程中会不断对资料进行复查、递补、增加,以最大限度地增加理论饱和度。

(一)半结构化访谈

访谈法是质性研究数据来源的主要方式之一,它是一种有目的性的、个别化的研究性交谈,是通过研究者与被研究者口头谈话的方式从被研究者那里收集

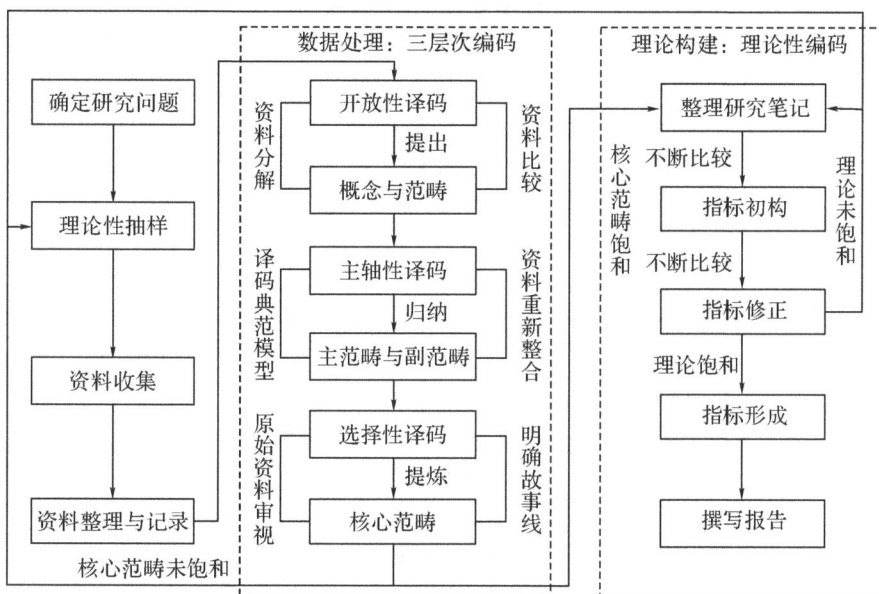

图 15　扎根理论流程图

第一手资料的一种研究方法。在调查样本的选择上,本研究采用了"目的抽样"的方法。考虑到访谈对象要对访谈主题有一定的认识,并且能为研究问题提供最大涵盖度的信息量,本研究综合选择网络安全相关专业教师、学生,以及相关政府、企业部门人员作为访谈对象,通过设定不同的访谈内容进行数据收集,访谈提纲如表 7 所示。这些访谈问题并非一次形成,而是随着访谈的开展不断调整。具体的访谈方式包括一对一深度访谈和焦点小组访谈,综合两种访谈方式有助于更全面地收集访谈数据。一对一深度访谈尽可能挖掘受访者对网络安全人才供需匹配的认识深度;焦点小组访谈则能够引导受访者之间的思想碰撞,提高讨论的充分性、创造性和全面性。

在本研究中,一对一深度访谈共进行了 6 人次,焦点小组访谈共进行 3 次。为保护受访者隐私,各访谈参与人使用 Pn 来表示(n 代表访谈人员参与顺序号),各访谈对象的基本信息如表 8 所示。经统计,访谈录音的累计时长达 300多分钟,平均每次访谈时长约为 65 分钟,形成的访谈记录约有 15 万字。所有的访谈记录以"FTJL＋数字编号"的格式进行编码。访谈稿示例见附录。

表 7　扎根理论访谈提纲

访谈对象	主要内容提纲
网络安全相关专业教师	(1)目前高校网络安全人才的培养情况和模式是怎样的？ (2)高校出于哪些方面考虑确定网络安全相关专业学生的招生计划？ (3)网络安全人才培养方案编制的原则和特色是什么？ (4)学校是否为网络安全相关专业学生提供了实战攻防演习平台？ (5)网络安全竞赛在网络安全人才培养过程中的重要性是怎样的？ (6)学校为网络安全相关专业毕业生提供了哪些就业指导服务？ (7)是否存在一些针对网络安全相关专业毕业生的就业促进政策？
网络安全相关专业学生	(1)学生选择网络安全相关专业是基于哪些方面的考虑？ (2)学生对网络安全人才培养方案的满意情况如何？ (3)您认为网络安全相关专业知识的来源途径有哪些？ (4)您认为要想进入网络安全行业工作需要具备哪些能力或特质？ (5)您的从业规划是怎样的？ (6)学生会通过哪些途径来提升自身的就业竞争力？
网络安全相关政府部门人员	(1)政府系统对网络安全人才的需求情况是怎样的？ (2)政府系统中网络安全相关的岗位主要有哪些？ (3)政府系统中网络安全人才的来源渠道主要有哪些？ (4)政府系统在招聘网络安全人才时注重哪些方面的能力或者素养？ (5)政府系统如何保障网络安全人才匹配网络安全工作任务？ (6)政府部门之间是否存在网络安全人才的共享渠道？ (7)政府系统如何对网络安全人才进行考核？ (8)政府系统网络安全相关岗位的职称(职级)评定机制是怎样的？ (9)政府层面是否有一些针对网络安全人才的特殊政策或制度？
网络安全相关企业部门人员	(1)企业是出于哪些方面的考虑来确定网络安全人才需求？ (2)企业通过哪些途径或者方式来招聘、吸引、留住网络安全人才？ (3)企业在招聘网络安全人才时注重哪些方面的能力或特质？ (4)企业对高校培养的网络安全人才的满意情况如何？ (5)企业设置了哪些机制来提升网络安全人才的岗位胜任力？ (6)企业如何对网络安全人才进行考核？

表 8　扎根理论受访对象基本信息

访谈形式	访谈对象	人员类别	访谈时长	记录编码
一对一深度访谈	P1	高校网络空间安全学院教授兼院长	64 分钟	FTJL01
	P2	互联网企业人力资源专员	62 分钟	FTJL02
	P3	网络空间安全协会负责人	68 分钟	FTJL03
	P4	高校网络安全学院教授兼院长	40 分钟	FTJL04
	P5	上市公司工业互联网研究院院长	70 分钟	FTJL05
	P6	高校网络安全管理负责人	55 分钟	FTJL06
焦点小组访谈	P7	网络工程专业学生	65 分钟	FTJL07
	P8	信息安全专业学生		
	P9	网络空间安全专业学生		
	P10	信息安全专业学生		
	P11	网络空间安全专业学生		
	P12	网络安全主管部门职工	65 分钟	FTJL08
	P13	网络安全主管部门职工		
	P14	网络安全主管部门职工		
	P15	网络安全实验室技术职员	70 分钟	FTJL09
	P16	事业单位技术职员		
	P17	互联网企业技术职员		
	P18	互联网企业技术职员		

（二）研究报告

在扎根理论研究中，所收集的数据的质量会直接影响到研究结果的质量和信度。研究报告是对研究过程中所获取的资料进行全面系统的整理和分析，能够深入实际、准确地反映某一客观事实，因此也适合作为扎根理论的数据来源。目前，为了深入了解网络安全产业及其人才发展的现状，政府及行业部门纷纷基于现实数据开展市场调查分析，形成了一定数量的研究报告。这些报告分别从产业发展、需求变化、人才供给、供需结构、人才特征等维度切入，对网络安全产业及其人才的市场现状展开全面、深入的分析，提供了一系列关于网络安全人才发展的资料线索，具有很强的代表性。基于研究报告数量及报告内容对于本研究的充分性和适用性，同时考虑到研究报告的时效性，本研究选择了在 2017 年至 2022 年发布的 20 份相关的研究报告作为扎根素材，并且以"YJBG＋数字编号"的格式对其进行编码。报告的基本信息详见表 9。

表 9 扎根理论研究报告基本信息

标题	发布机构	发布时间	编码
《2017 网络安全人才市场状况研究报告》	智联招聘、360 互联网安全中心	2017 年 9 月	YJBG01
《网络安全产业白皮书（2017年）》	中国信息通信研究院	2017 年 9 月	YJBG02
《中国信息安全从业人员现状调研报告(2017 年度)》	中国信息安全测评中心	2018 年 2 月	YJBG03
《2018 网络安全人才市场状况研究报告》	智联招聘、360 互联网安全中心	2018 年 8 月	YJBG04
《中国网络安全产业白皮书（2018 年）》	中国信息通信研究院	2018 年 9 月	YJBG05
《2019 中国网络安全发展白皮书》	赛迪顾问	2019 年 2 月	YJBG06
《2019 网络安全人才市场状况研究报告》	智联招聘、奇安信	2019 年 8 月	YJBG07
《2019 网络安全行业人才发展研究报告》	360 网络安全大学、猎聘	2019 年 8 月	YJBG08
《中国信息安全从业人员现状调研报告(2018—2019 年度)》	中国信息安全测评中心等	2019 年 9 月	YJBG09
《中国网络安全产业白皮书（2019 年）》	中国信息通信研究院	2019 年 9 月	YJBG10
《2019 中国网络安全与功能安全人才白皮书》	上海控安、猎聘	2019 年 12 月	YJBG11
《中国网络安全产业分析报告（2019 年）》	中国网络安全产业联盟	2019 年 12 月	YJBG12
《2020 网络安全人才市场状况研究报告》	智联招聘、奇安信、国家网络安全人才与创新基地	2020 年 8 月	YJBG13
《2020 网络安全人才发展白皮书》	安恒信息	2020 年 9 月	YJBG14
《中国网络安全产业白皮书（2020 年）》	中国信息通信研究院	2020 年 9 月	YJBG15
《中国网络安全产业分析报告（2020 年）》	中国网络安全产业联盟	2020 年 12 月	YJBG16

标题	发布机构	发布时间	编码
《2021 网络安全人才市场状况研究报告》	智联招聘、奇安信等	2021 年 5 月	YJBG17
《2021 网络安全人才报告》	奇安信、智联招聘	2021 年 10 月	YJBG18
《网络安全产业人才发展报告（2021 年版）》	工业和信息化部等	2021 年 10 月	YJBG19
《中国网络安全产业分析报告（2021 年）》	中国网络安全产业联盟	2021 年 12 月	YJBG20

三、数据编码及检验

对原始资料进行理解和编码是扎根理论的关键环节。课题组前期通过文献收集和阅读研究积累了大量有关"网络安全人才供需匹配"的概念和词汇，并且在编码过程中不断讨论交流，以确保编码的客观性。

（一）开放性编码

开放性编码是扎根理论分析的第一步，对原始资料的反复阅读、整理、分析，将数据资料概念化，进一步提炼形成初始范畴。本研究共提炼出 67 个初始概念，并聚拢形成 16 个初始范畴。部分示例如表 10 所示。

表 10　扎根理论开放式编码结果

资料摘录	概念化	范畴化
经济较发达的城市在网络安全人才供给上也较为亮眼	区域经济发展	区域经济水平
网络安全人才在每个行业的分布比重有所不同	区域产业结构	
云计算、物联网、大数据、人工智能等新型应用的发展对网络安全人才需求增长具有推动作用	科技创新水平	区域创新平台
越来越多非一线城市大力推进信息化建设，中小企业、民营企业——经济社会中数量最多的主体的安全需求便越来越多	区域信息化建设	
新基建的推进使得网络安全人才的数量和质量需求均进一步增加	新型基础设施建设情况	

续表

资料摘录	概念化	范畴化
安全法律法规的出台会促进网络安全人才供给侧结构性改革,推动网络安全人才培养良性发展	法律法规出台	制度及文化
网络安全等级保护等合规要求提升激发市场规模,促进人员需求;除了等级保护直接相关的国家标准的颁发,国家网络安全相关主管部门还颁布了一系列部门规章,促成网络安全人才招聘又一个高峰	合规性要求	
民众对于网络安全的了解和认知为网络安全人才队伍建设培养良好氛围和民众基础	全民网络安全意识	
更多地区今年加大了对网络安全建设的投入,增加了对网络安全人才的需求	区域网络安全投入	网络安全产业发展
网络与信息安全产业快速发展和扩张,信息安全从业人员需求进一步加大,人才供需失衡的问题持续存在	网络安全产业布局	
网络安全产业区域高地会引导企业、科研、人才等资源集聚	网络安全产业高地建设	
构建网络安全国民教育和持续教育体系,为各类网络安全意识提升、基础教育、高等教育、职业培训、持续教育提供总体指导,为包括信息安全从业人员、后备人员以及普通公众在内的社会全体成员信息安全能力、防护技能的提升提供支撑	总体指导	人才顶层设计
统筹推进网络安全人才发展整体工作,通盘规划信息安全人才培养、管理和使用等各项工作,明确主要任务和阶段性目标,加快信息安全人才管理体制以及人员流动配置、培养开发、考核评价和激励保障等工作机制改革	体制机制	
多主体协同共建网络安全人才生态,提高相关主管领导部门、产业界、学术界、科研院所、用人单位等相关各方的支持配合力度,有力整合资源,完善配套措施,形成推进合力,共同构建良好的网络与信息安全人才发展生态	生态建设	

续表

资料摘录	概念化	范畴化
人才培养模式改革可以帮助建立一个导向和分工明确,指导和保障有力,方法和标准先进的网络安全人才发展体系	人才培养模式改革	人才发展规划
构建层次清晰的职业岗位发展路线,识别达成职业晋升和能力进步的路径	职业路径	
落实国家安全教育规划中的网络安全进校园政策完善学历教育专业布局;建立一个导向和分工明确,指导和保障有力,方法和标准先进的网络安全人才发展体系需要完善学历教育专业布局	学历教育布局	
建立完善的职业培训和认证体系,为从业人员提供持续性学习和知识更新渠道,是填补新兴领域人才缺口的有效解决途径,对于网络安全行业更是如此	职业教育	
随着院校办学规模的扩大,网络安全及相关专业的在校生数量及质量均处于稳步提升的状态	院校办学规模	
专业系统的岗位能力评价,可以提升网络安全人才的专业能力和综合素养,为国家党政军和关键信息基础设施运营单位的安全防护持续输送急需骨干人才	人才评价体系	人才发展支撑
推进信息安全人才的职业化发展需要建立兼具相对稳定性和动态灵活性的信息安全知识体系	知识体系	
完善本地网络空间安全类稀缺人才的专项政策和管理体系,如专项补贴和人才认定标准,并通过虚拟工作和人才联盟等方式促进网信人才交流	网络安全人才激励政策	
师资严重不足的问题在应用型人才培养院校表现尤为突出	专业教师数量	师资力量
各院校要创新和完善师资队伍建设机制,充分引用外部导师资源	外部导师资源	
教师缺乏实战经验已经成为网络安全人才培养的最大难点	教师实战经验	

续表

资料摘录	概念化	范畴化
网络安全专业方向设置要契合国家战略需求	专业方向设置	专业建设
66.1%的受访者认为应当在更多高校开设网络安全相关专业或增加专业方向	专业开设数量	
近三成学生对所在专业了解程度较低,一定程度上反映了在人才培养和专业建设中仍存在较大不足	专业认知情况	
受访学生中对本专业培养情况的整体满意度较高的学生占比不足七成,相关专业建设亟待加强	专业培养满意度	
对本专业课程设置满意度较低的学生占比四成,人才培养方案的亟待改善	专业课程设置	课程与教学
半数以上的高校老师认为,缺乏实用型教材是网络安全人才培养的难点之一	实用型教材	
院校需要持续改进教学条件,加强对教学设施的建设	教学设施条件	
当前网络安全相关专业的教学内容并不能满足学生的就业需求,直观地反映出高校的人才培养与企业实际需求之间存在一定的供需错配	专业教学内容	
一些有实力的网络安全企业牵头建立人才培养基地,招收即将毕业,以及准备求职网络安全岗位的学员/求职者,通过2~3个月的实践培训,批量输出满足用人单位需求的一线安全人才	企业实践培训课程	实践平台
政府和主管部门要推动建设实践教学基地,为在校生实践教学提供实战机会	实践教学基地建设	
政府和主管部门要完善顶层设计,推动建设一批高质量的共享式实训基地	实训基地建设	
政府和主管部门要推动产学合作基地建设,释放行业实训实践资源	产学合作基地建设	
高校建立网络靶场用于网络安全人才培养	网络靶场建设	
高校老师认为"缺乏实验平台/实验平台难搭建"已经成为网络安全人才培养的难点之一	实验平台建设	
无论是在校网络安全学子还是行业从业人员,均以参加各类网络安全竞赛为提升自身能力主要渠道	安全竞赛	

续表

资料摘录	概念化	范畴化
学生在就业过程中,对增加招聘信息方面有较多诉求	招聘信息的数量	就业服务
学生在就业过程中,对求职技巧辅导方面有较多诉求	求职技巧辅导	
学生在就业过程中,对就业政策宣讲方面有较多诉求	就业政策宣讲	
积极参与本地信息化促进会等类似行业协会的人才交流活动,主动接收网络安全相关专业学生实习实践	行业会议与研讨	
网络安全从业者在择业时,会通过朋友推荐、招聘网站信息、招聘会等多种途径去寻找合适的工作岗位	招聘途径的多样性	就业吸引
对于人才流动,薪资待遇是从业者跳槽的主要影响因素之一	薪资福利待遇水平	
网络安全人才对此行业关注的原因包括"有我关注的网络安全企业"	用人单位影响力	
网络安全人才对此行业关注的原因包括"受专家名人影响"	专家名人影响力	
近两年报道频繁的工业互联网对学生的吸引力最小,这可能与工业企业的工作环境有关	企业工作环境	
网络安全人才跨行业流动情况非常普遍;互联网、房地产、机械制造、能源化工、电子通信等行业与网络安全行业之间的人才流动最为频繁	跨行业流动	社会流动
从网络安全人才的学科专业背景来看,仅有极少数求职者有网络安全或信息安全的学科教育背景,而更多的网络安全岗位求职者实际上是来自计算机、电子信息工程、软件工程和自动化等兄弟专业	工程师红利	
对比全国各大行业,网络安全人才的跳槽周期低于机械制造、电子通信、能源化工、消费品、交通贸易、房地产、制药医疗行业,而高于服务外包、金融、文教传媒和互联网行业。网络安全的跳槽周期意味着这个领域的人员流动处于相对稳定的状态	离职率	

续表

资料摘录	概念化	范畴化
实践经验固然重要,基础知识也将决定能力的高低	基础知识	
网络安全相关专业在校生应树立正确的职业观	职业素养	
一些政府机构事业单位希望能够在提升网络安全人才技术能力的同时加强其政治意识	政治素养	
要提升网络安全相关专业在校生的专业素养	专业素养	
一些政府机构事业单位希望能够在提升网络安全人才技术能力的同时加强其保密意识	保密意识	
网络安全相关专业在校生的综合素质包括法律意识	法律意识	
网络安全工作是一项专业度很高的工作,对工作经验有较高的要求	工作经验	人才质量
从安全企业来看,66.7%的职位要求求职者学历本科及以上,26.5%的职位要求学历大专及以上;从政企机构的安全岗位招聘需求来看,49.9%的职位要求学历本科及以上,40.9%的职位要求学历大专及以上	学历教育背景	
网络安全从业人员认为用人单位在招聘时最注重的方面包括沟通交流能力	沟通协作能力	
不论是安全企业还是其他政企机构,普遍亟需具有实际操作能力,能够解决实际问题的安全技术人员	实践能力	
网络安全从业人员认为用人单位在招聘时倾向于寻找具备一定的抗压能力的网安人才	抗压能力	
在网络安全人才的招聘过程中,有近一半的岗位对工作经验没有任何要求。这也在一定程度上说明,在人才市场上,有经验的网络安全工作者是非常稀缺的,企业为了能够满足岗位需求,只能在一定程度上放弃对工作经验的要求。我国国内人才市场上网络安全求职者数量增长缓慢,与人才需求的高速极端不匹配,造成了人才缺口不断扩大	应届毕业生数量匹配	雇主满意
很多应届毕业生因为缺乏实战经验难以迅速胜任网络安全工作;愈发增加的招聘岗位数,愈发精确的安全岗位人才需求,亟需学校输送更多更高质量的人才进入到市场当中	应届毕业生质量匹配	

资料摘录	概念化	范畴化
尤其缺乏既懂业务、又懂技术的高端综合人才；凸显中高端信息安全人才已成为各企事业单位竞相争取的对象	高端人才数量匹配	雇主满意
高水平安全专家和具有丰富实战经验的渗透测试人员是每个企业技术团队的核心，也是企业长远发展的驱动力。网络安全从业人员认为用人单位在招聘时倾向于寻找工作经验丰富、技术基础扎实、实战能力和沟通交流能力强，同时具备一定的抗压能力的网安人才	高端人才质量匹配	

（二）主轴性编码

主轴性编码在开放性编码基础上，按照一定逻辑对初始范畴进行比较分析，从 16 个子范畴中归纳出个 5 主范畴，分别是基础环境、发展规划、培养体系、人才流动、匹配效果。

（三）选择性编码

选择性编码阶段需要对主轴性编码形成的主范畴进行探究，分析其内在关联后，梳理出"故事链"。在"故事链"中将主范畴有机串联，得到理论模型（见图16）。

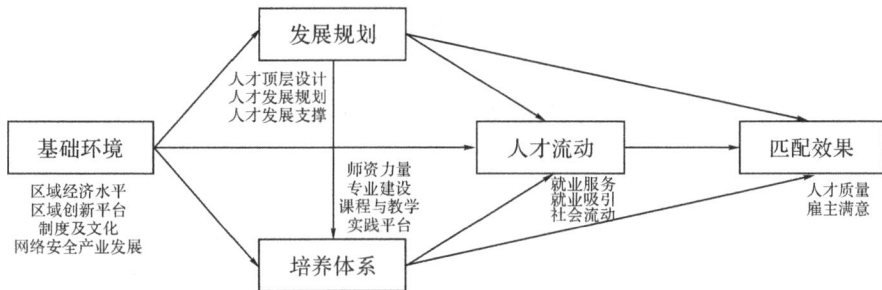

图 16　区域网络安全人才供需匹配过程模型

（四）理论类属饱和度检验

理论饱和度检验的目的是验证理论模型的完善程度。当收集的资料不能发现新的概念或范畴，意味着达到理论饱和，就可以停止资料的收集。本研究为了保证所收集数据的全面性，综合利用预留调查数据检验和文献资料检查两种方式进行检验均未产生新的范畴和关系，可以认为本研究所构建的网络安全人才供需匹配评价模型在理论上达到饱和。

四、模型阐述

(一)基础环境及其影响

习近平总书记指出,"环境好,则人才聚、事业兴;环境不好,则人才散、事业衰"。[①] 基础环境是网络安全人才发展的外部因素的总和,是网络安全人才发展赖以存在的基础,对网络安全人才发展具有广泛的影响和制约作用。适宜的基础环境可以促进网络安全人才发展;恶劣的基础环境则会阻碍网络安全人才发展。[②] 根据扎根的结果可知,基础环境会对网络安全人才的发展规划、培养体系和人才流动产生影响。

1. 基础环境与网络安全人才发展规划

首先,改革开放以来,逐步形成的以经济发展绩效为中心的政治锦标赛制度,将地方政府官员的政绩表现与辖区经济指标(如 GDP、财政收入、招商引资等)进行绑定,塑造了中国经济增长的"官场+市场"模式,优化产业结构、推动区域经济发展成为各级地方政府各项工作的中心任务。[③] 因此,人才支撑等基础性工作的开展也更多围绕经济发展。根据国家网信办发布的《数字中国发展报告(2021 年)》,2017 年到 2021 年,我国数字经济规模从 27.2 万亿增至45.5万亿元,总量稳居世界第二,年均复合增长率达 13.6%,占国内生产总值比重从32.9%提升至 39.8%,成为推动经济增长的主要引擎之一。数字经济的发展也必然会扩大网络安全风险,增加网络安全任务,需要更庞大的网络安全人才队伍。网络安全人才作为技能型人才要服务于地方经济和产业发展,因此不管是学历教育的布局、职业路径的设计、办学规模的确立都需要与地方需求相匹配。

其次,党的十八大以来,以习近平同志为核心的党中央把科技创新摆在国家发展全局的核心位置,把科技自立自强作为国家发展的战略支撑,推进以科技创新为核心的全面创新。科技创新的地位和作用提升到前所未有的战略高度。因此,人才培养也要在更大程度上服务区域科技创新。网络安全的发展依赖于有自主知识产权的网络安全技术,这需要一大批具有研发能力的高端网络安全人才的参与。另一方面,今天的科技创新已经离不开数字技术的支撑,数字技术可以赋能协同创新、开放创新,而数字技术的安全有效应用则离不开网络安全人才

---

① 新华网.习近平:在欧美同学会成立 100 周年庆祝大会上的讲话[EB/OL].人民网—习近平系列重要讲话数据库,(2013-10-21)[2024-03-02].http://jhsjk.people.cn/avicle/23277634.
② 赵永乐等编.宏观人才学概论[M].北京:党建读物出版社,2013:345-346.
③ 周黎安.中国地方官员的晋升锦标赛模式研究[J].经济研究,2007,42(07):36-50.

的智力支撑。而高端网络安全人才的培养不能依赖传统的以理论教学为主的模式，更多需要能够集专业学习、科学研究、实践应用于一体的培养模式的建立。

再次，区域信息化建设是数字中国建立的基础。习近平总书记强调："我们要乘势而上，加快数字经济、数字社会、数字政府建设，推动各领域数字化优化升级。"①目前各个地方都在加快推进数字化和信息化建设，加快建设数字政府和数字社会，数字化应用几乎涵盖了生产生活和治理的方方面面，也增加了网络安全的风险。《数字中国发展报告（2021年）》显示，我国已经建成全球规模最大、技术领先的网络基础设施，截至2021年底，已建成142.5万个5G基站，总量占全球60%以上；电子政务在线服务指数全球排名提升至第9位，超90%的省级行政许可事项实现网上受理和"最多跑一次"。区域数字化、信息化发展不可阻挡，但是也会加剧网络安全风险。区域信息化建设发展要求有更多高质量网络安全人才的供应。因此，网络安全人才的培养不仅仅是要针对企业等经济主体的需求，也要扩大范围，为政府、公益组织、社会团体等提供更多智力支持，这就需要有能够与此相对应的更为系统和全面的人才培养模式、生态体系、职业路径、知识体系。

此外，自1994年国务院颁布《中华人民共和国计算机信息系统安全保护条例》，随后逐渐出台规章和标准，等级保护1.0体系逐渐建立。但是，随着信息技术的发展和网络安全环境的变化，等保1.0已逐渐不能满足现实需求。2017年6月1日，《中华人民共和国网络安全法》正式实施，其中第二十一条规定"国家实行网络安全等级保护制度"，要求"网络运营者应当按照网络安全等级保护制度要求，履行安全保护义务"。这意味着网络安全等级保护制度成为国家法律，网络安全等级从此前的1.0发展成为2.0。等级保护制度明确了各类网络运营主体确保网络安全的责任义务，为了达到网络安全的合规性要求，对于网络安全人才的需求也会相应增加，这一方面促进了培养规模的扩大，也从实践需求满足的角度引导了培养模式进一步改革、知识体系匹配以及相关人才激励政策的推出。

最后，网络安全也是战略性新兴产业，市场前景巨大。根据中国信息通信研究院发布的《中国网络安全产业白皮书（2020年）》，2019年全球网络安全产业规模达到1244.01亿美元，我国网络安全产业规模达到1563.59亿元。根据一些产业研究院的预测，预计到2026年，我国网络安全产业市场规模将逼近4000亿元大关。随着我国网络安全产业环境的逐步优化规范完善，网络安全产业发展

---

① 习近平：国家中长期经济社会发展战略若干重大问题[EB/OL].人民网——习近平系列重要讲话数据库，(2020-10-31)[2024-03-02].http://jhsjk.people.cn/article/31913886.

赢了重大机遇期,涌现了深信服、绿盟科技、安恒信息、奇安信等头部企业,各地方政府也在加紧布局网络安全产业,例如北京、天津、重庆、江苏、四川等地将网络安全产业发展列入"十四五"规划中。网络安全产业的加快布局势必会引导有地方产业特色引领的人才培养的规划设计,也会增加人才培养规模,建立产业发展配套职业路径,促进人才激励机制建立。

2. 基础环境与网络安全人才培养体系

网络安全人才培养体系在于为人才复合型知识塑造提供充足的资源支持,包括师资队伍、教学条件、课程体系、实践基地、实验平台等。而这些资源的建立或引入都离不开基础环境支持。

首先,教师待遇高低和区域经济发展程度相关度较高,而更好的待遇则会吸引更多人加入教师队伍,包括可以从外地吸引更多优秀的专业教师,以及增加本地学生报考师范类学校毕业进入教师队伍,进而壮大师资队伍。[1]"加强工资待遇保障,提高教龄津贴标准"被列入教育部2022年工作要点。虽然相对其他职业,教师的利他动机会更明显,但是教师队伍的扩充不能仅仅依赖教师本人的奉献精神,而是需要通过增加教师收入、改善教师生活作为基础增加更多优秀人才选择教师这个职业。现有研究已经充分表明,长期来看教师收入和待遇的改善会提高教学质量,包括提高教师在教学科研上的投入,务实推进专业建设,创新设计课程体系,积极开展教学工作,高质量产出一系列教学成果,进而提高学生对专业的认识以及专业学习满意度。[2]

其次,党的二十大报告提出"推进教育数字化",这已经成为当前教育改革发展的首要任务。党的十八大以来,随着教育信息化各项核心任务和标志性工程的推进完成,学校网络接入率、多媒体教学设备配置、师生网络学习空间开通等条件日趋完备;新冠疫情以来大规模在线教育的实施,为我们提供了大量基于实践的探索教育数字化转型的经验;[3]根据教育部科技与信息化司发布的《2021年12月教育信息化和网络安全工作月报》,至2021年第四季度末,全国已有

[1] Manski, C. F. Academic ability, earnings, and the decision to become a teacher: Evidence from the National Longitudinal Study of the High School Class of 1972[M]//*Public sector payrolls*. University of Chicago Press, 1987: 291-316; Figlio, D. N. (1997). Teacher salaries and teacher quality. *Economics Letters*, 55(2), 267-271.

[2] Allegretto, S. A., Mishel, L. (2016). The Teacher Pay Gap Is Wider than Ever: Teachers' Pay Continues to Fall Further behind Pay of Comparable Workers. *Economic Policy Institute*, available at: https://www. epi. org/publication/the-teacher-pay-gap-is-wider-than-ever-teachers-pay-continues-to-fall-further-behind-pay-of-comparable-workers/ (accessed 2024-2-1).

[3] 李萍. 以二十大精神为指引深入推进教育数字化战略行动[N]. 中国教育报,2022-12-21.

99.5%的中小学拥有多媒体教室,数量达到 408 万间,其中 87.2%的学校实现多媒体教学设备全覆盖;"爱课程"网中国大学 MOOC 移动终端累计下载安装 8866.08 万人次,平台在授开放课程数量为 5.83 万门次,新增选课 312.64 万人次。而教育数字化的有效转型离不开区域经济发展、区域科技创新、区域信息化建设以及新型基础设施建设作为支撑。

再次,地方网络安全产业的投入和发展与教师队伍能力以及教学质量的提升都正向相关。尤其是网络安全复合型人才的培养需要通过科教融合、产教融合、理实融合才能实现。[①] 教师会有更多机会参与企业委托的横向科研合作课题,提高自身实践能力,并能够将优质科研资源转化为育人资源,推动最新科研成果转化为研究型课程,促进高校理论教学与实践教学紧密结合,加大学科、专业、课程深度融合。学校、科研院所、企业等多元主体也有更多契机进行联合参与课程开发和教材编写,多主体共建网络靶场、实验中心、产学研合作基地、实训基地等实践平台,为学生提供更多现实场景的教学、培训以及演练机会。网络安全产业全链条投入与合理布局也会直接影响专业方向设置,尤其是针对网络安全职业教育,专业设置与产业需求同频共振。此外,网络安全产业的发展也能够为人才培养提供更多外部导师资源。

最后,2020 年 7 月,公安部在《贯彻落实网络安全等级保护制度和关键信息基础设施安全保护制度的指导意见》中要求"要加强网络安全等级保护和关键信息基础设施安全保护业务交流,通过组织开展比武竞赛等形式,发现选拔高精尖技术人才,建设人才库,建立健全人才发现、培养、选拔和使用机制,为做好网络安全工作提供人才保障"。虽然"等保 2.0"的保护对象包括基础信息网络、信息系统、云计算平台、大数据平台、移动互联、物联网和工业控制系统等,但是实际上"等保 2.0"标准的满足需要不同主体网络安全人才的充分参与,也能够体现出对从业人员工作能力水平的规范性要求。因此,"等保 2.0"实际上成了当前网络安全人才专业培养方案、课程设置和教学内容设计的重要参考,"等保 2.0"系列标准需要在课程和教学内容中充分体现。

3. 基础环境与网络安全人才流动

网络安全人才流动包括网络安全人才地区吸引力、外专业转化率以及基础的人才流动服务。

首先,"种好梧桐树,引得凤来栖"。根据推拉理论,流入地的资源充足、医疗系统完善、收入较高、就业、生活便利、地位平等、教育机会等都会成为"拉力",吸

[①]　张大良.提高人才培养质量做实科教融合、产教融合、理实融合[EB/OL].人民网,(2019-12-16)[2024-3-1]. http://edu.people.com.cn/n1/2019/1216/c367001-31508340.html.

引外地人才的流入,而这些都是经济较发达、产业结构较完善地区的特点。较高的区域创新水平、信息化水平、基础设施建设情况都会直接或间接影响人们的生活质量,进而对人才进一步产生吸引力。根据工信部发布的《2022 网络安全产业人才发展报告》,网络安全人才供给城市排名前 10 分别是北京、深圳、上海、广州、成都、杭州、西安、南京、武汉、重庆,均是一线或新一线城市,有较好的城市发展水平。而这些城市也基本上是网络安全人才需求最多的几个地方,说明这些城市有较完备的网络安全产业布局。此外,完善的制度和文化也是流入地的"拉力"元素,规范化的行业环境可以保证人才未来具有畅通职业生涯、有系统完善公平合理的人才评价标准以及为人才全生命周期发展提供权益保障。

其次,《"十四五"就业促进规划》提出,持续加强统一规范的人力资源市场体系建设,着力打造覆盖全民、贯穿全程、辐射全域、便捷高效的全方位公共就业服务体系,提升劳动力市场供需匹配效率。《网络安全产业人才发展报告(2021版)》将网络安全人才包括了攻防类人才、工程类人才、开发类人才、治理类人才、管理运维类人才等,不同人才种类的用工需求、就业政策、招聘途径等都有不同,只有能够精准对接人才与企业才能确保各类人才引得进、留得住、用得好,最终在所在地释放智力效能。成熟的网络安全产业布局和标准化的制度安排是人才服务体系构建的基础。此外区域信息化水平也为"就业服务在线平台""线上宣讲会""线上招聘会""线上直播带岗"等就业服务提供创新的基础。

再次,由于目前我国网络安全人才培养规模有限以及人才培养的周期性,在实际中承担网络安全任务的不一定是网络安全专业毕业生,特别是网络安全对于实践能力的要求较高,作为一个复合型人才更需要打破专业壁垒从更大范围获取人才资源。西南财经大学中国家庭金融调查与研究中心测算,截至 2020 年我国科学家和工程师约 1905 万人,其中工程师为 1765.30 万人,规模总量位居全球前列。目前的工程师基数可以通过后期就业培训和岗位再匹配为网络安全人才的稳定和高质量供应提供"红利"。而工程师红利只有在产业转型升级、科技创新水平的基础环境下才能最大程度上发挥其效能。随着数字对于工业生产以及科技创新的重大影响,在较高信息化水平的基础环境下,工程师红利可以转变为数据红利,并将共同发挥效能。此外,有较完善网络安全产业布局的区域由于能够提供更为稳定和可持续的岗位,更大概率上吸引其他专业工程师跨行业跨岗位流动。

(二)发展规划及其影响

人才是经济社会发展的第一资源。为了有效培养和挖掘人才,发挥人才效能,需要在各个层面进行统筹,对人才开发进行科学的预测与规划,制定人才发展战略,明确当前及今后一个时期人才发展的总体思想、目标方向、培养理念、体制机制、重点工作、制度支撑等。

1. 发展规划与培养体系

首先,网络安全人才复合型知识体系的构建需要高校、科研院所、企业和政府等多元主体参与,包括实践课程设计、教材编写、实践基地和平台搭建等,需要有更多人才加入网络安全专业师资队伍中,因此,需要统一思想,构建全国一盘棋的人才培养体系。总体指导思想也需要能够在专业设置、课程编排和教学内容设计上进行体现。此外,多主体参与也需要加强体制机制创新,明确主体责任,协同共建网络安全人才生态,盘活和整合各类资源,形成人才培养的合力。

其次,人才发展规划各个要素,包括职业路径、学历教育布局、职业教育、办学规模等,直接向网络安全人才复合型知识塑造需要的资源提出了需求,需要有与其相匹配的师资队伍、教学条件、课程体系、实践基地、实验平台等。只有在人才发展规划导向下的资源配置才不会出现问题,例如师生配比过高或过低、专业设置过窄或过宽、实训基地过多或过少、实验平台挤占或空闲等。而合理规划下的知识塑造过程除了不会出现以上这些问题,还能够让高等教育和职业教育相得益彰,增加学生专业培养满意度。

最后,统一标准的知识体系规划和人才评价体系是有效开展复合型知识塑造的基础,能够指导专业—课程—教材—教学—实践多元有序发展,推动人才培养所需的重要资源有序转变为知识的构建。例如美国国家标准与技术研究所(NIST)建立的《NICE框架》被用来作为指导网络安全专业人才的培训要求和标准。英国"网络安全知识体系"(CyBOK)被用来作为描述认证本科和研究生网络安全学位课程以及认证培训课程内容的基础,帮助设计教育、培训和专业化方面的网络安全课程材料,以及作为网络安全专业人员培训认证的标准。

2. 发展规划与人才流动

首先,区域人才激励政策可以在落户、子女入学、购房、医疗服务、社会保险、税收、职称评审、地方人才项目、科技成果所有权改革等方面提供支持,例如《河南省网络安全条例》要求"县级以上人民政府及有关部门应当将网络安全高层次、高技能以及紧缺人才纳入人才体系,在住房、职称评定以及配偶就业、子女入学等方面提供支持"。《武汉市人民政府关于进一步支持国家网络安全人才与创新基地发展若干政策的通知》提到"吸引各类人才在网安基地就业,对在网安基地企业就业的全日制本科及以上学历的应届毕业生给予生活补贴。对在网安基地连续工作3年以上的专长型人才以及实用型人才给予购房政策配套奖励。对顶尖型人才、领军型人才、骨干型人才实行'一事一议'政策给予奖励"。这些激励政策会增加人才对于岗位福利待遇的积极感知。此外,区域人才激励政策也往往会对就业服务体系做出要求,也会直接带动该领域就业服务质量的有效提升。

其次,"政府搭台、企业唱戏",区域网络安全人才激励政策能够有效发挥企业引导作用,例如很多地方政府在高新技术企业等资质认定上对于人才有相应要求;有些地方出台推进"人才强企"的相关措施,对企业家的人才工作重视程度进行培训,给予企业和企业家相关荣誉及表彰,对在高层次人才引进、高技能人才培养等方面有较好表现的企业进行补贴等,这些都会带动企业推出相应人才激励举措,进而提升人才福利待遇。因此,如有专门针对网络安全人才领域的人才激励举措则会增加相关岗位的就业吸引力,包括其他地区网络安全人才的流动、其他专业工程师的专业转入以及增加高校毕业生创业择业甚至更早的职业生涯规划的选择,也能够降低该类型岗位的离职率。

此外,就业服务最核心的要素是供需信息,网络安全人才发展体制机制创新和生态系统的构建,加快了网络安全人才培养统筹规划"一盘棋"、多主体参与"一张网"以及信息共享"一张图",为就业服务提供跨区域、跨部门、跨领域、跨层级、全过程大数据支持,能够高效提供招聘信息、分享求职经验、推广求职技巧、宣讲就业政策、拓展招聘途径,进而精准对接双方需求,提高就业服务质量。此外,公开透明的数据也能够吸引更多人才外地流入和跨行业跨专业转入。

最后,推动职业教育、高等教育、继续教育"三教"协同,规划管理序列、专业序列、技能序列等职业路径,完善人才评价体系和知识体系,能够为就业服务提供多维标准,为人才长期稳定就业和成长发展提供完整路径,进而可以增加就业吸引力。

3. 发展规划与匹配效果

政府宏观人才发展规划目的在于保障辖区内人才顺畅有序流动,激发人才创新创业创造活力,是人才强国战略实施的贯彻落实。虽然目前人才资源的配置主要以市场化配置为主,但是由于信息不对称以及个别市场主体短视和违规行为,人才流动配置尚不健全,供需匹配有待进一步提升,需要进行区域层面的统筹协调。完善的人才发展规划可以推动专业人才培养与国家战略需求相衔接,形成社会各界多元主体的共识,为学生提供明确的成长发展路径,为教育者提供明确的努力方向,是人才培养供需匹配的重要环节。尤其是网络安全人才是维护国家网络安全和建设网络强国的关键力量,网络安全人才的缺乏或无序调控影响的不仅是单一主体的经营绩效,更有可能会涉及国家安全,因此各国都将网络安全人才列入国家战略层面进行全局规划。网络安全人才发展规划通过引导多主体参与网络安全人才的培养、为人才培养提供基本架构、前瞻性地从宏观上确定人才培养的规模、知识体系和评价标准,以及提供人才激励政策,可以让人才供给的数量和质量都能够与现实需求动态匹配。特别是网络安全人才的评价无法完全依赖业务绩效表现，因此，人才评价体系和知识体系对于用人单位的人才评价参考性很强，通过引导全社会按照相关标准体系开展网络安全人才培养，最终能够高质量满足用人单位的需求。

（三）培养体系及其影响

在规划阶段已经确定了不同学段、不同层次、不同类型人才教育培养和职业发展的布局，人才培养体系就需要将社会中广泛存在的各类人才通过一系列活动加以挖掘、培育、发展从而变成服务于社会或社会某领域的人才的过程。

1. 培养体系与人才流动

虽然人才培养体系建立涉及多个主体，包括政府、行业、企事业和学校等，但是最终都需要通过师资、专业、课程与教学、实践平台等方面资源发挥作用。各方面教育资源有效衔接会有较大的正的外部性，增加区域和行业吸引力，促进人才跨区域跨行业流动。例如网络靶场等基础设施的加速建设，一方面提供人才实战实训和技术研发的平台，特别是有助于高层次人才的开发，另一方面，这些基础设施也可以为行业产品进行试验及检测，提高行业吸引力。完善的课程和教学体系的开发，也可以为其他工科专业毕业生回炉再造，在网络安全岗位再就业提供支撑。

2. 培养体系与匹配效果

从质量的角度，完善人才培养体系，通过壮大师资队伍、科学合理布局专业、提升课程和教学模块体系化、提供充足的实践机会，吸引更多优秀生源，为"造血"过程提供更多优质资源，从而提高毕业生的质量。毕业生不仅具有扎实的基础知识，也会有较高的职业素养和实践能力，最后形成更能够适应网络安全岗位特定就业要求的人才。从结构的角度，通过建立人才培养体系，在一定区域内形成特定领域人才在层次、序列和比例的优化组合，从而人才在规模上供需保持动态平衡，人才专业结构与行业发展结构相对应；人才层次结构与经济社会发展、技术工艺水平和创新要求相匹配。在同样的外部环境下，优化的人才社会结构，有利于调动人才积极性，挥发人才创造力，开发人才潜能，最终帮助人才在岗位中具有较高胜任力水平，实现社会价值。[①]

（四）人才流动与匹配效果

在宏观人才运行体系中，人才流动是人才供应和人才使用的中间环节，起着转化、调节和平衡的作用。如果说人才开发是"掘井"，人才流动就是"引渠"，只

---

① 叶忠海.新编人才学通论［M］.北京:党建读物出版社,2013:423-424.

有建好渠、引好渠,不同的用人单位才能有源源不断的高质量人才的供应,才不需要临渴掘井。人才流动既是适应经济社会可持续发展和产业结构转型升级的内在要求,也是人才个体发挥能动性进行自主性选择的结果,是人尽其才、才尽其用的重要途径。区域人才流动高效有序能够保证用人单位在人才数量、质量和结构上得到满足。

第三节　结　论

本章运用扎根理论提炼了区域层面网络安全人才供需匹配的"故事线",包括基础环境、发展规划、培养体系、人才流动、匹配效果5个主范畴及其关联。在此基础上,为区域层面网络安全人才供需匹配动态影响机制提供框架,并且可以发展为区域层面对网络安全人才供需匹配进行测量的过程性评价指标体系,也可以为后续章节对网络安全人才供需匹配动态仿真与对策建议提供关键变量以及基础框架。

第六章　网络安全人才系统动力学建模

第一节　系统动力学方法

系统动力学方法首先由美国麻省理工学院学者福瑞斯特 Forrester(1956)提出。作为一种模拟和分析复杂社会系统行为的方法,已被广泛应用于研究各种社会、经济和环境系统,研究成果非常丰富。一般对系统动力学的理解包括三个层面:首先是方法论,系统动力学方法的基础是系统思考,与传统分析方法侧重于分离出所研究内容的单个元素,系统思考则关注系统内部要素之间的动态相互作用以及整个系统的行为,这是基于"整体比各部分的总和更重要"的前提,也被称为格式塔。系统思考的特点使得它在解决复杂问题时极其有效。其次是理论基础,系统动力学是 Forrester 在将控制理论、反馈理论、计算和管理科学理论等结合的基础上提出的,运用多学科的理论集成,可以为复杂问题的阐释和解决提供更为系统和完整的方案,多视角解读也可以针对仿真对象更加逼近真实场景的建模以及提出新见解提供支撑。[①] 再次是实现基础,借助计算机模拟仿真技术使系统动力学能真正服务于实际系统的分析和辅助决策。

有学者提出存在动态复杂系统的原因包括紧耦合(系统中的参与者彼此之间以及与自然世界之间有很强的相互作用)、受反馈控制(由于行动者之间的紧密耦合,我们的行为会自我反馈)、非线性(结果很少与原因成正比)、历史依赖(许多行为都是不可逆的)、自组织(系统的动态自发地产生于它们的内部结构)、适应性(在复杂系统中,代理的能力和决策规则会随着时间的推移而变化)、以权衡为特征(反馈渠道中的时间延迟意味着系统对干预的长期响应通常不同于其短期响应)、反直觉(在复杂的系统中,因果在时间和空间上是遥远的,而我们倾向于在我们试图解释的事件附近寻找原因)、政策阻力(我们所处的系统的复杂

---

① Okhuysen, G., & Bonardi, J. P. (2011). The challenges of building theory by combining lenses. *Academy of Management Review*, 36(1), 6-11.

性压倒了我们理解它们的能力)。[1] 今天，随着人类所造就的社会经济系统的不断扩张和内卷，在大多数领域都呈现了动态复杂性，系统动力学就是一种研究动态复杂系统的方法论，它以现实世界为基础，寻求改善系统行为的机会和途径。

系统动力学模型通常被表述为高阶的、非线性的、随机的微分方程系统，通过变量之间的关系、反馈和延迟塑造结构。在系统动力学中，"结构"是指随着时间的推移而影响行为表现的重要的相互关系，是关键变量之间的关系。变量之间的关系包括正向作用和负向作用，正向作用即一个元素 A 的变化导致另一个元素 B 在相同方向上发生变化，在模型图中用"＋"表示；负向作用即 A 的变化导致 B 在相反方向上发生变化，在模型图中用"－"表示。促进成长的要素对成长的情况具有正向作用，即促进成长的要素越多，成长的情况越好，例如公司销售人员队伍的增加会扩大订单数量。而抑制成长的因素对成长的情况具有负向作用，例如欠货数量越多，订单数量会下降。

反馈是指系统受到之前操作的影响。反馈在系统动力学方法中起着不可或缺的作用，系统动力学的本质在于它是一套处理信息反馈系统的理论。系统动力学的反馈，一个是强化最初行为的反馈回路，被称为正的或强化的反馈回路；另一个是与初始动作相反的反馈回路，被称为负反馈或平衡反馈回路，倾向于对系统提供稳定效应。在图 17 成长上限基模中，左边是正反馈回路，系统动力学模型经常会用滚雪球图形来标识这种持续增长的趋势；右边是负反馈回路，系统动力学模型经常会用天平的图形来标识这种趋于稳定系统行为。除了以上两种最基本的系统行为(也称指数增长、目标寻求)，在反馈的基础上，通常在一个系统中观察到的 S 型增长和振荡另外两种系统行为。[2]

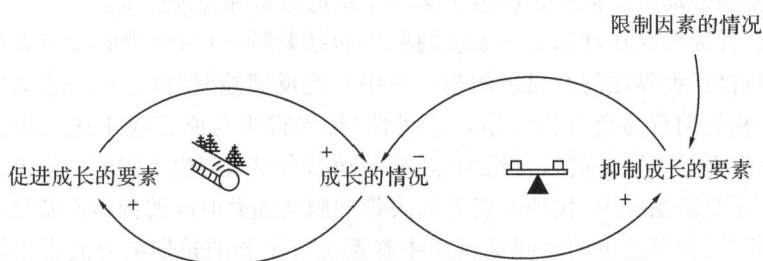

图 17　成长上限基模

　　① Sterman，J.（2000）．*Business Dynamics：Systems Thinking and Modeling for a Complex World*．Boston：Irwin/McGraw-Hill.

　　② Kirkwood，C. W.，（1998）．*System Dynamics Methods：A Quick Introduction*．Arizona State University.

此外,在做出决定及其对系统状态的影响之间的时间延迟(Delay)也是常见的现象,即系统中的物流或信息流从输入到输出,总不可避免地有一段时间的延迟。"千里之堤,溃于蚁穴""揠苗助长""七年之病、求三年之艾"等脍炙人口的故事关注的都是时间在"事件"中的不可避免的作用,以及对于"延迟"的反思。《管子·权修》中"一年之计,莫如树谷;十年之计,莫如树木;终身之计,莫如树人。一树一获者,谷也;一树十获者,木也;一树百获者,人也。"后人将这个故事缩减为"十年树木,百年树人",就是在强调人才培养是需要时间的沉淀。而反馈回路中的延迟往往会产生不稳定性,并增加系统振荡的趋势。因此,对于类似复杂系统的管理要有前瞻性和长期规划,决策者往往在采取了充分的纠正行动以恢复系统平衡很久之后,仍继续进行干预,以纠正系统的期望状态和实际状态之间的明显差异。

系统动力学建模有几个明显的优点:(1)系统动力学建模激发了严肃的系统思考,将问题作为一个整体看待,关注影响系统行为的关键变量及其关系。系统思考在中国传统文化中也格外被推崇,最脍炙人口的就是北宋时期的宰相丁谓挖渠修复皇宫的故事,原本 15 年的工程,他 7 年就完工。① (2)它是有重要反馈过程的建模方法。在一次采访中,记者问埃隆·里夫·马斯克人生中面临的最大的挑战是什么? 马斯克想了很久,然后回答说:"我认为最大的挑战之一,就是确保你拥有一个纠正性反馈回路,然后保持这个反馈回路,这非常难。"麻省理工学院的彼得·圣吉教授在其所著《第五项修炼》强调,关注反馈是对于传统线性思维的反思,对自我中心思考的反思,也是责任的反思。正如"风险社会"的提出者乌尔里希·贝克所说的,反思是对人类行为意外后果的自我对抗。可见在建模时强调"反馈"的重要作用。(3)与其他建模技术相比,它更强调非线性在模型制定中的重要性。相对线性关系,非线性才是我们所处这个客观世界的常态,非线性的思考让模型的构建者和使用者能够在更加逼近真实世界的场景中进行思考。没办法理解非线性的关系就难以对真实世界的场景做出正确的决策,就像公共卫生的决策者需要深刻理解传染病中病毒的非线性传播规律;营销人员也要非常熟悉由生产者、经销商、零售商构成的多层次供应链中普遍存在的"牛鞭效应"。② (4)不管是硬数据(面向客观的、正式的和定量的)和软数据(面向学习

---

① 《梦溪笔谈·权智》记载:"祥符中禁火,时丁晋公主营复宫室,患取土远。公乃令凿通衢取土,不日皆成巨堑。乃决汴水入堑中,诸道木排筏及船运杂材,尽自堑中入至宫门。事毕,却以斥弃瓦砾灰壤实于堑中,复为街衢。一举而三役济,省费以亿万计。"

② "牛鞭效应"指的是供应链上存在的一种需求放大的现象,是信息流从终端客户向初始供应商传递时,由于没有有效地实现信息共享,使得信息扭曲而逐级放大,进而需求信息出现越来越大的波动。由于信息扭曲放大作用在图形上很像甩起的牛鞭,因此被形象地称为"牛鞭效应"。

的、直观的和定性的)都可以在模型中使用;简单来说就是可以实现定性定量方法的结合。定量方法可以在占有各类资料和数据基础上,运用数学或其他分析技术发现关系;但是所占有的数据不多、决策问题及其主要影响因素比较复杂并且难以用确切的数量或数学模型表示时,通常只能凭借主观经验和逻辑推理能力开展定性分析。由于系统动力学模型往往涉及较多变量,并不是所有的变量及其关系都能够直接定量,因此将定性和定量方法进行结合可以让模型在更多领域和场景进行应用。(5)该模型可用于处理系统未来的行为。《第五项修炼》提出了系统动力学的"基模",包括成长上限基模、成长与投资不足基模、舍本逐末基模、恶性竞争基模、富者愈富基模、共同悲剧基模、饮鸩止渴基模,这些都是作者认为在现实世界中最常见的几个结构。其中舍本逐末基模(见图18)强调的是如果使用一项治标不治本的"症状解"来解决问题,在短期内会很快有积极效果,但是长期来看会抑制"根本解"(由于根本解发挥作用会有一定的时间延迟,所以经常会被急于求成的决策者忽视)的效能发挥,并最终导致问题症状越来越恶化。现实中,决策者往往因为看不到未来而作出次优甚至错误的决策,这样的例子不胜枚举。系统动力学建模分析可以帮助我们预测未来走向,提高决策的前瞻性,实现可持续发展。

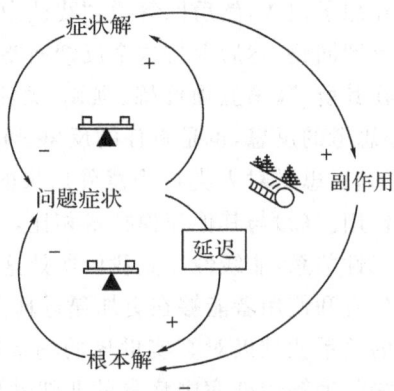

图 18　舍本逐末基模

当然,任何方法都会有局限性。(1)有时候很难准确界定延迟,这可能会影响模拟结果;可能需要以不同的延迟长度进行大量的模拟,以获得可能产生的影响的大致概念。(2)系统的边界很难设定:要设定系统的边界,所有对问题有重大影响的因素都必须表示出来。在实践中,很难判断哪些因素应该包括或排除。(3)在时间范围上有一个问题,即如果模型涉及很长一段时间,系统结构很可能会在这段时间内发生变化,从而使结果无效。尽管如此,严格遵循系统动力学的建模流程并正确使用实现软件能够充分发挥系统动力学方法在表征复杂系统行为上的优势。

第二节　系统动力学的建模流程与实现软件

系统动力学的核心是对系统内部结构进行整体分析,发现各因素之间的因果关系,结合实际建立模型,并通过测试和仿真评价其实用价值。运用该模型研究和分析复杂系统时,应严格遵循提出问题、分析问题、解决问题三步走的过程。系统动力学方法的建模步骤大致分为以下六个部分。

(1)确立模型边界

使用该方法解决实际问题时,最先要做的是依照开展研究的目的和意义对研究对象的范围进行限定。接续性是系统动力学边界的一个重要特点,即模型中的变量被包围起来,内外边界像长城一样被建造,这样内外变量就被清晰地定义了。另外,模型边界可以将相关信息输入到模型中,并将无关信息输出到模型外部。模型边界的确定明确了变量的选择,有效地提高了建模效率,避免了其他不相关或者弱相关变量对最终值的干扰。在很多系统动力学仿真软件中,“云”的图形符号就是用来形象地代表影响系统行为但是又并非要在本研究考虑的系统边界外部的环境。类似于我们今天所关注的“云计算”,我们更强调当前的计算能力,而不需要知道计算能力是从哪里获取的,这些来源就像云一样飘忽不定,无法精确定位,虽然它确实存在于某个地方。

(2)绘制因果回路图

根据问题行为的当前理论进行初始假设;制定一个动态假设,说明问题如何动态地内生于反馈结构;将基于输入的因果结构映射到步骤 1。这些假设就需要通过因果回路图进行标识,对系统中相关因素之间的反馈机制进行逐一探讨,包括正反馈回路和负反馈回路,为构建模型提供相关的事实根据。因果回路图明确系统中各因素之间的因果和反馈关系,可以了解主体的运行情况,是建立系统动力学模型的关键环节。

(3)构建系统动力学模型

基于变量间的反馈关系,进一步建立变量间的函数关系,为科学有效地构建模型提供依据。根据实际情况,选取系统中的存量、速率、辅助变量和常数,通过定量分析设置参数和方程,便绘制出了研究对象的流图,即动力学模型。在流图中最重要的变量是存量和流率。存量是系统行为的基础,指的是可以观察到的系统要素,就像水池中的水、森林中的树木和动物、银行中的存款、U 盘中的数据、区域内的劳动力等等。因此,存量不一定表征的是可见的东西,也可以表征看不见的东西。一般存量会用方框标识。存量会随着时间发生变化,使其变化的就是流率。流率并不是一个比率,而是单位时间存量状态变化的量,例如单位时间出生的动物、存进银行账户的钱、复制到 U 盘的文件大小、区域内劳动力的增长等。一般流率会用带箭头的管道标识,管道上的"水龙头"或"漏斗"代表着可以通过对流率变量的调整影响存量的输入和输出。存量方程由流率流入方程减去流率流出方程随时间的积分得到;在最简单的形式中,流率方程取决于存量的状态,流率方程根据存量变量的状态调节流量。

以上可知,系统动力学建模实际上是在将复杂的问题简单化。爱因斯坦说过"所有理论的目标都是将基本要素尽可能减少和简化,而不是考虑完整地呈现真实的体验";彼得·圣吉的老师德内拉梅多斯也曾说过"所有的模型,无论是心智模型还是数学模型,都是对现实世界的简化"。

(4)模型检验

模型建立成功后,需要对模型的有效性进行检验,即确定"模型是否充分再现了您的问题行为?"一般来说,模型要同时通过范围合理性检验、单位一致性检验和敏感性检验。之后,如果有足够的数据,就要接受历史模拟检验,分析模型是否符合社会的实际需要。最后对模型的变量和函数进行调试,保证模型的科学合理性。

(5)仿真分析

通过仿真软件对系统动力学模型在初始条件下进行仿真测试,着眼于变量、整体之间的发展趋势,分析出敏感性变量。并依据不同场景的实际情况,对各种场景的仿真结果进行比较,得出有价值的结论。

(6)提出建议

依靠上一步仿真分析的有效结论,在结合研究目的的基础上,提出具有合理性、可操作性的建议,以实现现实社会中的制度优化。

Vensim 作为系统动力学中的主流软件,获得了许多科研人员的认可。它具有系统绘制、系统分析、仿真模拟、结果分析等多项功能,能将使用者绘制图形的因果关系和反馈回路清晰地展现在眼前。函数也是该软件中的又一大亮点,它包括绝对值函数、取整数函数、最值函数等,能满足使用者的基本需求,模拟多重环境下的变量关系。一个好的系统函数设置,能够让模型更加合理,预测和仿真结果更加准确。Vensim 软件常用函数语言的简要说明见表11。

表 11　Vensim 常用函数语言

函数名	函数形式	功能
绝对值函数	ABS	取绝对值
取整数函数	INTEGER	取整数
初始设置	INITIAL/FINAL TIME	起始/结束时间
	TIME STEEP	步长
最值函数	MIN、MAX	取最小值或最大值
选择函数	IF THEN ELSE	条件检测
表函数	WITH LOOKUP	非线性关系函数
随机函数	RANDOM UNIFORM	均匀分布函数
	RANDOM NORMAL	正态分布函数
物质延迟函数	DELAY1、DELAY1I、DELAY3、DELAY3I	模拟物质延迟
信息延迟函数	SMOOTHI、SMOOTHI、SMOOTH3、SMOOTH3I	模拟信息延迟
测试函数	STEP、RAMP、PULSE、PULSE TRAIN、SIN、RANDOM NORMAL	典型数值规律

第三节　系统动力学在人才领域的应用研究

目前系统动力学方法在国内外人才相关领域研究中有广泛的应用。

一、国内研究

从区域人才供需匹配的角度：

李一智、夏网生认为要从经济发展的需要出发决定人才的需求量，同时经济发展反过来通过影响教育规模决定人才供应，因此，人才预测系统是一个包含经济系统的复杂系统，在此认识基础上，作者构造了湖南省专门人才和经济协调发展模型，并对人才需求动态进行了模拟仿真，提供决策参考。① 武洋洋考虑运用系统动力学方法初步构建了北京世界城市建设人才支撑体系，包括环境层（基础

---

① 李一智，夏网生.湖南省专门人才需求动态仿真模型研究[J].管理工程学报,1991(01):15-23.

环境、经济环境、人文环境、事业环境和国家环境)、依托层(北京现有的人才体系)、战略决策层(包括人才预测模块、人才规划模块、人才资源开发模块和人才流动模块)和职能层(战略决策层的职能表现)。[①] 曹文蕊以京津冀人才资源配置要素识别为基础,考虑区域层面、组织层面和个体层面三个子系统构建京津冀人才资源配置系统动力学模型,并运用 2006—2015 年历史数据对模型进行了动态仿真,发现京津冀人才资源配置的各项指标在未来十年发展走势较好,第三产业对人才资源配置系统优化作用明显,增加教育投资对人才资源配置的优化作用要高于增加科技创新的投资等。[②] 郑紫羽以西安市为例,考虑人才培养、人才吸引、人才流失等层面系统行为,构建了人才引进政策配套系统动力学模型。结果表明,第三产业发展型整体要优于其他几种类型,即调整城市产业结构、促进经济发展对整个人才引进政策配套系统的优化作用最好。[③]

从产业人才供需匹配的角度:

邱惟明、赖茂生运用系统动力学方法,研究了我国软件产业的规模和软件人才的发展趋势,模拟了 2006—2016 年中国软件产业的规模和人力资源的发展趋势,预计到 2016 年将突破 6.4 万亿元,与软件产业共同增加的还有软件产业人力规模,预计将会达到 1200 万人。[④] 安卫民将系统动力学方法应用于装备采办人才队伍仿真分析,从动态视角考察绩效与人才队伍的规模、组织结构的关系。[⑤] 王建新基于系统动力学方法,考虑政府行为、高校行为、艺术品产业行为和文化服务业行为等子系统,对文化产业产学研合作人才培养的影响因素进行了模拟仿真分析,提出应推进产学研协同发展,促进文化产业提升。[⑥] 冀巨海、刘飞飞基于系统动力学对煤化工产业人才需求进行了预测,发现从 2013 到 2017 年,山西煤化工产业需要人才数量将会由 4 千人变为 1 万多人,建议将发展煤化工高等教育作为重点工作推进,提高相应投入比例;并且支持公司加大人才培养力度,自觉培育数量紧缺人才。[⑦] 王昌林构建了离岸服务外包人才需求

① 武洋洋.北京建设世界城市人才支撑体系研究[D].北京交通大学,2012.

② 曹文蕊.京津冀人才资源配置的要素识别与政策仿真研究[D].河北工业大学,2017.

③ 郑紫羽.人才引进政策配套仿真研究[D].西安科技大学,2020.

④ 邱惟明,赖茂生.中国软件产业规模和软件人才趋势的系统动力学分析[J].情报科学,2007(09):1287-1292.

⑤ 安卫民.基于系统动力学的装备采办人才队伍仿真分析[J].情报理论与实践,2010,33(11):57-60.

⑥ 王建新.文化创意产业产学研合作人才培养的影响因素分析——基于系统动力学视域的研究[J].高等工程教育研究,2014(02):80-84.

⑦ 冀巨海,刘飞飞.基于系统动力学的煤化工产业人才需求预测[J].经济问题,2014(05):83-85.

与产业耦合发展的系统动力学模型,发现人员素质的提高不仅可以推动离岸服务外包的结构优化和高速发展还可以避免产业陷入低端发展路径锁定。①

从不同专业和层次类型人才的角度:

王建强在河南省 2002 至 2012 年体育专业学生入学及就业状况、专业课程设置、人才培养等数据基础上进行系统动力学仿真研究,结果表明,系统动力学方法能够较好模拟人才培养过程。② 谢科范等基于"引进－培养－使用"三维度模型,通过建立系统动力学方法对武汉市科技人才政策效果进行仿真分析,结果表明,科技人才政策的执行会有效提升人才数量和质量、成果总量和科技收益。③ 王梅等在考虑博士生子系统、师资供给子系统、制度供给子系统、经费供给子系统的基础上,基于系统动力学模型对教育资源供给如何驱动美国博士授予规模扩张进行建模仿真,发现修业年限过长、学科发展失衡则会加剧博士流失等问题。④ 卢琳等对山西省海外高层次人才引进的政策效果进行系统动力学建模仿真,并从人才型、资本型、服务型、保障型四维度引进政策进行分析。结果表明,增加各种政策执行力度都会不同程度提升引进海外人才的数量、质量、成果总量和所创造的社会经济价值。⑤ 谢家平等以乌鲁木齐高新技术试验区为案例,在采用扎根理论分析构建试验区高质量发展的影响因素基础上构建系统动力学模型。结果表明试验区高质量发展以人才和产业政策为驱动,资金、人才、环境相互配合,共同影响试验区高质量发展。⑥ 李娜等运用系统动力学方法对企业创新型人才激励机制动态关系进行建模仿真,结果表明,工作价值和心理契约等内在激励,以及股权激励、薪酬激励和福利激励等外在激励,对于充分发挥创新型人才的作用影响显著。⑦

---

① 王昌林.离岸服务外包人才需求与产业发展的耦合机制研究[J].工业技术经济,2014,33(05):31-39.

② 王建强.基于系统动力学的体育人才培养模式仿真研究[J].计算机仿真,2013,30(06):257-260.

③ 谢科范,刘嘉,闻天棋.武汉市科技人才政策效果仿真分析[J].科技进步与对策,2015,32(14):92-97.

④ 王梅,张增.教育资源供给如何驱动美国博士授予规模扩张——基于系统动力学模型的仿真分析[J].研究生教育研究,2020(05):81-90.

⑤ 卢琳,张毅,张洪潮.山西省引进海外高层次人才政策分析——基于系统动力学方法[J].中国人事科学,2020(12):50-61.

⑥ 谢家平,董旗,古丽扎尔·艾赛提.新疆创新试验区高质量发展的产业与人才耦合机理仿真研究[J].现代管理科学,2022(03):10-18.

⑦ 李娜,张紫璇,范建红.企业创新型人才激励机制的系统动力学研究[J].系统科学学报,2022,30(02):110-115.

二、国外研究

Barber 等利用系统动力学方法为 43 个医学专业创建了一个医学专家供需仿真模型,该模型包括人口统计、教育和劳动力市场变量。仿真结果发现在人口适度增长的情况下,医学专家的赤字将从目前的 2%(0.28 万名)增长到 2025 年的 14.3%(2.1 万名)。研究建议,增加医学院的入学人数,并重新设计培训路线,促进相关专业间的流动性,与此同时,需要使人才供应更加灵活,促进短期内新医生涌入填补供应缺口。[①]

Ishikawa 等利用系统动力模型对日本医生的相对和绝对短缺做出了预测,结果表明,从 2008 年到 2030 年,日本医生人数将持续增加,在 2026 年医生绝对短缺的问题将会被解决。作者提出有必要采取措施重新调整新入职医师的分配制度,解决医疗部门之间的分配不均问题,此外,还需要增加临床医生的总人数。[②]

Vanderby 等认为提前规划健康人力资源对于确保有足够的供应来满足未来人才需求至关重要。作者基于系统动力学方法开发了一个国家卫生提供者规划模型,该模型包括需求和供应两个部分;前者是根据人口特征确定,后者既包括目前执业的提供者,也包括正在培训的提供者,以及每个提供者当前和预期的生产力。模型结果表明,在所测试的情况下,未来可能会出现净短缺;然而,工作量决策范式极大地影响了系统中短缺的规模和失业毕业生的数量。[③]

Ansah 等利用系统动力学预测了长期护理政策对残疾老年人的主要非正式家庭护理人员的劳动力市场参与的影响。结果表明,根据当前的长期护理政策,到 2030 年,预计将有 6.9% 的初级非正式家庭护理人员退出劳动力市场。替代性的政策选择减少了初级非正式家庭护理人员劳动力市场的退出。[④]

Abas 等利用系统动力学对马来西亚护士劳动力的供应进行了建模,包括培

---

① Barber, P., López-Valcárcel, B. G. (2010). Forecasting the need for medical specialists in Spain: application of a system dynamics model. *Human Resources for Health*, 8.

② Ishikawa, T., Ohba, H., Yokooka, Y. et al. (2013). Forecasting the absolute and relative shortage of physicians in Japan using a system dynamics model approach. *Human Resources for Health*, 11.

③ Vanderby, S., Carter, M., Latham, T. et al. (2014). Modelling the future of the Canadian cardiac surgery workforce using system dynamics. *Journal of the Operational Research Society*, 65, 1325-1335.

④ Ansah, J. P., Matchar, D. B., Malhotra, R., et al. (2016). Projecting the effects of long-term care policy on the labor market participation of primary informal family caregivers of elderly with disability: insights from a dynamic simulation model. *BMC Geriatr*, 16, 69.

训模型、人口模型和全职当量模型三个子模型，用于预测未来 15 年的注册护士数量。培训模型是为了预测训练完成后新注册护士的数量；人口模型用于表示全国注册护士的数量；全职当量模型可用于计算直接为患者护理的注册护士数量。每个模型都详细描述了逻辑联系和数学控制方程，以实现准确预测。[①]

Morii 等运用系统动力学方法对在日本医院和诊所工作的理疗师人数供需情况进行建模仿真。结果发现，预计 2025 年和 2040 年物理治疗师的数量分别是 2014 年的 1.74 倍和 2.54 倍；2015 年、2025 年、2040 年的充足率（供应/需求）分别为 1.72 倍、2.39 倍和 3.30 倍，尽管医疗需求的预期增长具有不确定性，但目前的供应是必要的。未来有可能出现供应过剩，特别是在 2025 年之后，届时需求增长率将下降。[②]

Abbaspour 等使用系统动力学评估了建设项目绩效中不同的人才招聘政策，作者提到该模型的潜在好处，包括：具有系统性和整体性，考虑到动态的劳动力需求和分配，确定了绩效改善的替代策略，并在虚拟模型中模拟了项目的实际情况。所获得的模拟结果显示了不同的招聘政策如何影响项目绩效。该研究模型可以帮助决策者在不同的时间间隔内评估具有不同组成的劳动力招聘政策，并帮助他们选择最佳的政策以有效地实施项目。[③]

三、研究综述

现有研究证明了系统动力学方法在人力资源规划方面的适用性。使用系统动力学方法对宏观人才规模涌现性进行建模的原因在于：(1)网络安全人才受到许多变量的影响，例如网络强国、数字经济、人才强国等国家战略以及网络安全法律法规、区域经济社会发展、劳动力和资源变化等，这些变量之间相互影响，并且会形成多重反馈，涌现出系统行为，因此，可以用系统动力学方法来表征这些动态变化过程。(2)本研究中很多数据都是软数据，例如战略实施程度等，系统动力学建模允许使用软数据。(3)系统动力学建模可以在不同变化情景下测试潜在政策的有效性，极大帮助理解随着时间推移系统会在不同策略下如何变化，为决策提供前瞻性参考。不同领域的人力资源发展具有其独特性，旨在通过定

① Abas, Z. A., Ramli, M. R., Desa, M. I. et al. (2018). A supply model for nurse workforce projection in Malaysia. *Health Care Management Science*, 21, 573-586.

② Morii, Y., Ishikawa, T. Suzuki, T. et al. (2019). Projecting future supply and demand for physical therapists in Japan using system dynamics. *Health Policy and Technology*, 8(2), 118-127.

③ Abbaspour, S., Dabirian, S., & Burgess, D. (2019). Evaluation of labor hiring policies in construction projects performance using system dynamics. *International Journal of Productivity and Performance Management*, 69(1), 22-43.

性与定量相结合的方法研究我国网络安全人才的供需匹配问题,把握人才供需过程中的关键变量因素,构建网络安全人才供需的系统动力学模型;然后通过一定方法进行模型检测;最后,根据系统动力学模型的仿真结果,探讨不同变量对网络安全人才供需匹配度的影响,对我国网络安全人才的规模提升和供需平衡提出政策建议。

第四节　网络安全人才系统动力学建模

一、建模目的及模型边界

本研究构建的是网络安全人才供需的系统动力学模型,建模的目的是探讨关键变量对网络安全人才供需匹配的影响,因此必须明确影响网络安全人才供给和需求的相关因素。结合上一章基于扎根理论方法构建的网络安全人才供需匹配"故事线",包括基础环境、发展规划、培养体系、人才流动、匹配效果等五个方面的主范畴,提炼相关变量及其关联,面向人才规模的涌现性进行模型的构建。

基础环境是网络安全人才需求的重要来源,考虑到数字经济发展、网络强国战略实施和网络安全任务数等关键变量。党的十八大以来《网络强国战略实施纲要》《数字经济发展战略纲要》等重大战略出台,网络强国战略和数字经济发展战略耦合。一方面数字经济发展通过市场机制推动网络强国战略的实施,另一方面网络强国战略也为数字经济提供了保护屏障和稳定的发展空间,而数字经济的发展必然催生网络安全任务,网络强国战略则进一步为网络安全任务的顶层设计和战略实施提供了制度保障,网络安全任务的形成直接促成了对网络安全人才的需求。数字经济发展、网络强国战略实施和网络安全任务数三个关键变量构成了网络安全人才供需匹配体系的基础模块。因此,系统边界的设定,我们将这些要素作为系统的外生变量(影响网络安全人才供需匹配行为结果,但并不构成反馈)。

发展规划、培养体系和人才流动主要包括了高校培养和社会供应两个方面。

高校是网络安全人才培养的主阵地,影响高校人才供应的力量包括自顶向下的教育政策支持力量、招生模块、毕业模块等;对于宏观人才管理,政府则在政策支持、平台搭建、人才流动等方面发挥重要作用,网络安全人才发展也在很大程度上受到了教育政策的推动。以社会为主体的网络安全人才的跨领域跨区域流动,包括网络安全行业吸引力、转业率、其他相关专业人才量等,构成了网络安全人才的社会供给;目前中国"工程师红利"背景下网络安全人才社会供给(来自计算机等其他专业人才职业转换)规模较大。两者汇总形成了网络安全人才的总供给。

匹配效果在本部分研究中主要是指一定区域等网络安全人才的总供给和总需求的动态平衡,用供需差额标识,即需求减去供给。因此,供需差额存在三个类型,当供给满足不了需求时候,即需求大于供给,差额为正数;当供给超过需求时,差额为负数;供给和需求越接近,差额越接近于零。

本研究模型的领域边界设定为网络安全,时间边界为 2015—2030 年,模拟起始年为 2015 年,主要历史数据时间段为 2015—2019 年,相应的时间步长设定为 1 年。依据所建立模型的目的和边界,为了更加确切地展示模型的实际运行状态,减少不相关因素对模型构建和仿真结果的影响,提出如下假设:(1)网络安全人才的供给和需求只考虑国内,国外供给比例不大,可忽略不计;(2)着重探讨人才供给和需求数量上的匹配程度,不深入讨论人才的质量结构匹配;(3)网络安全人才的自然流失仅仅考虑人才的离职率,因为网络安全作为一个新兴的行业,它的员工年龄鲜有达到退休要求。

二、网络安全人才供需因果关系图

因果关系图是建立系统动力学模型的基础,也是对系统动态演变底层逻辑的清晰呈现。[①] 绘制因果关系图可以对网络安全人才供需匹配系统中的主要变量之间的关系进行直观表达,通过正负作用关系表征变量之间的因果关系,通过正负反馈回路承载系统的复杂性和非线性属性。依据网络安全人才供需匹配过程中表现出的特征,在系统边界内确定 11 个主要影响变量:人才总供给、人才总需求、供需差额、网络强国战略实施广度和深度、转业率、教育政策支持力度、招生规模、高校供给、相关专业人才量、社会供给、数字经济(产业数字化和数字产业化的总称)规模。

利用 Vensim PLE 软件绘制因果关系图(见图 19),包括 3 个反馈:

(1)负反馈回路一:供需差额—教育政策支持力度—招生规模—高校供给—人才总供给—供需差额。

(2)负反馈回路二:供需差额—教育政策支持力度—招生规模—其他信息相关专业人才量—社会供给—人才总供给—供需差额。

以上两个反馈回路说明在数字经济规模和网络强国战略实施程度提高时,会增加人才总需求进而扩大供给与需求之间的差距,为了达到供需匹配,教育系

---

① 许光清,邹骥.系统动力学方法:原理,特点与最新进展[J].哈尔滨工业大学学报(社会科学版),2006,8(04):72-77.

统会调整政策以适应环境的变化,进而增加招生规模。当然数字经济的发展不仅需要网络安全人才队伍,也包括其他信息相关专业人才,因此教育政策对于不同专业的招生规模都会有调整。通过这两个反馈回路,系统面对国家战略推动和数字经济发展的变化产生自主调节。这主要是在公共部门层面自顶向下的调节机制。

(3)负反馈回路三:供需差额—转业率—社会供给—人才总供给—供需差额。

以上回路是主要是通过劳动力市场的机制自主开展的。网络安全人才供需差额加大(即供给满足不了需求)会增加行业的吸引力,进而促进更多其他信息专业的同行转业到网络安全人才岗位,从而为网络安全人才提供更多社会劳动力。这也是社会层面系统的自下而上的调节机制。

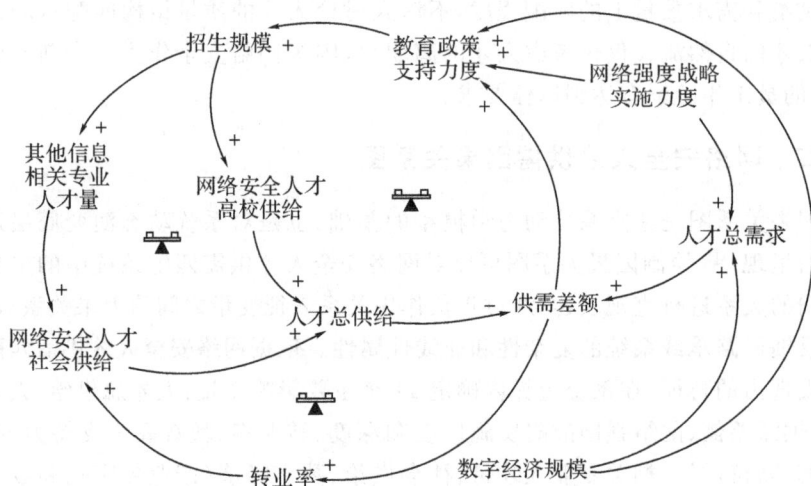

图 19 网络安全人才供需匹配的因果关系图

三、系统动力学模型的构建

在对因果关系图所涉变量进行分类和扩展的基础上,确定系统动力学模型的状态变量、速率变量、辅助变量和常量,并设置初始参数和表征变量之间关系的方程,[①]绘制系统动力学流图(见图 20)。

---

① 许光清,邹骥. 系统动力学方法:原理,特点与最新进展[J]. 哈尔滨工业大学学报(社会科学版),2006,8(04):72-77.

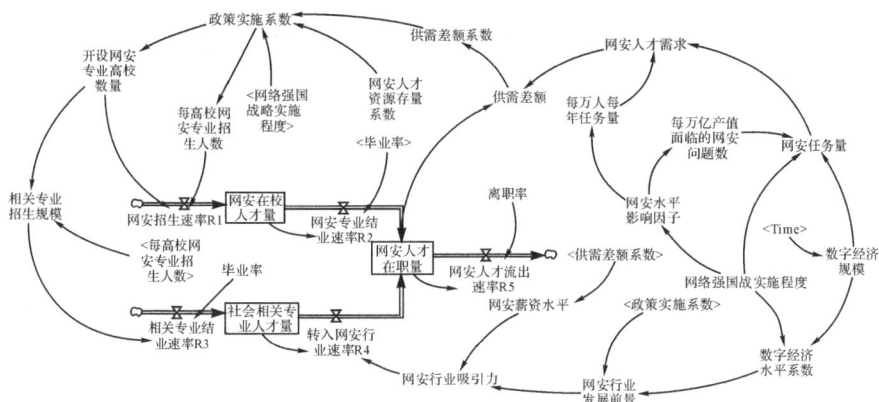

图 20　网络安全人才供需匹配系统动力学流图

（一）变量说明

在建立系统动力学模型的基本假设和因果循环图之后，模型中的各个变量应该是清晰的。模型变量类型的确定有助于建立模型的整体函数关系。系统动力学模型的主要变量有：状态变量、速率变量、辅助变量和常数。涉及的每种变量类型将在下面分别解释。

1. 状态变量

状态变量可以随着事件不断积累，因此又被称为存量。将系统动力学模型中的人才数量设置为状态变量，它是速率变量在时间上的积分。如表 12 所示。

表 12　状态变量说明

变量	单位
网络安全在校人才量	万人
社会相关专业人才量	万人
网络安全人才在职量	万人

2. 速率变量

指能够直接影响状态变化速度的变量，一个存量通常与其两个速率变量相关，一个表示流入的速度，一个表示流出的速度。如表 13 所示。

表 13　速率变量说明

变量	单位
网络安全招生速率 R1	万人/年
网络安全专业结业速率 R2	万人/年

续表

变量	单位
相关专业结业速率 R3	万人/年
转入网络安全行业速率 R4	万人/年
网络安全人才流出速率 R5	万人/年

3. 辅助变量

辅助变量是介于状态变量和速率变量之间的中间变量,它可以帮助速率变量影响到状态变量的变化率。如表 14 所示。

表 14　辅助变量说明

变量	单位	变量	单位
高校网络安全专业招生规模	万人	每万亿元产值面临的网安问题数	万个
相关专业招生规模	万人	供需差额系数	—
开设网络安全专业高校数量	所	数字经济水平系数	—
供需差额	万人	政策实施系数	—
网络安全人才需求	万人	网安行业发展前景	—
网络安全任务量	万人	网安薪资水平	—
每万人每年任务量	万个	网安行业吸引力	—
数字经济规模	万亿元	网安水平影响因子	—

4. 常量

常量是不随时间和状态变化的量。主要常量说明如表 15 所示。

表 15　常量变量说明

变量	单位
网络安全人才资源存量系数	—
网络强国战略实施程度	—
毕业率	万人/年
离职率	万人/年

（二）参数与方程设置

辅助变量主要采用表函数以及算数平均方法代替,常量主要包括网络强国战略实施程度、网络安全人才资源存量系数、网络安全在职人才离职率、高校毕业率。模型中共计有方程式 28 个,主要方程举例如下。

供需差额＝网络安全人才需求—网络安全人才在职量

网络安全任务量＝（数字经济规模 * 每万亿产值网络安全问题数）* 网络强国战略实施程度

网络安全招生速率 R1＝每高校网络安全专业招生人数 * 开设网络安全专业高校数量

网络安全专业结业速率 R2＝网络安全在校人才量/4 * 毕业率

网络安全行业吸引力＝0.3 * 网络安全薪资水平＋0.7 * 网络安全行业发展前景

转入网络安全行业速率 R4＝社会相关专业人才量 * 网络安全行业吸引力

网络安全人才流出速率 R5＝离职率 * 网络安全人才在职量

网络安全行业发展前景＝政策实施系数 * 数字经济水平系数

（三）极限条件检验

将较为极端的参数代入系统动力学模型中可以进行极限条件检验,判断模型是否具有鲁棒性。[①] 设置网络安全强国战略实施程度为 0,仿真结果(见图 21)发现网络安全人才在职业量从初始值一直回落,网络安全人才需求曲线为 0。即当网络安全人才市场环境失去网络强国战略支撑,网络安全人才逐渐向外流出,在职人才数逐年降低。模型在极端条件检验下呈现出与现实情况相一致的趋势。由此可见,本系统动力学模型在极限条件下,仍然具有一定的现实意义。模型具有鲁棒性,通过了极限条件检验。

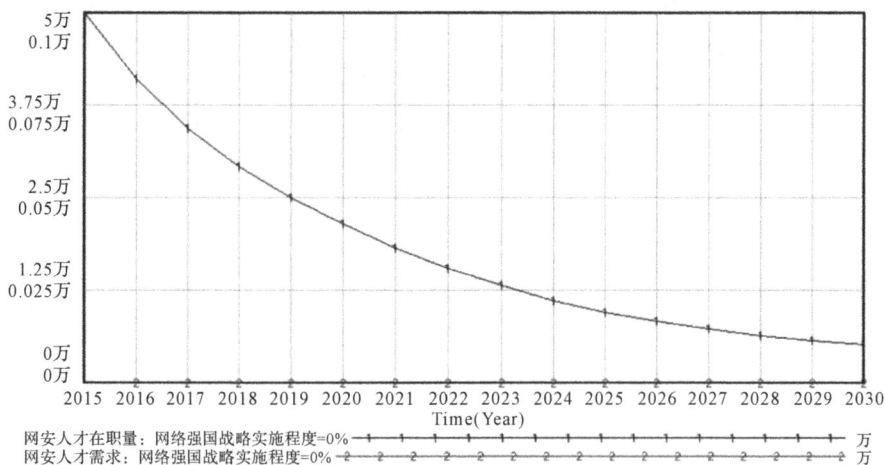

图 21　极限条件检验

---

① 王其藩. 系统动力学[M]. 上海:上海财经大学出版社,2009:212-214.

第五节　仿真与结果

一、初始状态仿真

将系统动力学模型的初始时间为 2015 年,结束时间为 2030 年。初始状态设定网络强国战略实施程度为 0.3。仿真结果如图 22 所示(纵轴单位分别自上而下对应图下面 4 个变量),总体上网络安全人才需求、供需差额、网络安全人才在职量(亦为供给量)、政策实施系数都呈上升趋势。网络安全人才的需求增长速率大于供需差额速率;网络安全人才供给,在前期有小幅度的向下趋势,而后快速上升;政策实施曲线呈现的趋势与网络安全人才需求和供需差额系数的趋势相一致,增长速度先快后慢,转折点出现在 2021 年附近。网络安全人才需求曲线转折点的出现,与数字经济规模和网络强国实施程度关系较大。因为在模型中,人才需求是根据每万亿产值将会遇到的问题量和人才的处理问题速度决定的,其中还涉及我国的网络安全水平等。政策实施系数和供需差额两条曲线转折点的出现,与人才供给中的 4 年学制相关。供给曲线前期短暂下滑,因为前期人才培养过程中,人才培育周期长、人才基数小、供给速率小于离职率,导致了人才供给的减少。后期曲线的爆发式增长,供给增多,使得人才的供需差额迎来了转折点。政策实施系数包含着对市场供需差额的感知,因此紧随供需差额曲线的转折点而转折。综上说明,网络安全人才供需之间的差额增长速度总体呈现缩小趋势,以某一时间为转折点。转折点前供需差额随着网络安全人才需求

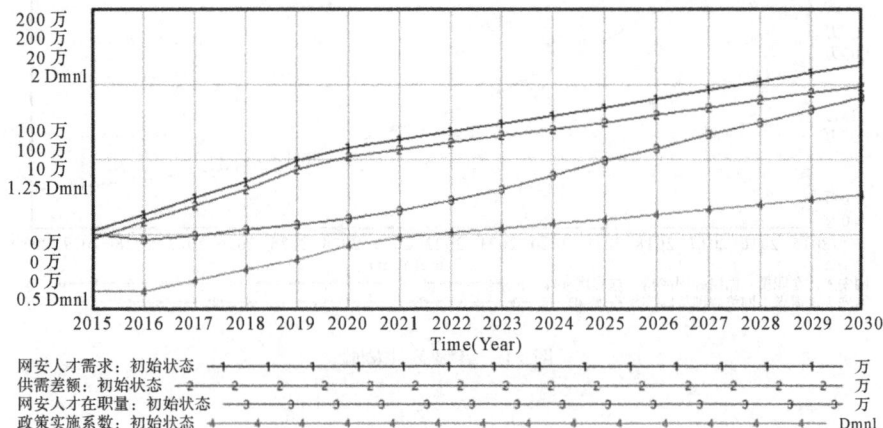

图 22　初始状态总体仿真结果 1

的增大而增大;转折点后网络安全人才需求与差额增速都放缓,但差额放缓幅度更大,究其原因便是在转折点后,大量的供给出现,填补了供需差额。

初始状态下,由图 23 可知,网络安全专业结业速率 R2(以下称学校供给)和转入网络安全行业速率 R4(以下称社会供给),都呈上升趋势。初期,转入网络安全的速率较网络安全专业结业速率稍快,但在 2018 年前两条曲线产生了两个交汇点,学校供给在短时间内高于社会供给。第二个交汇点之后,社会供给始终大于学校供给,但在图示时间段的末尾,明显看到两条曲线又出现了第三个交汇点。网络安全招生速率 R1 和相关专业结业速率 R3 的变化趋势较为一致,一开始两者都处于平台期,分别为 2 年和 3 年,此时网络安全招生速率 R1 慢于相关专业结业速率 R3。平台期后两条曲线都呈上升趋势,交汇点出现在 2019 年,在此之后,网络安全招生速率 R1 快于相关专业结业速率 R3。综上说明,在开始时间段,社会供给由于对网络安全行业薪资和前景的观望,会与学校供给产生短暂的纠缠,两者供给数量差距微小。但在明确网络安全行业薪资和前景之后,就会有持续不断的社会供给涌入网络安全行业,超过校园供给。后期由于网络安全招生速率的不断提高,流入校园的人才在政策的支持下会逐渐增多,超过其他专业转入的人才,校园供给又会超过社会供给。

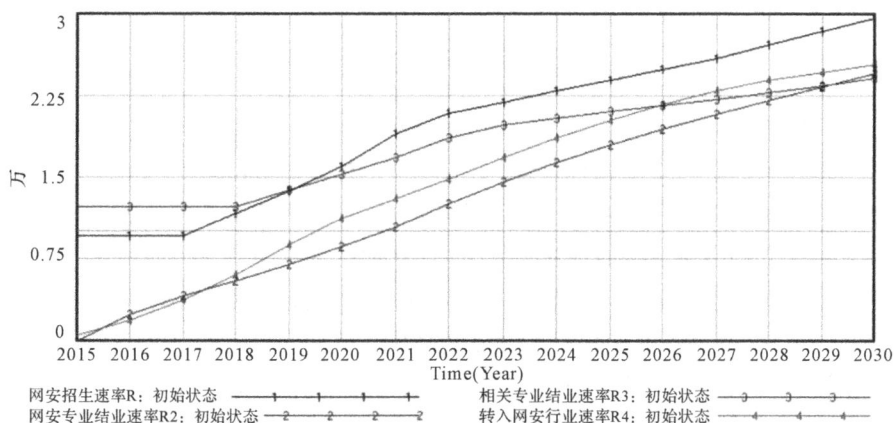

图 23　初始状态供给仿真结果 2

二、不同网络强国战略实施程度的情景模拟

(一)不同网络强国战略实施程度对供需的影响

供需差额的大小和变化速度,隐含着政策对于供给和需求的影响。若是供需差额持续增大,则说明社会需求在不断增多,或者供给缓慢,无法满足需求;反

之,如果供需差额减小,则说明需求在不断得到满足,供给迅速,或者需求变少被快速满足。如图 24 所示,供需差额总体随着网络强国战略实施程度的加深而扩大,但当战略实施程度达到 90％时,供需差额在 2018 年之后明显比 70％时少,在 2021 年之后明显比 50％少。综上可得出推论 1。

推论 1:随着网络强国战略实施程度的加深,供需差额呈上升趋势,当达到一定阈值之后,供需差额呈下降趋势。

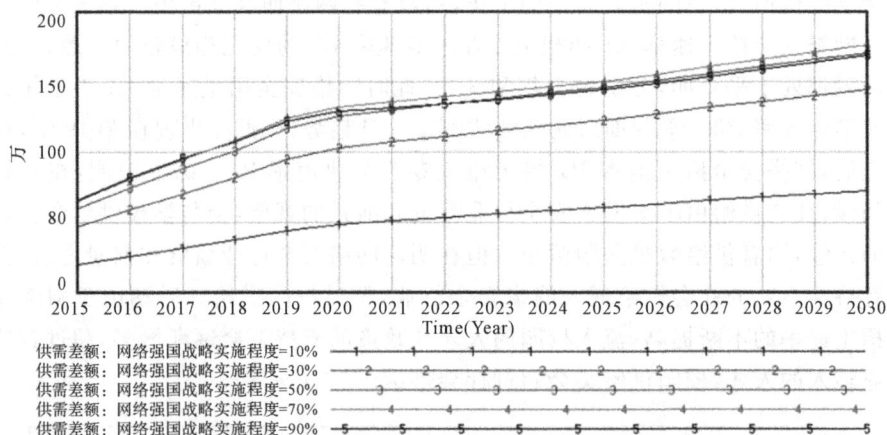

图 24　不同战略实施程度下的供需差额

（二）网络强国战略实施程度对供给的影响

网络强国战略的实施,会对高校招生政策产生影响,进而影响到招生规模和人才供给。如图 25 所示,网络安全人才在职量(即网络安全人才的供给总量)随着网络强国战略实施程度的加深而增多,且增加速率由慢变快。在初期,各种战略实施程度下网络安全人才在职量都有小幅度的下降,但随着网络强国战略实施程度的加深,下滑幅度和时间都会随之缩减。综上可得出推论 2。

推论 2:战略实施程度越深,政策延迟越短,效果越明显。

（三）不同网络强国战略实施程度对需求的影响

网络强国战略的实施程度,与我国网络安全人才任务完成速度成正比、与网络安全任务量成正比、与每万亿产值遇到的网络安全问题数量成反比。即网络强国战略实施程度越深,网络安全人才的素质越高,单位时间内完成的任务量越多;网络强国战略实施程度越深,数字经济规模扩大,产生更多的网络安全问题;网络强国战略实施程度越深,网络安全行业水平越高,事前把关越好,单位产值遇到的网络安全问题减少。网络强国战略实施程度的变化,最终会影响到市场网络安全人才的需求。如图 26 所示,网络安全人才需求随着网络强国战略实施

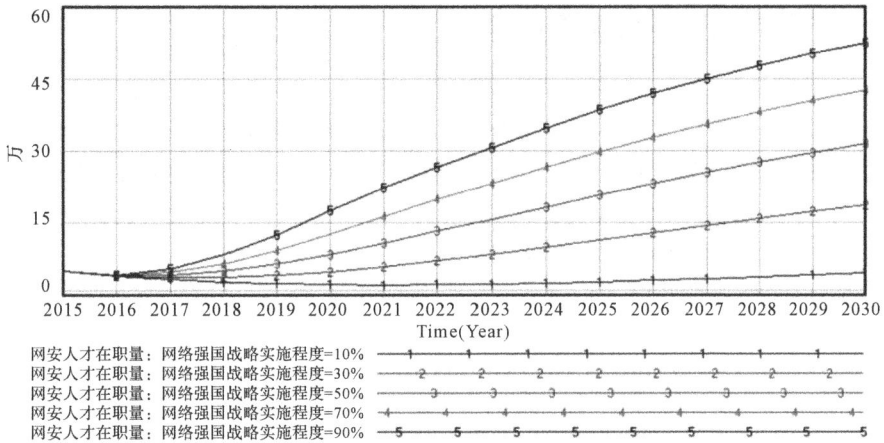

图 25 不同战略实施程度下的网络安全人才在职量

程度的加深而不断增长,当网络强国战略实施程度低于 50％,每增加 20％,人才需求增长较为显著;但当网络强国战略实施程度高于 50％,网络安全人才需求增长速率逐渐放缓。综上可得出推论 3。

推论 3:网络安全人才的需求,随着网络强国战略实施程度的加深而增加,但增速由快变慢。即当网络强国战略实施到一定程度之后,继续加深时,网络安全人才需求增幅较小。

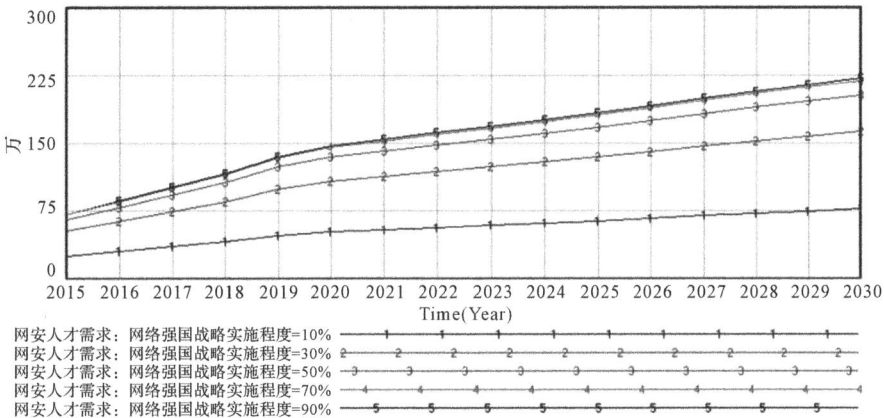

图 26 不同战略实施程度下的网络安全人才需求

三、不同离职率的情景模拟

离职率关系到供给的多少,若是离职率过高,无论学校和社会的供给速率有多快,供需差额都会居高不下。如图 27 所示,供需差额随着离职率的增长而扩大。在前期,离职率的上升对供需差额增长的影响并不明显;在后期,当离职率低于 30%,每变化 10% 人才供需的变动较为显著,但当离职率高于 30%,每变化 10% 人才供需差额的变动并不显著。

推论 4:在人才引进的后期,在职人员的离职率,对供需差额的影响更为明显。

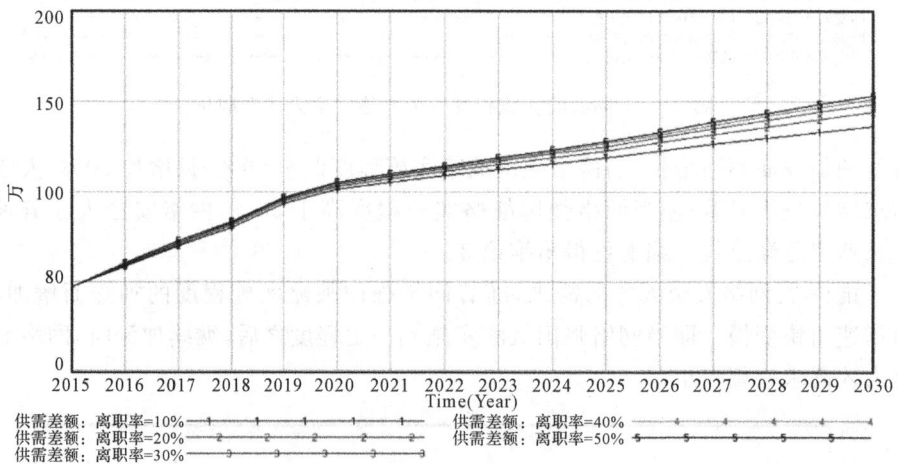

图 27　不同离职率下的供需差额

第六节　政策结论

一、对策

(一)加快战略落实,促进人才、战略良性循环

网络强国战略实施程度,是网络安全人才供需匹配过程中的关键一环,在模型中灵敏度较高,达到了 10% 以上。它不仅通过对网络安全水平的影响,向需求提出新的要求,还通过对行业前景和招生计划的影响,为人才供给提供动力。网络强国战略实施的加深与人才供给之间是一个良性的循环关系,它们相互促进、共同成长。但是它们之间的促进关系并不是一成不变的,在网络强国战略实

施达到一定程度之后,对未来安全人才的数量需求将会出现回落,反而对网络安全人才质量有所期待。这就需要我国人才培养进行由数量到质量的转变。

（二）整合内力外力,延长人才生命周期

要想保证网络安全人才供给的充足,不仅要在前期注重政府战略性政策的外力引导,还要在后期依靠企业和行业内生力量将网络安全人才留在本公司或者本行业。在行业发展的不同阶段,应采取不同的供给侧重点策略,前期侧重"开源"后期侧重"节流"。初始阶段,大量供给的流入能够做到快速填补人才缺口,推动行业发展。在这一时期,战略政策推动着人才供给的增长,利用政府有形的手,帮助人才供需实现平衡。而在后期,当行业有一定的人才存量时,较高的离职率对于行业来说将会是不小的打击,易造成行业的不稳定。因此,在这一阶段,工作重点是企业应当提高薪资福利和员工待遇等,让员工对公司、对行业有依赖、有归属,降低员工离职率。

（三）预防供给过剩,及时踩下人才增长刹车

人才供给应当坚持适度原则。对于任何一个新型的行业来说,不仅要在前期担忧人力资源供不应求,还应警惕在信息和供给延迟的背景下,可能在未来出现的人才过剩。这需要政府和行业共同发力,控制人才供给速率,前者利用政策优势,可以引导人才的发展方向。后者通过大数据、云计算等技术可以对行业供需有最新的了解,利用招聘信息行业网站、论坛等向外界发布行业人才供需即将饱和的信息。在网络安全人才供大于求时,招聘过程中更加注重求职者的技术水平、资格证书的持有数量,提高行业门槛,起到为供给减速的作用。

二、不足与展望

一方面,由于我国网络安全专业发展历史数据有限,参数与方程设置无法避免与现实的偏差,但是模型的走势对现实情况有一定参照,这也是选择系统动力学方法的初衷。另一方面,本研究在边界划定和重点变量筛选上受到研究条件和能力的限制,宏观人才管理在实际中远远要比本模型复杂,因此,在未来研究中将结合更多定性定量方法对模型边界和变量覆盖范围进行扩展。

第七章　网络安全人才胜任力模型研究

第一节　胜任力的内涵

胜任力的概念是 1973 年美国心理学家 David McClelland 提出的，是指能将某一工作中有卓越成就者与普通者区分开来的个人深层次特征，包括动机、特质、自我形象、态度或价值观、某领域知识、认知或行为技能等。实践充分证明胜任力是组织有效和卓越绩效的基础，这也是为什么无论是私营部门还是公共部门都强调胜任力的原因。McBer（一家由 David McClelland 和他的合伙人创立的咨询公司）专门研究世界各地企业家和管理者的胜任力，他们开发了行为事件访谈法（BEI），该方法是目前胜任力特征挖掘使用最为普遍的一种工具。

多年来，胜任力管理一直被认为是在工作场所更有效地利用员工技能的一种方式。发展到目前，对于胜任力的定义已经非常多，主要可以分为三类，一类是与 McClelland 的定义接近，强调个体特质，[1]例如王重鸣认为胜任力是指那些可以导致高绩效的个人知识、技能、个性、动机、价值观等特质；[2]彭剑锋认为胜任力是指驱动员工产生优秀工作绩效的各种个体特征的集合，即可以通过不同的方式表现出来的知识、技能、个性与内驱力。[3] 第二类关注个体在工作时的行为表现，例如 Woodruff 认为胜任力是一种个体明显胜任某项工作的行为。[4] 还有一类则认为胜任力应该结合行为和特征两个方面来界定，例如 Carraccio 等人认为胜任力是建立在知识、技能、态度和个人能力的基础上的一组复杂的行为。[5] 不管胜任力是个人特征还是行为，一个统一的观点是胜任力能够有效促

---

[1]　McClelland, D. C. (1973). Testing for competence rather than for intelligence. *American Psychologist*, 28(1), 1-14.

[2]　王重鸣. 管理心理学[M]. 北京：人民出版社，2000：87-89.

[3]　彭剑锋. 人力资源管理概论[M]. 上海：复旦大学出版社 2003：477-478.

[4]　Woodruff, C. (1991). Competence by any other name. *Personnel Management*, 9, 20-33.

[5]　Carraccio, C., Englander, R., Ferentz, K., Martin, C., & Wolfsthal, S. (2002). Shifting paradigms: From Flexner to competencies. *Journal of Academic Medicine*, 77(5), 361-367.

进组织绩效,Spencer 和 Spencer 构建了个体特征、行为和绩效三者之间存在的因果关系。[①] 因此,为了更有效达成高绩效、完成组织目标,基于胜任力的管理框架被越来越多的组织运用,而要实施任何基于胜任力的管理框架的第一步必须是组织就如何定义胜任力达成共识。

第二节　网络安全人才胜任力实践基础

美国国家标准与技术研究所(NIST,2017)将胜任力定义为使用知识、技能、能力、行为和个人特征的能力,以成功完成关键工作任务、特定职能或在特定角色或岗位上工作。NIST 提出的胜任力除了 KSA(知识、技能和能力)外,还考虑行为指标,以及非技术因素,如个人效能等。[②] NIST(2014)提出具有胜任力的网络安全人才能够发挥五方面的功能。(1)确定:发展组织理解,以管理系统、资产、数据的网络安全风险;(2)防范:制定并实施适当的保障措施,以确保提供关键基础设施服务,即访问控制、意识和培训、数据安全、信息保护流程和程序、维护和保护技术。(3)监测:制定并实施适当的活动,以识别网络安全事件的发生。(4)响应:制定并实施适当的活动,以对检测到的网络安全事件采取行动。(5)恢复:制定并实施适当的活动,以恢复因网络安全事件而受损的任何能力或服务。[③]

网络安全人才胜任力的提升是全球各个国家推动网络安全体系构建的重要组成部分。例如,NIST 建立了国家网络安全教育倡议(NICE),这是政府、学术界和私营部门之间合作的,致力于激发和促进网络安全教育、培训和劳动力发展的强大网络和生态系统。NICE 框架的概念在 2010 年 NICE 建立之前就开始了,并还在逐步完善和发展。它是描述和分享网络安全工作信息以及完成任务所需的知识、技能和能力的基本参考,可以支持网络安全领域的人员以及那些可能希望进入网络安全领域的人员进行职业规划并进行知识、技能和能力的准备,也可以帮助相关组织和部门开展沟通。目前 NICE 框架是美国网络安全人才职业道路、教育、培训和认证计划指导和指南内容的参考起点,是帮助雇主建立一

---

①　Spencer, L. M. and Spencer, P. S. M. *Competence at Work: Models for Superior Performance*, John Wiley and Sons, New York, NY., 1993.

②　Newhouse, W., Keith, S., Scribner, B., & Witte, G. (2017). National initiative for cybersecurity education (NICE) cybersecurity workforce framework. *NIST special publication* 800, 181.

③　Toth, P., & Klein, P. (2013). A role-based model for federal information technology/cyber security training. *NIST special publication*, 800 (16), 1-152.

支有能力并且准备好的网络安全人员队伍的核心参考。NICE 框架的核心组件包括类别、专业领域、工作角色、KSAs、任务(如图 28 所示)。每个类别都由专业领域组成,每个专业领域都由一个或多个工作角色组成。每个工作角色又包括 KSA 和任务。[①]

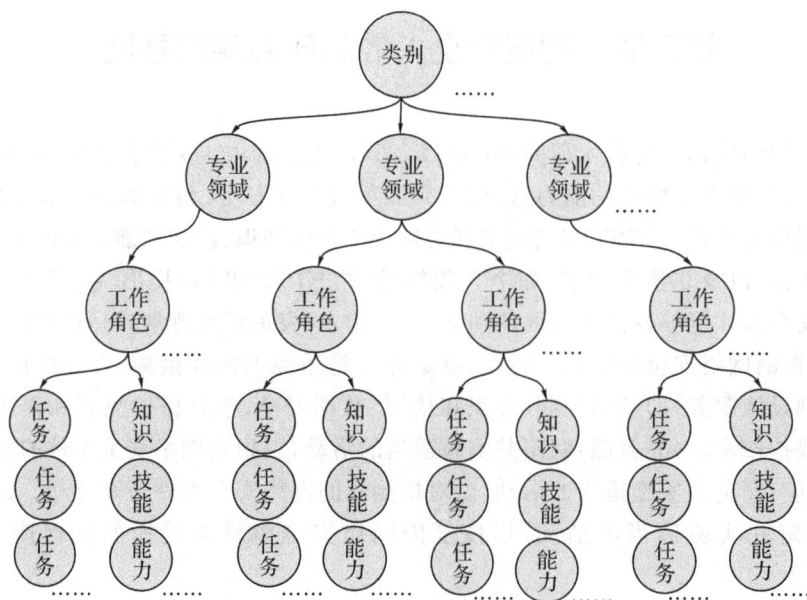

图 28　NICE 框架组件之间的关系

2022 年,欧洲网络和信息安全局(ENISA)为成员国提供了欧洲网络安全技能框架(ECSF),用于支持识别和阐明与欧洲网络安全专业人员角色相关的任务、能力、技能和知识。ECSF 将所有与网络安全相关的角色总结为 12 个概要,分别分析其相应的职责、技能、协同作用和相互依赖性的细节。它提供了对相关角色、能力、技能和所需知识的共同理解,促进了网络安全技能的识别,并支持网络安全相关培训计划的设计。该框架由用户手册补充,该手册基于示例和用例,构成了其使用的实用指南。[②]

在英国国家网络安全计划支持下,英国网络安全知识体系(CyBOK)项目应

---

① NIST. Workforce Framework for Cybersecurity (NICE Framework). available at：https://doi. org/10.6028/NIST. SP. 800-181r1 (accessed 2024-2-1).

② ENISA. European Cybersecurity Skills Framework (ECSF)，available at：https://www. enisa. europa. eu/topics/education/european-cybersecurity-skills-framework (accessed 2024-2-1).

运而生。该项目于 2017 年启动,将人力、组织和监管、攻击与防御、系统安全、软件和平台安全、基础设施安全 5 个方面,21 个知识领域纳入一个连贯的总体框架(最初版为 19 个知识领域)。英国国家网络安全中心使用 CyBOK 作为描述认证本科和研究生网络安全学位课程以及认证培训课程内容的基础,CyBOK成为英国网络安全认证的国家标准。[1]

第三节　网络安全人才胜任力研究综述

　　国外学者目前对网络安全人才的胜任力做了较为系统的研究。例如,Curtis 和 Mehravari 描述了网络安全能力成熟度模型(C2M2)和两个针对能源部门的定制版本模型:电力部门网络安全能力熟度模型(ES-C2M2)和石油天然气网络安全能力熟度模型(ONG-C2M)。该模型提出的主要领域包括风险管理、身份和访问管理、态势感知、信息共享、事件和事件响应、劳动力管理和网络安全计划管理等。[2] Nilsen 等人指出,提高组织信息系统用户网络安全知识和技能,是减轻网络安全威胁的重要组成部分,作者使用德尔菲方法构建了网络安全人才胜任力模型。[3] Shropshire 和 Gowan 认为信息保障是信息安全团队的专业知识、对细节的关注和创造力的综合产物,雇佣顶级信息安全专业人员可以获得竞争优势,因此,确定合适的人是一项关键任务。该研究分析了顶级安全人员的持久特征和价值观,结果发现,在性格方面,高绩效者的尽责性和开放性水平更高;在价值观方面,高绩效者的理论价值和经济价值更强。[4] Dawson 和Robert 认为,在网络领域内工作的人需要技术技能、特定领域知识和社交智能的结合才能取得成功。现有的研究强调了技术和工程技能,而忽视了决定日常生活成败的重要社会和组织影响。作者强调了社会适应在高度复杂和异质的网络劳动力中的重要贡献,并且确定了未来网络安全劳动力发展的六个假设,包括

---

① Martin, A. et al. (2021). Introduction to CyBOK Knowledge Area Version 1.1.0, available at: https://www.cybok.org/media/downloads/Introduction_v1.1.0.pdf (accessed 2024-2-1).

② Curtis, P.D., & Mehravari, N. (2015). Evaluating and improving cybersecurity capabilities of the energy critical infrastructure. 2015 *IEEE International Symposium on Technologies for Homeland Security* (HST).

③ Nilsen, R., Levy, Y., Terrell, S., and Beyer, D. (2017). A Developmental Study on Assessing the Cybersecurity Competency of Organizational Information System Users. *KSU Proceedings on Cybersecurity Education, Research and Practice*.

④ Shropshire, J., Gowan, A. (2017). Identifying traits and values of top-performing information security personnel. *Journal of Computer Information Systems*, 57(3), 258-268.

系统思维、团队成员的要求、对持续学习的热爱、强大的沟通能力、公民责任感以及技术和社会技能的融合。[①] Milloux 和 Grimela 提出未来的网络安全人才需要具备弹性，要同时掌握在安全和弹性、相关操作领域和系统开发三方面专业知识。理想的网络安全专业人员应具备所有三个领域的专业知识，进而对于网络安全问题能够系统和批判性思考、有完整的系统安全应对方案、能够在任务执行过程中综合考虑人、过程和技术。[②] Carlton 认为用户因网络安全技能差距而犯的错误导致 95% 的组织受到网络安全威胁，作者旨在设计、开发和实证测试一组基于情景的实践任务，以衡量非信息技术专业人员的网络安全技能。此外，研究还发现年龄、教育水平和使用技术的经验与胜任力的提升相关。[③] Ani 等人基于安全知识和技能的量化，设计了一种方法来评估工业控制系统中网络安全工作人员的技能和能力，发现脆弱人群，以便有针对性提高安全保障。[④] Crumpler 和 Lewis 认为，当前基础知识、实践经验和关键软技能对于网络安全人才都很重要，渗透测试、安全系统设计、事件响应和工具开发等任务是当前组织的最大需求，但是传统的计算机科学课程不能提供相关知识；并且大多数大学毕业生都缺乏相应实践经验。此外，沟通、团队合作和解决问题等软技能对于将技术知识转化为雇主的价值至关重要。[⑤] Alammari 等人使用模糊语言群体决策方法验证网络安全学位课程的网络安全知识、技能和能力。这项研究表明，网络安全知识以及网络安全专业人员的技术技能和能力至关重要。[⑥]

相对而言，国内学者对于网络安全人才胜任力的研究成果则较少。例如柳玉鹏、曲世友在分析内部信息攻击行为的特点及全面总结胜任特征相关研究成果的基础上，构建了内部员工信息安全胜任特征评价指标体系。[⑦] 陆宝华提出

① Dawson, J., & Robert, T. (2018). The Future Cybersecurity Workforce: Going Beyond Technical Skills for Successful Cyber Performance. *Frontiers in Psychology*, 9.

② Mailloux, L. O., & Grimaila, M. (2018). Advancing cybersecurity: The growing need for a cyber-resiliency workforce. *IT Professional*, 20(3), 23-30.

③ Carlton, M., Levy, Y., Ramim, M. (2019). Mitigating cyber attacks through the measurement of non-IT professionals' cybersecurity skills. *Information & Computer Security*, 27(1), 101-121.

④ Ani, U. D., He, H., and Tiwari, A. (2019). Human factor security: evaluating the cybersecurity capacity of the industrial workforce. *Journal of Systems and Information Technology*, 21(1), 2-35.

⑤ Crumpler, W., & Lewis, J. A. (2019). Cybersecurity workforce gap. *Center for Strategic and International Studies* (CSIS), 1-10.

⑥ Alammari, A., Sohaib, O., Younes, S. (2022). Developing and evaluating cybersecurity competencies for students in computing programs. *Peer J Computer Science*, 8, e827.

⑦ 柳玉鹏,曲世友.组织内部员工信息安全胜任评价模型[J].运筹与管理,2014,23(01):151-156.

必须通过一个科学、全面的人才评价体系对网络安全人才进行评价。[①] 刘崇瑞等以 510 条企业招聘广告为样本,对企业招聘广告进行内容分析,发现我国企业对网络安全人才的任职要求大致可以归纳为基本资历要求、知识要求、技能要求及职业素养要求 4 大类。[②] 张婧文提出实现我国科技强国战略目标,必须建立以科技创新质量、贡献、绩效为导向的网络安全人才分类评价体系,优化符合我国新时代发展需求的科技创新人才评价机制,要在实践中不断探索分类分层分级的精准人才评价工作。[③]

综上可知,目前针对网络安全人才胜任力的学术研究国内还比较滞后,成果也乏善可陈。比较成型的成果主要是由政府或者企业研究院所主导,比如由教育部高等学校网络安全专业教学指导委员会指导,北京航空航天大学、中国科学技术大学等编著的 2022 年《网络安全人才实战能力白皮书》,北京御林网安科技有限公司携手北京航空航天大学计算机学院发布的《网络安全技术人才能力验证指标体系》,中国关键信息基础设施技术创新联盟组织修订的《网络安全人员角色分类与能力要求框架》,360 网络安全大学发布的《网络安全人才能力发展白皮书》,工业和信息化部网络安全产业发展中心(工业和信息化部信息中心)与人才交流中心联合牵头组织编制的《网络安全产业人才岗位能力要求》等。但是目前这些报告主要是结论的呈现,并且标准尚未统一。行业标准的确立不能一蹴而就,而是需要在足够理论支撑和实证论证的基础上逐步形成。

第四节　胜任力研究方法

国外早期的胜任力模型构建方法主要采用工作分析法和概念研究法,同时侧重点在于通过概念研究来概括出一个通用的胜任力模型。Flanagan 最早提议使用 CIT 技术(Critical Incident Technique,关键事件法)来认定胜任力要素,主张通过工作分析来确定工作要素。[④] McClelland 运用概念研究法系统地提出了"冰山模型"的概念,认为从海面直接看到的冰山代表了基本的知识技能,不仅可以直观地观察和评估,还可以通过培训得到加强。海面下的冰山是动机、个性

① 陆宝华.建立科学的网络安全人才评价体系[J].信息安全研究,2018,4(12):1068-1070.

② 刘崇瑞,王洪杰,王聪,孙宝云.就业市场对网络安全人才的需求分析——基于企业招聘广告的内容分析[J].科技管理研究,2020,40(03):182-187.

③ 张婧文.积极探索网络安全人才评价新机制[J].网信军民融合,2021(08):33-36.

④ Flanagan, J. C. (1954). The Critical Incident Technique. *Psychological Bulletin*, 51(4), 327-358.

和社会角色等深层次元素,很难直观地观察和改变,但会对个体产生重大影响。[①]

此后,国外学者的胜任力模型构建方法从概念研究转向了实证研究,但此时的侧重点依旧是通用的胜任力模型。例如,美国学者 Boyatzis 运用实证研究法,在 McClelland 冰山模型的基础上构建了经典胜任力模型——"洋葱模型",认为胜任力模型像洋葱层层剥开一样,各个因素在观测过程的难度也是由内而外层层递进的,知识和技能是洋葱表面最容易观察和改进的元素,而动机和个性之类的因素就像洋葱的内心一样,很难直观地将其提升。[②] Spencer 夫妇采用专家小组法的实证研究法简略设计效标样本的经典程序,并在"胜任力"的实证研究的基础上形成了胜任力模型数据。[③]

21 世纪以来,正如国外的"胜任力定义研究"开始关注"胜任力"的具体性、适用性和可操作性一样,"胜任力模型构建"也开始更加关注于某一特定岗位或某一特定领域的胜任力模型构建而非前人研究的胜任力通用模型,在研究方法上也更加侧重于实证研究法而非概念研究法。例如,Dubois 关注组织变革背景下工人的胜任力模型构建,提出基于能力的绩效改进原则以及岗位胜任特征评估法、跟踪子系统设计方法、基于能力的学习干预措施设计方法等。[④] Kumaravel 等人关注医学领域的胜任力模型构建,利用客观结构化临床考试工作站法(OSCEs)评估医学生在询问、搜索、评价和实践中整合证据方面的知识、技能和行为,以构建本科医学教育胜任力的螺旋模型。[⑤]

国内学者关于胜任力模型的研究以实证研究为主,侧重于概念与原理和实践活动的有机融合,国内的胜任力模型构建的关注点在于如何通过构建一个完整的测评体系来提升组织或个人的未来竞争力而不是只是识别员工某种能力素质是不是组织以往获得成功的关键因素。目前,国内的胜任力模型构建主要以关键事件法、BEI、德尔菲法、O * NET 职位分析系统和评价中心技术等两种或

① McClelland, D. C. (1973). Testing for competence rather than for intelligence. *American Psychologist*, 28(1), 1-14

② Boyatzis, R. E. *The Competent Manager: A Model for Effective Performance*. John Wiley & Sons, New York, 1982.

③ Spencer, L. M. and Spencer, P. S. M. *Competence at Work: Models for Superior Performance*, JohnWiley and Sons, New York, NY. , 1993.

④ Dubois, D. D. *Competency-based performance improvement: A strategy for organizational change*. HRD Press, Inc. , 22 Amherst Road, Amherst, MA 01002, 1993.

⑤ Kumaravel, B. , Stewart, C. , & Ilic, D. (2021). Development and evaluation of a spiral model of assessing EBM competency using OSCEs in undergraduate medical education. *BMC Medical Education*, 21(1), 1-9.

两种以上的主位与客位研究联合的方法为基础,结合统计分析方法进行量化研究。王重鸣、陈民科运用工作分析法和结构方程模型来构建胜任力测评模型。[①]李文东、时勘通过建立 O＊NET 工作分析系统来为胜任特征模型提供大量实证数据。[②] 陈万思、赵曙明也通过内容分析法和统计分析法来研究人力资源总监的胜任力。[③] 张德宝、陈忠通过德尔菲法、主成分法、AHP 法,结合实际调研来确定中层管理人员胜任力评价指标和权重体系并提高了其绩效管理水平。[④] 裴连超以 SMS 公司的研发人员为对象,采用信度和效度都已经得到广泛验证的BEI 行为事件访谈法结合德尔菲法来构建胜任特征模型。[⑤] 见表 16。

表 16　国内外胜任力研究方法

	代表作者	研究方法及内容
国外研究	Flanagan	关键事件法
	McClelland	概念研究法
	Boyatzis	实证研究法
	Spencer 等人	专家小组法
	Lewis	360 度访谈法
	Dubois	归纳法
	Kumaravel 等人	工作站法
国内研究	王重鸣、陈民科	工作分析法、结构方程模型法
	李文东、时勘	O＊NET 工作分析
	陈万思、赵曙明	内容分析法、统计评价法
	张德宝、陈忠	德尔菲法、主成分法、AHP 法
	裴连超	BEI 行为事件访谈法、德尔菲法

但是,这些方法耗费大量的人力、物力,在样本量上往往也难以满足研究需求,此外,受限于主体自身素质等因素,提取到的胜任特征可能会存在较大偏差。本研究通过 Python3.8 进行文本挖掘分析,一方面充分利用了 Python 语言具

①　王重鸣,陈民科.管理胜任力特征分析:结构方程模型检验[J].心理科学,2002(05):513-516

②　李文东,时勘.工作分析研究的新趋势[J].心理科学进展,2006(03):418-425.

③　陈万思,赵曙明.中国最佳雇主人力资源总监胜任力模型研究[J].管理学报,2010,7(09):1308-1315.

④　张德宝,陈忠.基于胜任力模型的地方商业银行中层管理人员绩效考核研究[J].当代经济研究,2015,17(3):291-296.

⑤　裴连超.SMS公司研发人员胜任特征模型构建[J].人力资源,2020(8):6-7.

有的简练性、兼容性和可嵌入性的优点,物力、财力耗费较少,效率较高,另外一方面是保证了样本容量,信度较高和效度较好。采用文本挖掘法,从大量的、非结构化的 Job Description 中提取重要关键词。主要包括三个步骤:网页分析、数据预处理、词频分析。三个步骤使用的主要工具分别是:(1)网页分析——代理 IP 设置;(2)数据预处理——python-jieba 分词;(3)词频分析——为了剔除高频无效词,保留高频关键词,使用 TF-IDF 技术计算词的权重。通过对公开招聘网站上的"网络安全/信息安全"岗的 Job Description 的爬取,分析大中小型企业对网络安全人才胜任特征的客观要求以实现文本数据的集合,根据 python-jieba 分词、TF-IDF 词频分析以实现关键数据的排序并构建胜任力模型,得出市场对网络安全人才的需求条件。

第五节　基于文本挖掘的网络安全人才胜任力要素提炼

一、文本挖掘

(一)系统设计

传统招聘以各个招聘单位为中心点状数据结构,各个单位中心的数据库私有化,无法打通信息渠道,如今借助互联网的工具,所有的招聘单位汇聚成一个有众多节点的网状结构。无论是招聘者还是求职者面对的都不再是封闭的单项困境,而是拥有众多选择渠道的开放式沟通平台。而搭建这一切的互联网信息化平台是形成了体量巨大的岗位需求数据,成为我们分析当下招聘形势的重要渠道。但所有活动的个体是有意识的,所形成的数据也是非结构化的,数据量庞大,来源分散,且存在相对时间的流动性。为了获取大量高频而有效的胜任力特征数据,选择数据最为集中的第三方招聘网站"QC"(匿名化处理)。通过获取真实的公共部门、企业招聘信息的大数据,文本数据清洗及提取和研究目标方向相关的关键词,来整合相关岗位的信息。本研究通过 Python3.8 对网络安全相关岗位的 Job Description 大数据进行获取以及预处理,具体包括清洗、分词、关键词提取,然后对爬取的关键词进行 TF-IDF(词频-逆文档频率值)计算以构建胜任力模型。

(二)爬虫设计

1. 网站分析

目前第三方招聘数据共享平台由于数据交叉,使得多数的招聘数据平台存储大量重复的岗位数据,因此选择较大招聘数据共享平台可以大体反映当前市场对于岗位的需求。由于"QC"月均活跃量在国内名列前茅,该网站采用 https 传输协议,数据传输的为后台真实的数据,网站受到数据篡改的可能性较小。在未登录无状态的情况下,可以通过抓包数据来获取大量的岗位描述信息,为短时间内获取大量的时效性分析数据提供了一个良好的平台。

网站平台查询数据的入口主要为普通输入框和条件选择框结合,搜索的条件包括:职能类别、行业类别、公司性质、工作年限、月薪范围、公司规模、学历要求和工作类型。点击搜索之后显示粗略的职位信息列表:包括公司名称、公司性质、公司人数、公司经营范围、岗位名称、发布时间、薪资、工作地点、工作经验、学历要求、招聘人数以及公司福利。基本上展示的有关岗位和公司的一些基本信息,没有涉及岗位具体的要求,因此需要对岗位深一级的页面进行信息的获取。深入一级页面之后,显示了岗位的具体要求,包括:职位描述、任职要求以及岗位所属的职能类别。将岗位详细信息进行爬取和岗位的基本信息进行对应,得到有效职位信息。

2. 代理设置

为了提高数据获取的效率以及防止单一节点大量获取数据被远程服务器限制,通过代理的设置以及随机 UA(浏览器标识)信息来模拟用户真实浏览过程,以此来短时间获取大量有效的数据。

模拟用户访问的时候发送的 UA 范例如下:

Mozilla/5.0（Windows NT 10.0；Win64；x64）AppleWebKit/537.36（KHTML，like Gecko）Chrome/87.0.4280.141 Safari/537.36

对于一些参数做一些随机的修改添加到每次访问的信息中,在向接口发送数据同时,从 UA 列表中随机挑选 UA 标识来进行发送数据。标识的挑选使用随机算法进行选择。

服务器中有许多可用的代理 IP,在爬虫过程,不断检查当前发送数据的代理 IP 服务器的情况,如果发送接口未设置代理、代理已经过期失效以及代理 IP 被目标站点禁止,都需要进行动态的更换代理 IP。从代理服务器获取新的代理 IP 地址,并添加到当前发送的模型中去,进行下一次获取数据。

3. 数据解析收集

根据上述的网站分析来建立爬虫的数据模型,数据模型如表 17 所示。

表 17　网络爬虫数据模型

名称	标识
岗位名字	Job_Name
工作详细内容 URL	Job_Href
岗位发布时间	Job_Release_Time
岗位工资	Job_Wage
岗位地点	Job_Location
岗位要求	Job_Claim
岗位福利	Job_Welfare
岗位内容	Job_Content
公司名称	Company_Name
公司 URL	Company_Href
公司性质	Company_Properties
公司人数	Company_People
公司类型	Company_Type

（三）数据预处理

1. 字符过滤

由于网站爬虫获取的原始数据是零碎的、杂乱的,因此需要过滤其中的无效信息,包括杂乱的字符、空白符号、重复的职位信息、空白的未获取到职位信息的数据。通过读取文本文件中的原始数据信息,对关键的字符进行匹配和替换,整理汇总新的数据存储到清洗后的文本文件中。同时统计无效的数据,计算数据的有效率,了解当前数据的准确性,以及真实可靠性。由于当前收集的数据在时间分配上主要为近段时间以来企业发布的岗位信息,为了增加数据在时间上的跨度,需要跨时间进行数据收集,对岗位数据在时间上有一个较为广泛的分布。

2. 文本分词

为了统计在职位要求中出现的关键字,使用分词的手段将职位具体要求进行分词,统计其中的词频。Jieba 分词可以采用三种不同的分词方式:一是精确模式,使用 cut 方法将 sentences 精确地分开;二是全模式,将 sentences 中可能存在的所有词都分词出来,可能会存在歧义词;三是搜索引擎模式,精确模式与全模式的结合。为了将句子精确地切开且保证尽量少的冗余信息,使用精确模式进行分词。

Jieba 分词采用了 Jieba 内置的词典，因此分词的结构取决于内置词典，在此基础上，基于内置词典的分词结果采用 HMM（隐马尔可夫模型）来进行新词发现。这里通过搜集网络上的安全词库来构建相关网络安全词谱的词典，包含常用的专业技能知识。

在高频率的分词中，其中一些为停用词。由于停用词隐含的信息较少，因此在分词的过程中需要去掉。使用中文停用词表（包含最基本的符号和中文的一些过渡词），对停用词进行过滤，累计获得有效关键词 38572 个。综合词频如表 18 所示（列出前 20 个）。

表 18　综合词频表

关键词	词频
维护	42583
信息安全	26745
沟通	25719
分析	22706
团队	22217
开发	22193
网络安全	21738
运维	15960
软件	13157
数据库	11721
学习	11285
协调	10481
故障	10439
规划	10250
编写	10220
监控	9812
合作	9648
文档	9547
测试	9209
意识	8942

由于技术人才的岗位特殊性——专业性程度高，具有不可替代性，因此，上述分词的数据库中筛选了具体使用工具，得到专业高频率关键词（如表 19 所示列出前 20 个）。

表 19　专业技能词频表

关键词	词频
Linux	5914
IP	3466
ERP	3106
TCP	3042
Windows	2910
Java	2300
SQL	2274
OA	2037
Python	1802
CISP	1781
VPN	1726
Oracle	1720
CISSP	1681
MySQL	1656
Web	1535
CCNP	1410
H3C	1311
IPS	1285
PPT	1250
JAVA	1091

（四）样本结构

爬取的 42585 条有效文本来源于 17549 家组织。其中，17549 家组织对网络安全人才的经验要求如表 20 所示，需求量最大的是要求 3～4 年经验，占比近 28.67%，其次是无经验，占比近 20.22%，最少的是要求 10 年经验，占比仅有 1.17%。

表 20　岗位经验要求统计表

经验要求	频数	占比
无经验	3549	20.22%
1 年	2868	16.34%
2 年	3193	18.19%
3～4 年	5032	28.67%
5～7 年	2391	13.62%
8～9 年	310	1.77%
10 年	206	1.17%
合 计	17549	100.00%

17549 家组织的构成如表 21 所示,民营公司(不包含创业公司)占比最高,高达 53.6%,占据半壁江山,其次是国有企业,占据了 16.11%。

表 21　公司性质统计表

公司性质	频数	占比
外资	1068	6.09%
民营公司(不包含创业公司)	9404	53.60%
事业单位	319	1.82%
上市公司	2547	14.52%
国有企业	2827	16.11%
合资	1113	6.34%
非营利组织	94	0.54%
创业公司	112	0.64%
外企代表处	9	0.05%
政府机关	53	0.30%
合 计	17546	100.00%

17549 家组织的规模如表 22 所示,其中 150～500 人规模的公司占比最高,其次是 50～150 人规模的公司和 1000～5000 人规模的公司。

表 22　公司规模统计表

公司规模	频数	占比
10000 人以上	1054	6.01%
5000～10000 人	1783	10.16%
1000～5000 人	3387	19.30%
500～1000 人	1937	11.04%
150～500 人	4070	23.19%
50～150 人	3492	19.90%
少于 50 人	1826	10.41%
合计	17549	100.00%

二、胜任力模型构建

（一）数字加权概述

TF(Term Frequency)-IDF(Inverse Document Frequency)是一种针对关键词的、用于文本挖掘的数据加权方法：关键词在文档和语料中的权重值将会按照关键词在文档中的发生频次和在语料中发生的频率来判断。使用 TF-IDF 计算可以过滤掉一些出现频率高但无关紧要的词，与此同时保留在整个文本或语料中的重要程度较高的词。

（二）TF-IDF 计算

词频 TF＝特征在文档或语料中出现的次数/文档或语料中所有词的次数

$$TF_{i,j} = \frac{n_{i,j}}{\sum_k n_{k,j}} \tag{1}$$

其中，$n_{i,j}$ 是某个词在文档或语料中出现的次数，$\sum_k n_{k,j}$ 是文档或语料中的所有词的次数。

逆文档频率 IDF＝log(语料中文档总数/包含该词的文档数＋1)

$$IDF_{i,j} = \log \frac{|D|}{1 + |D_{ti}|} \tag{2}$$

其中，$|D|$ 是语料中文档的总数，$|D_{ti}|$ 是包括某个词的文档数。

TF-IDF 计算的公式为：

$$TF\text{-}IDF_{i,j} = TF_{i,j} \times IDF_{i,j} \tag{3}$$

CountVectorizer 可以实现文档和语料中进行标记和计数，因此，通过 Scikit-Learn 工具进行文本特征提取以此来计算文本的 TF-IDF 值。

将过滤后的文本信息进行 TF-IDF 的值计算，代码如下：

```
from sklearn.feature_extraction.text import CountVectorizer
from sklearn.feature_extraction.text import TfidfTransformer
def count_vectorizer(body):
    vertoizer＝CountVectorizer()
    x＝vertoizer.fit_transform(body)
    word＝vertoizer.get_feature_names()
    print(word)
    print(x.toarray())
    return x
def count_tfidtransformer(x):
    transformer＝TfidfTransformer()
    print(transformer)
    tfidf＝transformer.fit_transform(x)
    print(tfidf.toarray())
if __name__＝＝'__main__':
    x＝count_vectorizer(body)
    count_tfidtransformer(x)
```

得到其 TF-IDF 的值如表 23 所示（选取了 TF-IDF 计算值前 30 的关键词）。

表 23　综合 TF-IDF 值表

关键词	TF-IDF
维护	0.1251
信息安全	0.1095
通用	0.1011
网络安全	0.102
分析	0.0981
开发	0.0904
团队	0.0817
学习	0.0796
协调	0.079
运维	0.0688

续表

关键词	TF-IDF
规划	0.0593
文档	0.0452
责任心	0.0411
用户	0.0407
领导	0.0397
评估	0.0389
抗压	0.0384
软件	0.0377
数据库	0.0364
故障	0.0348
职业道德	0.0338
监控	0.0334
测试	0.0334
架构	0.0322
操作系统	0.0318
云	0.0316
防火墙	0.0296
部署	0.0283
逻辑思维	0.0266
扎实	0.0261

其中 TF-IDF 的值越大则在岗位的具体要求中相关联的程度越大。
同理,工具软件应用的 TF-IDF 值如表 24 所示。

表 24　专业技能 TF-IDF 值表

专业技能	TF-IDF
Linux	0.1011
IP	0.0681
TCP	0.0617
Windows	0.0596

续表

专业技能	TF-IDF
Java	0.0497
SQL	0.0493
C	0.0452
Python	0.0411
CISP	0.0407
VPN	0.0397
CISSP	0.0389
MySQL	0.0384
CCNP	0.0338
IDS	0.0266
WAF	0.0261
CCIE	0.026

（三）可视化

根据以上的 TF-IDF 数字加权计算以及对词频的排序计算，选取了 TF-IDF 值前 100 的关键词形成词云如图 29 所示。

图 29　综合词云

鉴于网络安全人才作为技术人员的岗位的特殊性,也选取了 TF-IDF 值前
100 的专业工具形成词云如图 30 所示。

图 30　专业技能词云

(四)胜任力要素选取

通过反复征询相关专家(包括网络安全、信息安全、计算机科学与技术、工商
管理、人力资源管理、通信工程等专业)意见,将综合高频关键词和专业技能高频
关键词分为以下几个集群并打上相应的标签(如表 25、26):

表 25　综合集群表

集群	标签	岗位关键词
1	文档资料开发类胜任力	沟通、分析、学习、协调、规划、编写、文档、主流、责任心、发展、标准
2	现场支持类胜任力	团队意识、监控、合作、解决方案、配合、技术支持
3	运维类胜任力	维护、运维、故障、部署、运营
4	技术研发类胜任力	网络、信息安全、开发、网络安全、软件、数据库、测试、架构、网络设备、操作系统、防火墙、信息系统

表 26　专业技能集群表

集群	标签	岗位关键词
1	语言编程技能	Java、Sql、C、Python、Shell、Javascript、Php、Go、Perl
2	服务器应用技能	Linux、IP、TCP、Windows、MySQL、ORACLE、Redis、Nginx、Tomcat、Docker
3	安防技能	CISP、VPN、CISSP、CCNP、IDS、WAF、CCIE

　　根据以上的集群和标签,构建出一个包括"四维度三技能"的网络安全人才的胜任力模型(图 31)。

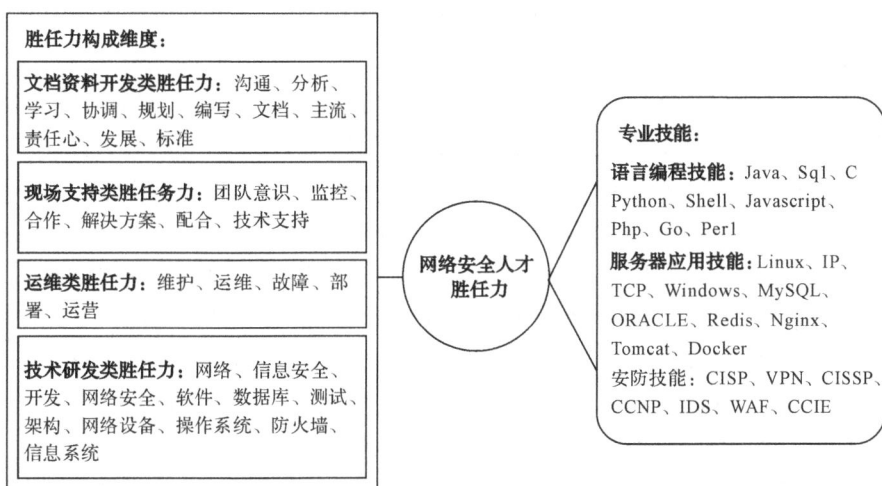

图 31　网络安全人才胜任力模型

（1）"四维度"

　　第一个维度是文档资料开发类胜任力,TF-IDF 值从高到低排序为:沟通、分析、学习、协调、规划、编写、文档、主流、责任心、发展、标准;

　　第二个维度是现场支持类胜任力,TF-IDF 值从高到低排序为:团队意识、监控、合作、解决方案、配合、技术支持;

　　第三个维度是运维类胜任力,TF-IDF 值从高到低排序为:维护、运维、故障、部署、运营;

　　第四个维度是技术研发类胜任力,TF-IDF 值从高到低排序为:网络、信息安全、开发、网络安全、软件、数据库、测试、架构、网络设备、操作系统、防火墙、信息系统。

（2）"三技能"

一是语言编程技能，TF-IDF 值从高到低排序为：Java、Sql、C、Python、Shell、Javascript、Php、Go、Perl；

二是服务器应用技能，TF-IDF 值从高到低排序为：Linux、IP、TCP、Windows、MySQL、ORACLE、Redis、Nginx、Tomcat、Docker；

三是安防技能，TF-IDF 值从高到低排序为：CISP、VPN、CISSP、CCNP、IDS、WAF、CCIE。

三、模型应用与分析

（一）模型应用

从需求侧来看，通过词频分析，可知目前政企等组织对网络安全人才的胜任力模型可分为四个维度：

第一个维度是文档资料开发类胜任力，主要包括网络安全人才的沟通能力、逻辑分析能力、学习能力、协调规划能力、文档编写能力、了解主流网络安全相关技术、有责任心等。由于网络安全人才在工作过程中主要对接人员为系统开发人员、测试人员、运维人员以及产品经理等人员，所从事的工作往往与项目有关，具有阶段性、周期性等特性，此外，由于代码库的更新迭代较快，因此网络安全人员需要随着时代主流的代码库而不断更新知识，因此，较强的沟通能力是文档资料开发维度的第一胜任力。同时，网络安全人才需要具备较强的逻辑分析能力、学习能力和规划协调能力并熟悉主流网络安全设备或系统如防火墙、安全云、IPS、IDS、WAF 等。此外，网络安全人才也需要较强的文档编写能力和责任心，需要负责网络安全运维日报、周报、月报网络部分内容编写，并定期编制系统运维报告和总结知识文档以进行内部共享，所做的项目工程和所写的产品说明书要确保合作伙伴和客户理解。最后，政企中的网络安全问题涉及规章法度的合规性，网络安全人才需要将数据安全、国家风险管控政策法规熟稔于心以保证业务的稳定运营，因此网络安全工作往往有一个法律或政策层面的"标准"。

第二个维度是现场支持类胜任力，主要包括良好的团队意识、风险监控能力、合作配合能力、应急能力和快速反应能力（与"解决方案""技术支持"关键词有关）。需求侧要求网络安全人才能够为组织内的各部门提供各类合规咨询、支持和帮助等，因此需要有良好的团队意识。同时，子系统中的一个漏洞或者木马可以瞬间导致整个父系统的瘫痪，从而影响正常的经济业务活动，网络安全工程师需要在日常工作中针对系统中的漏洞、木马等各类安全事件进行快速响应和处理分析，进行漏洞或木马的跟踪、处置、整改和加固，提供合理合规的解决方法和技术支持。此外,网络安全工程师所具备的独立解决问题与分析问题的能力是能够进行快速响应的前提,这就要求网络安全工程师拥有较高的技术敏感度和较强的风险识别能力,能够独立识别关键控制点和风险领域。

第三个维度是运维类胜任力,主要包括网络及系统维护能力、跟踪运维能力、排除各种软硬件故障的能力、软件或系统部署能力和运营能力。组织业务的正常运营离不开软硬件设备的相辅相成,而网络安全工程师的主要职责就是及时对组织的软硬件设备进行跟踪、运维,这就需要网络安全人才掌握和使用抓包分析工具,以此来分析软硬件设施所涉及的网络安全事件、定位复杂故障并能够及时对网络安全事件进行追踪和溯源。此外,网络安全人才的重要角色是系统开发者和用户之间的纽带,开发者需要向网络安全人才输入已开发好的软硬件或系统,然后在交付之前,由网络安全人才向用户输出并配置一个低风险合规的环境以供用户正常使用,这是软硬件或系统生命周期中不可缺少的重要环节,因此部署能力也是网络安全人才的重要能力。最后,作为上述的纽带,网络安全人才还需要对云计算、大数据有自己独特的见解,熟悉顾问式营销技法,根据客户需求提出针对性的合理化解决方案以做好项目售前技术支持工作,有时需要协助项目经理进行咨询或规划,有时需要协助产品经理进行产品选择组合及方案编制,有时需要能够完成技术建议书和招投标方案,以协助业务经理进行组织项目的招投标工作,因此,网络安全人才的运营能力也是一个举足轻重的能力。

第四维度是技术研发类胜任力,主要包括软件开发能力、掌握数据库技术及其管理系统的应用、掌握测试和架构技能,熟悉各类操作系统和防火墙。在日常工作中,网络安全工程师需要接收开发者的半成品输入,因此需要了解并掌握一定的软件开发知识以确保合作的顺利完成。网络安全工程师通常需要为政企等组织的云平台安全能力负责,需要负责云上大数据建设、数据分析(例如黑灰产分析、僵尸网络分析、二进制分析检测等),因此,要了解并掌握数据库技术以及管理系统。此外,为了防范网络安全风险,网络安全工程师时常需要进行网络安全测试(如渗透测试、黑盒测试、模拟攻击试验等),同时,也需要主导或作为主要架构师参与架构设计网络安全系统,如 SASE、SD-WAN、分布式防火墙等,因此,测试和架构能力也是网络安全人才不可或缺的能力,在此基础上,也需要熟悉各类操作系统和防火墙。

在专业技术人才的岗位特殊性的基础上,筛选了各类组织在工作描述中对网络安全人才的技能需求,通过词频分析,大致可分为三类:

一是语言编程技能,对于网络安全人才的需求从高到低依次为 Java、SQL、

C、Python、Shell、Javascipt、Php、Go、Perl，其中 Java 的需求量最大，这可能与大部分组织的开发语言是 Java 有关，此外，SQL 的核心是处理数据，也是计算机类岗位的需求通性。

二是服务器应用技能，组织对网络安全人才的需求从高到低依次为 Linux 操作系统、TCP/IP 网络协议、Windows 操作系统、MySQL 数据库管理系统、Oracle 数据库系统、Redis 库、Nginx 服务器、Tomcat 服务器、Docker 容器；其中，各类组织对 Linux 系统的需求量遥遥领先，其次才是 Windows，其中的原因可能依旧与大部分组织的开发环境有关，由于大部分开发人员的开发环境只在 Linux 下支持，某些软件或工具只能在 Linux 下才能使用，大部分的团队的开发流程和写作模式都是基于 Linux 实现，因此网络安全工程师也要配合开发团队适应这种开发环境。值得提及的是，各类组织对网络安全人才掌握 TCP/IP 协议的需求量较高，网络协议分析工具是网络安全测试的常见工具，常用于网络安全渗透测试、IP 冲突检测。

三是安防技能，对于网络安全人才的安防技能需求从高到低依次为 CISP 注册信息安全专业人员认证、VPN 虚拟专用网络、CISSP 国际信息系统安全专业认证、CCNP 思科认证网络专业人员证书、IDS 入侵检测系统、WAF 应用防护系统、CCIE 思科认证互联网专家证书。由于网络安全往往涉及法律、监管政策层面的规章法度，因此网络安全领域的各类证书风生水起，其中，CISP 认证的需求量最大，这是由于 CISP 的发证机构是国家信息安全测评中心，是政府对网络安全人才资质的最高认可。此外，根据 TF-IDF 值计算，掌握 VPN 为网络安全人才进入各类组织提供了较大的帮助，因为组织内的成员常常会由于出差等原因而不得不使用外面的公用网络，但公用网络的开放性使得组织内的数据存在安全隐患，因此组织可以通过在公用网络上设立专用网络即 VPN 以实现数据加密，保护组织数据安全，与此同时，VPN 的创建、部署和维护需要网络安全人才来实现。

综合三类专业技能的 TF-IDF 值，可以发现：在三类专业技能中，服务器应用技能需求量最高，语言编程技能次之，最后才是安防技能，其中服务器应用技能与语言编程技能是计算机科学与技术学科的重要分支技能，而安防技能是信息安全专业的特色分支技能。

从供给侧来看，以 X 校网络安全学院的信息安全专业为例，由点及面地分析。首先是培养目标，X 校希望培养出的网络空间安全人才能够符合图 32 所呈现的五个目标。在网络安全人才的培养上，高校注重人才的专业技能和团队协作、沟通能力，说明在胜任力的四个维度宏观层面均已得到了较大程度的重视，信息安全专业期待毕业生5年之内达到以下目标：

（1）能运用信息安全专业知识和技术，设计并成功实现信息安全解决方案；

（2）在密码学、网络安全、信息系统安全和信息内容安全的某一方面具备更高的专业素质；

（3）在团队工作中，有良好的领导、组织和协作能力；

（4）具有较强的项目管理和沟通表达能力；

（5）通过继续教育或其他终身学习渠道，具备良好的适应性和自我提升能力。

图 32 信息安全专业培养目标

但微观具体的胜任力要素仍需探讨。

对比培养计划中的主干学科和核心课程（见图 33）可知：X 校信息安全专业较重视计算机科学与技术的学科基础，设置的数据结构、操作系统、数字电路设计、计算机网络、计算机组成原理、信号与系统等课程能够培养出三类专业技能中服务器应用技能基础较坚实的网络安全人才，这与政企等组织在三类技能中对服务器应用技能的需求最多的趋势一致。程序设计基础、数据库原理、信息论与编码、面向对象程序设计等课程能够培养出三类专业技能中语言编程技能较坚实的网络安全人才。而信息安全数学基础、密码学、网络安全理论与技术、软件安全、计算机取证、机器学习与信息内容安全、信息隐藏技术等课程能够培养出三类技能中安防技能基础较坚实的网络安全人才。

五、主干学科

计算机科学与技术学科、信息与通信工程学科。

六、核心课程

信息安全数学基础、密码学、程序设计基础、面向对象程序设计、数据结构、计算机组成原理、操作系统、数字电路设计、数据库原理、计算机网络、信号与系统、网络安全理论与技术、软件安全、信息论与编码、计算机取证、机器学习与信息内容安全、信息隐藏技术等。

图 33 信息安全专业核心课程

但深入分析培养方案的必修和选修课，我们也可以发现培养方案明显的不足：TF-IDF 值最高的专业技能——Linux 操作系统，在培养方案中既不是学科必修也不是专业必修，甚至不是专业选修，而是作为一个算入交叉学分的选修课而存在。无独有偶，在语言编程技能中的 TF-IDF 值最高的 Java，也是作为一个算入交叉学分的选修课而存在。而对比语言技能中 TF-IDF 值次于 Java 的

SQL（相关课程为数据库原理）和 Python 语言（相关课程为 Python 网络编程）在培养方案中则均以专业选修课而存在，在培养方案中的重要程度高于 Java。见图 34。

		课程代码	课程名称	课程英文名称	共计修读9学分，以下Java或（C++面向对象程序设计课程必选一门修读									
		A0303090	项目管理	Project Management	2.0	32	32				5	C	01-16	必选
		C2701230	JAVA面向对象程序设计	JAVA Object-Oriented Programming	2.0	32	20		12		2	Y	01-16	F
		C2707070	C++面向对象程序设计	C++Object-Oriented Programming	2.0	32	16		16	20	2	Y	01-16	F
		C2705120	生物特征识别导论	Introduction to Biometrics	2.0	32	32				2	C	01-16	
交叉与个性发展学分	选修	C2703540	Linuc网络环境	Linux Network Environment	2.0	32	20		12	12	3	C	01-16	
		C0714160	数字建模	Mathematical Modelling	2.0	32	32				4	C	01-16	
		C0503460	算法分析与设计	Analysis and Design of Algorithms	3.0	48	48				4	C	01-16	
		C2701110	保密史与保密制度	The History and System of Ssecrecy	2.0	32	32				5	C	01-16	
		C2701450	数字图像处理	Digital Image Processing	2.0	32	22		10	10	6	C	01-16	注5
		C2705400	生物特征与密码应用	Biometrics and its cryptogmphical application	2.0	32	32				7	C	01-16	
		C2701330	互联网十时代的创新创业	Innovation and entrepreneurship in the era of Interact	1.0	16	16				6	C	01-16	
		C2701541	专业竞赛实训A	CompetitionPractice A	2.0	32	8		24		3	C	01-16	
		C2701542	专业竞赛实训B	CompetitionPractice B	2.0	32	8		24		4	C	01-16	

图 34　信息安全专业的交叉选修课程

课程类别	课程性质	模块	课程代码	课程名称	课程英文名称	学分	总学时	讲授	课程实践	课内上机	课外上机	开课学期	考核方式	起始周	备注
专业课	专业选修	信息安全模块	B2705370	软件安全	Software Security	2.0	32	22		10		5	Y	01-16	
			82701240	Python网络编程	Python Programming	2.0	32	16		16	20	5	Y	01-16	
			82701460	通信原理	Principles of Communication	2.0	32	32				5	Y	01-16	
			B2706350	数据库原理	Principle of Database System	3.0	48	32		16		6	X	01-16	Z
			B2701350	计算机取证	Computer Forensics	2.0	32	22		10	10	6	Y	01-16	
			B2701280	安全测试与评估技术	Security Testting and Evaluation Technology	2.0	32	22		10	10	6	Y	01-16	
			B2700910	嵌入式系统原理	Principles of Embedded Systems	2.0	32	22		10		6	Y	01-16	
			B270134s	机器学习与信息内容安全	Machine learning and In formation Content Security	2.0	32	22		10	10	6	Y	01-16	Z双语
			B270501s	信息隐藏技术	Information Hide Technology	2.0	32	20		12	10	6	Y	01-16	Z双语
			B2708110	Web系统与技术	Technology of Web's Development	2.0	32	20		12	12	6	Y	01-16	
			B2701220	信息论与编码	Information Theory and Coding	2.0	32	32				6	Y	01-16	注4
		数据安全与保密模块	B2701350	计算机取证	Computer Forensics	2.0	32	22		10	10	5	Y	01-16	
			B2701240	Python网络编程	Python Programming	2.0	32	16		16	20	5	Y	01-16	
			B2706350	数据库原理	Principle of Database System	3.0	48	32		16		5	X	01-16	Z
			B270134s	机器学习与信息内容安全	Machine learning and Information Content Security	2.0	32	22		10	10	6	Y	01-16	Z双语
			B270501s	信息隐藏技术	Information Hide Technology	2.0	32	20		12	10	6	Y	01-16	
			B2705280	定密理论与实务	The Theory of Secrecy and Practice	2.0	32	32				5	Y	01-16	
			B2705460	电子文件与档案管理	Management of Electronic Document and Archive	2.0	32	24		8		6	Y	01-16	
			B2705300	保密科技	Secrecy Technology	2.0	32	32				6	Y	01-16	
			B2708110	Web系统与技术	Technology of Web's Development	2.0	32	20		12	12	6	Y	01-16	
			B1208400	行政法与保密法	Administrative Law and Secrecy Law	2.0	32	32				6	Y	01-16	

图 35　信息安全专业的专业选修课程

此外，需求侧的安防技能中有 4/7 是对网络安全领域的证书，虽然设立了"行政法与保密法"课程有助于提高网络安全人才的法律意识，但这种培养只是停留在宏观思维层面，还未下沉到微观应用层面，在网络安全领域的证书上，高校对此暂未设立专门的课程进行指导，据信息安全专业学生反馈，也有近 2/3 的信息安全专业学生未开始重视甚至未听说此类证书。

综上，可总结出培养方案存在的优缺点如表 27 所示。

表 27　培养方案优缺点

胜任力		培养方案不足	培养方案优点
胜任力四维度	文档资料开发	缺少对文档编写能力的重视	重视沟通分析能力、规划协调能力与学习能力,重视责任心
	现场支持	缺乏对应急能力和快速反应能力的培养	重视团队合作意识、风险监控能力
	运维	—	重视与运维有关的技术基础和运营基础
	技术研发	对计算机学科与技术的分支科目重视程度有待提升	重视开发、应用、安防等的技术基础
胜任力三技能	语言编程	对 Java 课程重视程度不够	课程设计的种类丰富且齐全,三类技能均能得到不同程度的提升
	服务器应用	对 Linux 系统相关课程的重视程度不够	
	安防	缺少网络安全领域的认证培训课程	

(二)对策研究

针对以上问题,提出以下几点建议:

(1)重视网络安全人才的 Java、SQL 等开发编程技能培养。目前,政企等组织最常用的开发语言是 Java,因此网络安全人才学习 Java 能够帮助自身快速适应团队合作环境。虽然网络安防课程是信息安全专业区别于其他计算机科学与技术学科的重要特色,但网络安防课程的学习通常会涉及网络的攻击与防御、操作系统攻击与防御、服务器攻击与防御等,因此对计算机科学与技术学科的编程基础要求也较高。此外,网络安全人才也应掌握多种编程语言、学会开发编程技能。但目前很多信息安全毕业生并不擅长编程。

(2)将培养方案中交叉与个性发展学分的"Linux 网络环境"课程设置为专业必修课程。现在国内的主流操作系统是 Linux,Linux 系统因其稳定性、安全性、成本低等优点而受到许多政企的喜爱,网络安全人才掌握 Linux 有助于快速适应团队开发环境,提升团队合作效率,掌握 Linux 系统也成为网络安全人才求职的亮点之一。通过上述的供给侧和需求侧分析,可以看出在众多技能中,市场对 Linux 系统的需求量最高,但目前高校对 Linux 系统课程的重视程度还不够高,因此高校应在对网络安全人才的培养中重视 Linux 课程并为之配套课外实践和实验。

（3）重视产学研用一体化，引导网络安全人才关注 CISP、CISSP 等职业认证。目前供给侧和需求侧的结构性矛盾的根本源头在于培养量不够和人才的流失，这两个问题的出现与对网络安全专业同学的职业规划教育的缺乏息息相关。国内可以参考美国的 NICE 工作组的模式，建立竞赛项目组、培训与认证组等，让公共和私营部门共同参与设计网络安全人才的培养策略，也可以参考美国国家安全局和国土安全部联合高校建立的国家网络防御学术卓越中心（CAE-CD）和国家网络运营学术卓越中心（CAE-CO），授权顶尖高校搜索特殊情报，并对学生开展定向培养。[①] 此外，由于目前主流代码库的更新换代速度较快，网络安全工程师需要不断地对自己的知识进行更新迭代，因此高校要特别重视引导网络安全专业学生重视职业认证，以提高网络安全人才在未来职场的竞争力。

（4）关注网络安全人才"文档编写能力"的培养。网络安全人才在职场需要与各类技术人员、用户等进行对接，工作成果和知识文档也需要团队之间共享，做的项目工程和所写的产品说明书也要确保合作伙伴和客户理解。在日常工作过程中，网络安全工程师需要撰写的技术文档包括用于项目整体排期的项目文档、介绍系统或软硬件部署的部署文档、反映接口异常情况的接口文档、方便前端渲染、展示和交互的模板文档、用于故障复盘的故障文档以及与开发人员协作的开发文档等，因此高校可以设立文档编写软件培训课程，如 Markdown、果创云、码云、Docsify 等，通过掌握多种文档编写软件以适应未来不同职场环境的需要。

（5）设立兼具中国特色和网络安全特色的"应急能力"和"快速反应能力"的培养体系。网络安全应急能力和快速反应能力的提升与日常的网络安全意识和法律意识的提升息息相关，要加强网络安全意识培养宣贯工作，将网络安全法律法规、网络攻防案例分析、网络安全事件应急管理等作为必修课程。此外，应急能力和快速反应能力的提升还需要结合实战演练达到"入脑""入心""入行"，要重视网络安全人才培养的实验实践环节，通过网络攻防演练、网络安全竞赛、课题研究等提升学生实战能力，邀请具有丰富实战经验的校外网络安全专家参与授课和毕业设计指导。

---

① 封亚辉，毛圣兵，王磊.先进国家网络安全人才培养机制分析及启示[J].网信军民融合，2020（06）：43-49.

第六节　小　结

本研究运用大数据文本分析,从需求的角度提炼网络安全人才胜任力模型。作为实操性人才,网络安全人才的培养和开发需要面向社会需求进行有效匹配,这也是本研究的初衷。但是,网络安全技术以及攻防态势日新月异,本研究主要是为以需求导向的网络安全人才培养提供方法参考,在实际的胜任力模型开发时还需要结合具体问题解决和应用情境进行定制。本研究的局限性也非常明显,即数据导向,但是目前的需求数据主要是需求方针对当前问题解决提出的,难以反映未来网络安全需求。解决的办法,一方面在于要鼓励企业能够根据未来网络安全场景提前布局招募相关人才,另一方面,供给方也需要主动设想未来场景,进行与其未来需求相匹配的网络安全人才培养。

第八章　网络安全行为和意识提升实证研究

第二章中提到人才的"所有人"视角，即每一个员工都能够成为网络安全人才，至少实际数据表明内部人威胁是各类组织网络安全的最大威胁，因此，保证每个员工的网络安全行为十分重要，是网络安全人才从"some people"到"all the people"的拓展。

第一节　研究综述

网络安全的研究最初强调技术的重要性，随着研究的深入，一批学者认为更重要的是管理的问题。① 在众多信息安全管理问题中，人的因素逐渐被重视。② 世界经济论坛发布的《2022 年全球风险报告》指出，95％的网络安全事件是由人为错误引起的。③ IBM 2022 年 X-Force 威胁情报指数指出，网络钓鱼成为 2021 年最大的感染媒介。在其补救的事件中，41％被发现是网络钓鱼。④ Fortinet 在 2022 年发布的《网络安全技能差距全球研究报告》显示，64％的组织在过去一年中遭遇了信息安全漏洞，造成了严重损失，甚至 38％的组织因数据泄露而遭受了超过 100 万美元的损失。这项研究表明，大约 70％的事故是由于人为疏忽（有意或无意）造成的。⑤ 信息安全用户行为的研究就是信息安全管理人因视角的重要分支，并衍生出计算机滥用、安全矛盾、不道德使用、不安全行为、信息系

---

① von Solms，B.，von Solms，R.（2004）. The 10 deadly sins of information security management. *Computers & Security*，23，371-376.

② Yildirim，E. Y.，Akalp，G.，Aytac，S.，& Bayram，N.（2011）. Factors influencing information security management in small-and medium-sized enterprises：A case study from Turkey. *International Journal of Information Management*，31(4)，360-365.

③ WEF（World Economic Forum），*The Global Risks Report* 2022，17th Edition. Geneva，2022.

④ International Business Machines Corporation. *IBM X-force Threat Intelligence Index* 2022. New York，2022.

⑤ Fortinet（2022），2022 Cybersecurity Skills Gap Global Research Report，available at：https://www. fortinet. com/content/dam/fortinet/assets/reports/report-2022-skills-gap-survey. pdf（accessed 24 August 2022）.

统滥用、信息系统安全策略违背、非恶意安全违规、信息安全策略滥用、安全政策遵从等一系列研究主题和概念。[①] 沈昌祥院士等(2007)认为行为安全是网络安全的重要方面。[②]

目前来自不同学科的各种模型,如犯罪学、心理学、社会心理学等,都被用来对个体网络安全行为进行解释。

(1)健康信念模型(Health Belief Model,HBM)

Rosenstock(1966)提出了健康信念模型来解释健康行为。[③] HBM 在动机理论和认知理论等的基础上,认为人对健康的态度和信念,包括感知疾病的易感性和严重性、采取行动的好处、采取行动的困难、行动线索以及自我效能等会影响个体健康行为。在网络安全领域,HBM 也得到了较广泛的应用。[④]

(2)保护动机理论(Protection Motivation Theory,PMT)

保护动机理论最初由 Rogers(1975)提出。[⑤] 它提供了一套广为接受的心理学结构,以帮助澄清人们如何处理健康保护的选择。保护动机理论的基本思想是人们在面对风险时通过"威胁评估"和"应对评估"两个主要的认知过程进行适应性行动。威胁评估描述了个人根据感知的脆弱性和严重性对威胁级别的评估:感知的脆弱性反映了个人对现有威胁的敏感性,感知严重性是指如果威胁实现,人们预期承受损失的程度。应对评价是指个体对自己应对感知威胁从而避免某种风险的能力的评估,它包括三个因素,分别是"反应效能"、"自我效能"和"反应成本"。反应效能是指个体对于其将要采取的保护举措有效性的感知,自我效能是指个体对其采取保护措施或行动的能力或判断能力的评估,应对成本是指个体对其应对威胁或采取保护措施或行动所消耗的时间、金钱等成本的评估。在网络安全领域,PMT 也得到了较广泛的应用。[⑥]

---

① Stanton, J. M., Stam, K. R., Mastrangelo, P., & Jolton, J. (2005). Analysis of end user security behaviors. *Computers & Security*, 24(2), 124-133.

② 沈昌祥,张焕,冯登国,等.信息安全综述[J].中国科学,2007(2):129-150.

③ Rosenstock, I. M. (1966). Why people use health services. *Milbank Memorial Fund Quarterly*, 44, 94-127.

④ Ng, B., Kankanhalli, A., & Xu, Y. C. (2009). Studying users' computer security behavior: A health belief perspective. *Decision Support Systems*, 46(4), 815-825.

⑤ Rogers, R. W. (1975). A Protection Motivation Theory of Fear Appeals and Attitude Change1, *The Journal of Psychology*, 91(1), 93-114.

⑥ Chen Y, Zahedi FM. (2016). Individuals' Internet security perceptions and behaviors: Polycontextual contrasts between the United States and China. *MIS Quarterly*, 40(1), 205-222.

(3)威慑理论(Theory of Deterrence)

Gibbs 提出了威慑理论来解释犯罪行为。[①] 威慑理论的主要主张是,当利益超过潜在成本时,个人会犯罪。威慑理论包括三个主要变量,即制裁严重性、制裁确定性和制裁快速性。当惩罚是如此确定、严厉和迅速,以至于犯罪所得的回报被认为无法超过惩罚带来的成本时,制裁可以阻止未来的犯罪。制裁严重程度是指对违法行为的惩罚程度。直觉上,制裁越严厉,理性的个人就会选择不采取此类违法行为。此外,制裁的确定性意味着无论何时发生违法行为都会受到惩罚。因此,如果确保处罚,个人也将被劝阻此类违法行为。最后,制裁的迅速性意味着紧随着犯罪行为而来的制裁速度会影响个体对于犯罪威慑的感知。在威慑理论给出的上述变量中,制裁严重性和制裁确定性是应用最多的两个变量,而制裁快速性很少被纳入文献。Straub 最先在信息安全领域运用了威慑理论,此后该理论便成为信息安全领域最为流行的模型之一。[②]

(4)中和技术理论(Techniques of Neutralization Theory)

Sykes 和 Matza 提出了中和技术理论,该理论认为大多数罪犯在准备犯罪时会受到社会规范和价值观念等的威慑,但是他们会使用将其犯罪行为合理化以克服或缓解内疚和罪恶感等压力的技巧,进而顺利实施犯罪活动。[③] 随着学者的不断提炼和补充,已经提出了否认责任、否认损害、否认被害人、谴责批判者、忠于他人、法不责众、相对可接受性、瑕不掩瑜、否认负面故意等中和技术。目前有较多研究使用中和技术来解释组织内员工不遵守信息安全政策的情况,即员工通过合理化技术为自己的不安全行为辩护。[④]

(5)理性行为理论(Theory of Reasoned Action,TRA)和计划行为理论(Theory of Planned Behavior,TPB)

理性行动理论(Fishbein & Ajzen)认为行为意愿是行为的前因变量。同时,行为意向受行为态度和主观规范的影响。[⑤] 计划行为理论(Ajzen)是理性行为理论的延伸,它认为人们根据自己的态度、主观规范和感知行为控制,有意识

---

① Gibbs, Jack P. (1975). *Crime, Punishment and Deterrence*. New York: Elsevier.

② Straub, D. W. (1990). Effective IS security: an empirical study. *Information System Research*, 1(3), 255-276.

③ Sykes, G. M., & Matza, D. (1957). Techniques of neutralization: A theory of delinquency. *American Sociological Review*, 22, 664-670.

④ Siponen, M., and Vance, A. (2010). Neutralization: New Insights into the Problem of Employee Information Systems Security Policy Violations. *MIS Quarterly*, 34(3), 487-502.

⑤ Fishbein, M. and Ajzen, I. *Belief, Attitude, Intention, and Behavior: An Introduction to Theory and Research*, *Reading*, MA: Addison-Wesley, 1975.

地做出行动或不行动的决定。[①] 在网络安全领域,TPB 也得到了较广泛的应用。[②]

(6)技术接受模型(Technology Acceptance Model,TAM)

技术接受模型由 Davis 最先提出,通过考虑感知有用性和感知易用性等信念对个人使用相关技术的态度和行为意愿的影响,解释了个人在接受计算机应用程序方面的一般行为,特别是采用互联网方面的行为。[③] Venkatesh 等人在 TAM 等模型基础上开发了技术接受与使用统一理论(UTAUT)。[④] UTAUT 模型不仅突出了预测采用意愿的核心决定因素,而且使研究人员能够分析调节因子的偶然性,这些调节因子会增加或减少这些决定因素的影响。UTAUT 模型有四个基本变量(即绩效预期、努力预期、社会影响和促进条件),它们影响技术使用的行为意愿。在网络安全环境中,网络安全行为涉及对于组织信息安全政策的接受以及网络安全防护新技术和新工具的接受等问题,TAM 和 UTAUT 可以有效解释相关行为的产生。

(7)资源基础观理论(Resource-Based View)

资源基础观最初应用在战略管理领域,认为组织通过将资源转化成能力,最终可以形成竞争力。[⑤] 尽管过去几十年该理论已经得到了广泛的拓展,但是主要还是关键资源的识别以及建立资源与竞争优势关系等核心问题。在信息系统领域,该理论被用来探讨信息系统的资源和能力如何有助于公司竞争优势的建立。而信息系统的安全是该资源和能力有效建立并且撬动公司战略发展的基础。目前已经有学者从网络安全投资行为的角度关注资源基础观理论的适用性。[⑥]

(8)技术—组织—环境(TOE)框架

技术—组织—环境(TOE)框架最早由 Tornatzky 和 Fleischer(1990)开发,

---

①　Ajzen, I. (1985). *From intentions to actions*: *A theory of planned behavior*. Springer Berlin Heidelberg.

②　Bulgurcu, B., Cavusoglu, H. and Benbasat, I. (2010), Information security policy compliance: an empirical study of rationality-based beliefs and information security awareness, *MIS Quarterly*, 34(3), 523-548.

③　Davis, F. D. (1989). Perceived usefulness, perceived ease of use and user acceptance of information technology. *MIS Quarterly*, 13(3), 319-339.

④　Venkatesh, V., Morris, M. G., Davis, G. B., & Davis, F. D. (2003). User acceptance of information technology: Toward a unified view. *MIS Quarterly*, 27(3), 425-478.

⑤　Barney, J. (1991). Firm resources and sustained competitive advantage. *Journal of Management*, 17(1), 99-120.

⑥　Weishäupl, E., Yasasin, E., Schryen, G. (2015). A Multi-Theoretical Literature Review on Information Security Investments using the Resource-Based View and the Organizational Learning Theory. *ICIS* 2015 *Proceedings*.

用来分析企业创新技术的影响因素。TOE 框架是一种基于技术应用情境的综合分析框架,将技术应用的影响因素归纳为三类,分别是技术、组织和环境。① 技术条件主要考虑的是技术本身的特点及其与组织的关系;组织条件主要指组织特征,如组织规模、储备资源等;环境条件指市场结构、外部的政策等。② 随着框架的不断演进,现已在组织管理、政府治理、电子商务和绿色技术等领域广泛应用。TOE 也可以用来对网络安全行为进行解释,例如感知可用性、易用性、可观察性、可试验性、优势等技术因素,IT 模块化、组织柔性、管理者支持等组织因素,竞争压力、供应链支持等环境因素等都可能会影响网络安全技术选择的决策行为。③

(9)创新扩散理论(Diffusion of Innovation Theory)

创新扩散理论是 Rogers 在 1962 年提出的,④旨在研究当创新或新思想在一个社区或组织中发生时的社会过程。Rogers 将传播描述为随着时间的推移,通过特定渠道在社会系统成员之间传播的社会交流。然而,这种形式的传播是一种特殊类型的传播,因为信息与新思想有关。创新扩散理论提供了一个模型来解释一种想法、服务或技术如何传播给特定人群。目前创新扩散理论框架已经在各个学科中进行了研究,包括农业、商业、医疗保健、人类学、社会学和教育。Rogers 认为安全技术的选择属于预防性创新,这是指需要在某个时间点采取行动以避免在未来某个时间产生不良后果的新想法。采取预防性创新给个人带来的回报往往是滞后的,相对来说是无形的。因此,与非预防性创新相比,预防性创新的优势相对较低,这也是预防性创新被采用相对缓慢的一个原因。目前已经有学者基于创新扩散理论,从预防性创新的视角解释企业信息安全国际标准的采用行为。⑤

通过回顾国内外网络安全行为领域的研究成果,发现目前有很大比例研究主要是从威慑的角度探讨个体层面网络安全行为的形成机制。特别是为了推动个体形成网络安全行为,从国家、区域到各个组织都制定了网络安全政策,这些

---

① 邱泽奇.技术与组织:多学科研究格局与社会学关注[J].社会学研究 2017,32(4):167-192+245-246.

② 谭海波,范梓腾,杜运周.技术管理能力、注意力分配与地方政府网站建设——一项基于 TOE 框架的组态分析[J].管理世界,2019,35(9):81-94.

③ Hasani, T., O'Reilly, N., Dehghantanha, A. et al. (2023). Evaluating the adoption of cybersecurity and its influence on organizational performance. *SN Business & Economics*, 3.

④ Rogers, E. M. (1962). *Diffusion of Innovations*, New York: The Free Press of Glencoe.

⑤ Mirtsch, M., Blind, K., Koch, C., Dudek, G. (2021). Information security management in ICT and non-ICT sector companies: a preventive innovation perspective. *Computers & Security*, 109, 102383.

政策被认为是保护组织免受网络安全威胁的关键方法。[①] 威慑理论强调正式和非正式制裁的作用。[②] 正式制裁是由于不遵守规定而产生的一系列既定惩罚，而非正式制裁通过内疚、羞耻和社会成本等形式发挥作用。[③]

　　虽然通过威慑实现网络安全行为是一个非常重要的途径，特别是对于组织使用场景较为有效，但是并不适用于解释个人使用场景。组织使用场景是指个体处理组织事务中涉及的网络安全问题，个人使用场景指的是个体处理个人事务中存在的网络安全问题，这两种场景的定义在以前的研究中被广泛使用。[④] 即便在组织使用场景，威慑作用的探讨显示出不一致甚至矛盾的发现，[⑤]主要原因可能是威慑的作用存在边界。[⑥] 因此，虽然通过威慑驱动安全行为是一个非常重要的途径，但对制裁效应的研究还需要放在更高的维度，比如更多关注个体层面对政策调控的认知过程。特别是，如果通过培训和教育使制裁合理化，通常会有更好的效果。[⑦] 以下通过两个实证研究分别探讨教育培训对网络安全行为的影响，以及在个人使用和组织使用场景下网络安全行为过程的差异；在此基础上从创新扩散的视角提出网络安全意识的提升路径。

第二节　教育培训对网络安全行为影响的实证研究

　　过去有很多关于网络安全行为的研究文献，但是在培训影响网络安全行为的机制方面存在研究空白。本研究认为通过教学工具和沟通渠道对网络安全相

① Jaeger, B. (2021). Consensual and idiosyncratic trustworthiness perceptions independently influence social decision-making. *European Journal of Social Psychology*, 51(7), 1172-1180.

② D'Arcy, J., Herath, T. (2011). A review and analysis of deterrence theory in the IS security literature: making sense of the disparate findings. *European Journal of Information Systems*, 20(6), 643-658.

③ D'Arcy, J., Hovav, A., Galletta, D. (2008). User Awareness of Security Countermeasures and Its Impact on Information Systems Misuse: A Deterrence Approach. *Information Systems Research*, 20(1), 79-98.

④ Anderson, C. L., R. Agarwal. (2010). Practicing Safe Computing: A Multimethod Empirical Examination of Home Computer User Security Behavioral Intentions. *MIS Quarterly* 34(3), 613-644.

⑤ Kuo, K. M., Talley, P. C., Huang, C. H. (2020). A meta-analysis of the deterrence theory in security-compliant and security-risk behaviors. *Computers & Security*, 96.

⑥ Hong, Y. X. and Xu, M. Y. (2021), Autonomous Motivation and Information Security Policy Compliance: Role of Job Satisfaction, Responsibility, and Deterrence, *Journal of Organizational and End User Computing* (*JOEUC*), 33(6), 1-17.

⑦ Puhakainen, P. and Siponen, M. (2010), Improving Employees' Compliance Through Information Systems Security Training: An Action Research Study, *MIS Quarterly*, 34(4), 757-778.

关内容进行培训,可以激活员工的思维过程,让他们更好地理解网络安全政策、规则和程序,并说服他们采取适当的行动,减少人为因素对网络安全造成的损害。基于详尽可能性模型(Elaboration Likelihood Model,简称 ELM)探讨网络安全培训对网络安全行为的影响机制,提出相应的假设,并通过数据分析对假设进行检验。

一、理论基础

ELM 是 Petty 和 Cacioppo 在他们 1981 年合著的《态度和说服:经典和当代方法》一书中首次提出。[①] 虽然此前已有较多研究关注态度转变,但是 ELM 试图简化态度变化研究并提供一个总体模型。考虑来源、信息、接收者和语境结构如何通过态度影响说服,Petty 和 Cacioppo 不断扩展和完善 ELM,并在 1986 年提出了完整的 ELM 理论。ELM 旨在"为组织、分类和理解作为说服有效性的基本过程提供了一个相当通用的框架"。[②] 在这个意义上,"详尽(Elaboration)"被定义为消息接收者在处理消息时进行的与主题相关的思考,这是一个从低到高、从不完整到完整的连续过程。当没有思考当前主题时,接受者被认为是"低详尽",而当考虑到每个主题相关问题并将其融入接受者的态度时,接受者则被认为是"高详尽"或"完全详尽"。

创建 ELM 的主要目的是阐明沟通导致的态度变化是如何发生的,包括两类路径,即中心路径(central route)和外围路径(peripheral route)。中心路径是基于一个人对信息的真实价值进行了仔细而周到的考虑的说服过程。中心路径与信息接收者的"高详尽"相吻合。当中心路径发挥作用时,信息的核心论点成为主要影响因素,个体往往会自己花费更多的时间和精力对信息进行深入的思考和分析,而态度一旦形成或改变,这些态度会更加持久和稳定,对个体未来可能采取的行动具有更强的预测性。但这意味着,为了实现中心路径,信息必须与接收者具有高度相关性,接收者必须有动机和能力处理论点中包含的信息,在这个过程中信息内容(包括文本、单词和信息中使用的书面材料)尤其重要。而当由于说服环境中的一些简单提示,导致无须对所提供信息的真实价值进行审查时更可能出现外围路径。外围路径与"低详尽"相吻合,并且发生在信息与接收者几乎没有或根本没有关联的情况下。相比之下,当个体选择外围路径时,信息

---

① Petty, R. E., & Cacioppo, J. T. (1981). *Attitudes and Persuasion: Classic and Contemporary Approaches*. New York: Taylor and Francis.

② Petty, R. E. and Cacioppo, J. T. (1986). *Communication and persuasion: Central and peripheral routes to attitude change*. New York: Springer.

本身的特征对其态度的影响有限,大脑的信息处理倾向于选择相对感性的、非核心的因素作为决策的基础,从而影响其态度,态度形成的速度快,稳定性不如中心路径。

ELM 理论认为处于"高详尽可能性"状态的人更有可能对信息进行仔细审查或深思熟虑地处理,因此,他们更倾向于通过论据质量而不是通过外围路径来被说服。相比之下,那些处于"低详尽可能性"状态的人,缺乏深思熟虑的动机或能力,往往受到外围路径的激励。但是"详尽可能性"状态与个性不一样,是动态变化的,一个人在不同领域或有不一样的"详尽可能性"状态,即使是针对同一领域也会由于个人当时的时间、资源的有限而产生不同的"详尽可能性"状态。[1]因此,个体实际上会灵活且同时运用两种路径来改变态度。[2]

目前 ELM 模型已经被广泛应用在社会心理学、营销、传播(如健康传播、科技传播等)等领域,在信息系统领域,也有研究运用 ELM 对信息技术接受、隐私关注等进行了实证研究。在信息安全领域,基于 ELM 理论的信息安全培训被认为能获得有效的培训结果。[3] 经过培训后,员工可能会经过中心路径和外围路径来处理信息。当选择中心路径时,员工专注于培训内容,通过深入分析和理解内化信息的核心内容,形成信息安全知识体系。如果个体能够评估安全信息的质量,拥有丰富知识基础的个体可以比缺乏知识的个体产生更多与信息相关的想法,并且会更倾向于从中心路径的角度思考。[4] 因此,培训员工以丰富他们的知识是必要的,促进合规行为需要提高员工的合规知识。[5] 在选择外围路径时,员工的态度很容易受到情绪状态和简单推断等线索的影响,[6]而不是认知加工。在组织中,个人会感到来自他人的压力,以某种特定的方式行事,而这种压

① Bhattacherjee, A. and Sanford, C. (2006), Influence processes for information technology acceptance: An elaboration likelihood model, *MIS Quarterly*, 30(4), 805-825.

② Petty, R. E. (1994). Two routes to persuasion: State of the art. In G. d'Ydewalle and P. Eelen (eds.), *International perspectives on psychological science*, Vol. 2: The state of the art. Hillsdale, NJ: Lawrence Erlbaum Associates.

③ Puhakainen, P. and Siponen, M. (2010), Improving Employees' Compliance Through Information Systems Security Training: An Action Research Study, *MIS Quarterly*, 34(4), 757-778.

④ Wall, J. D. and Warkentin, M. (2019), Perceived argument quality's effect on threat and coping appraisals in fear appeals: An experiment and exploration of realism check heuristics, *Information & Management*, 56(8).

⑤ Kim, S. S. and Kim, Y. J. (2017), The effect of compliance knowledge and compliance support systems on information security compliance behavior, *Journal of Knowledge Management*, 21(4), 986-1010.

⑥ Petty, R. E., Heesacker, M. and Hughes, J. N. (1997). The elaboration likelihood model: implications for the practice of school psychology", *Journal of School Psychology*, 35(2), 107-136.

力可能是来自他人的一种监督形式,这是一种主观规范。在这种规范下,员工接收信息是为了满足其他人的需求,而不是出于内在动机去独立思考问题。目前尚未见有运用 ELM 对培训影响网络安全行为过程开展的实证研究。

二、假设建立

现有研究表明,缺乏网络安全行为是网络安全威胁的主要原因,对员工进行网络安全培训有利于发展网络安全行为。[①] 网络安全培训的一个关键目标是与员工沟通对不合规行为的制裁,并为员工宣传网络安全政策。[②] 帮助员工清楚了解与个人合规行为有关的规则以及组织的期待是非常重要的。[③] 这就要求企业对员工进行培训,帮助他们识别相关的政策规则,以实现高水平的合规性。培训中应强调安全的重要性和安全威胁的严重后果。[④]

除了以制裁的形式促进对员工的约束外,网络安全培训还能激活员工的思维。安全教育、培训和意识(SETA)计划有助于让员工关注与网络安全有关的问题,为他们提供关键的知识和技能,并提高他们对安全问题的认识。[⑤] 此外,员工可以从支持和鼓励他们学习网络安全技能的管理者那里得到建议。通过这种方式,员工可以内化网络安全行为的重要性并实施网络安全行为。[⑥] 显然,网络安全培训是提高员工网络安全行为的有效手段。因此提出假设:

H1:培训对网络安全行为有积极影响。

培训是一种有目的的传播知识的方法。建立一个有效的培训体系,促进知

---

① Liu, C. H., Wang, N. M. and Liang, H. G. (2020). Motivating information security policy compliance: The critical role of supervisor-subordinate guanxi and organizational commitment. *International Journal of Information Management*, 54.

② Straub, D. W. and Welke, R. J. (1998), Coping with Systems Risk: Security Planning Models for Management Decision Making. *MIS Quarterly*, 22(4), 441-469.

③ Kim, S. S. and Kim, Y. J. (2017). The effect of compliance knowledge and compliance support systems on information security compliance behavior. *Journal of Knowledge Management*, 21(4), 986-1010.

④ Ma, X. F. (2022). IS professionals' information security behaviors in Chinese IT organizations for information security protection. *Information Processing & Management*, 59(1), 102744.

⑤ Silic, M. and Lowry, P. B. (2020). Using design-science based gamification to improve organizational security training and compliance, *Journal of Management Information Systems*, 37(1), 129-161.

⑥ Gardner, H. *Changing Minds: The Art and Science of Changing Our Own and Other People's Mind.* Boston: Harvard Business School Press, 2004.

识的产生、传播、转化和共享,是培训的目的和结果之一。① 同时,培训应有效利用企业已有的知识,努力创造和传播新的知识,尽可能开发任何潜在的知识,促进企业知识的有效管理和充分利用。② 也可以对个人拥有的知识进行编码,形成组织资本(智力资本的一个方面)。③ 换句话说,受训者形成的知识和经验会转化为制度化的知识和经验,可以应用于后续培训。合规知识指的是人们为满足其规定要求而拥有的个人技能、洞察力和理解。④ 在网络安全领域,网络安全知识的形成随着员工对网络安全的感知和他们在组织中的经验水平而变化。⑤ 因此,企业必须开展员工培训,激励员工获得更多的网络安全认知,形成合规的知识体系。在培训过程中,让员工反复地、强制性地接触有关网络安全的信息,增加他们对安全和合规的认识。⑥ 对员工进行定期的宣传计划也有利于培养持久的合规知识。⑦ 因此,我们提出以下假设:

H2:培训对合规知识有积极影响。

本研究中的社会压力是指重要他人对特定行为的一般态度或判断对个人的影响。⑧ 在培训过程中,领导向员工传达了他们对网络安全的重视,这在组织内形成了一个场域。在这个场域中,重要其他人的监视释放了权力的作用,员工因

---

① Parsons, K., McCormac, A., Butavicius, M., Pattinson, M., & Jerram, C. (2014). Determining employee awareness using the human aspects of information security questionnaire (HAIS-Q). *Computers & Security*, 42, 165-176.

② Hagemeister, M. and Rodriguez-Castellanos, A. (2019). Knowledge acquisition, training, and the firm's performance: A theoretical model of the role of knowledge integration and knowledge options. *European Research on Management and Business Economics*, 25(2), 48-53.

③ Bongiovanni, I., Renaud, K. and Cairns, G. (2020). Securing intellectual capital: an exploratory study in Australian universities. *Journal of Intellectual Capital*, 21(3), 481-505.

④ Kim, S. S. and Kim, Y. J. (2017). The effect of compliance knowledge and compliance support systems on information security compliance behavior. *Journal of Knowledge Management*, 21(4), 986-1010.

⑤ Wang, P. A. (2010). Information security knowledge and behavior: an adapted model of technology acceptance. *International Conference on Education Technology and Computer* (ICETC), 2, 364-367.

⑥ Bélanger, F., Maier, J. and Maier, M. (2022). A longitudinal study on improving employee information protective knowledge and behaviors. *Computers & Security*, 116.

⑦ Hina, S., & Dominic, P. D. D. (2020). Information security policies' compliance: a perspective for higher education institutions. *Journal of Computer Information Systems*, 60(3), 201-211.

⑧ Venkatesh, V., Morris, M. G., Davis, G. B. and Davis, F. D. (2003). User Acceptance of Information Technology: Toward a Unified View. *MIS Quarterly*, 27(3), 425-478.

此感受到了社会压力。[①] 动机和能力较低的人更倾向于通过外围路径思考。[②] 在这个过程中,员工不需要花太多精力思考,来自重要他人的监视会迫使他们选择外围路径来处理信息。人们追求关系融洽,渴望得到他人的社会支持,抵制来自他人的质疑,并根据多数人的意见做出选择。[③] 培训结束后,员工认为他们的领导或同事希望他们按照培训的方式行事,因为如果他们不这样做,就会受到质疑,并可能因为没有应用培训中的知识而受到惩罚。[④] 因此,提出以下假设:

H3:培训对社会压力有积极影响。

有说服力的安全信息会影响个人对推荐的安全行为(如网络安全行为)的认知态度。[⑤] 符合要求的网络安全知识对个人也有说服力,并影响他们对网络安全行为的态度。员工的网络安全知识是提高网络安全意愿的一个先决因素。[⑥] 网络安全知识可以让个人了解合规的重要性,从而提高他们的合规倾向。根据ELM,个人通过中心路径深入思考和处理获得的知识,通过改变他们的态度来驱动行为。个人知识正向调节中心路径,负向调节外围路径。[⑦] 也就是说,网络安全知识的获得使员工有能力通过中心路径接受信息,从而促进对网络安全行为的积极态度。[⑧] 因此,我们提出以下假设:

H4:合规知识对网络安全行为态度有积极影响。

员工缺乏安全知识是对合规行为产生负面影响的一个重要因素。知识是智

---

① Foucault, M. *Discipline and Punish: The Birth of the Prison*, Vintage Books, 1977.

② Dedeoglu, B. B., Bilgihan, A., Ye, B. H. B., Wang, Y. J. and Okumus, F. (2021). The role of elaboration likelihood routes in relationships between user-generated content and willingness to pay more. *Tourism Review*, 76(3), 614-638.

③ Venkatesan, M. (1966). Experimental Study of Consumer Behavior, Conformity, and Independence. *Journal of Marketing Research*, 3(4), 384-387.

④ Merhi, M. I. and Midha, V. (2012). The Impact of Training and Social Norms on Information Security Compliance: a Pilot Study. *International Conference on Interaction Sciences*.

⑤ Xu, F. and Warkentin, M. (2020). Integrating elaboration likelihood model and herd theory in information security message persuasiveness. *Computers & Security*, 98, 102009.

⑥ Wang, P. A. (2010). Information security knowledge and behavior: an adapted model of technology acceptance. *International Conference on Education Technology and Computer* (ICETC).

⑦ Zha, X., Liu, K., Yan, Y., Yan, G., Guo, J., Cao, F. and Wang, Y. (2019). Comparing digital libraries with social media from the dual route perspective. *Online Information Review*, 43(4), 617-634.

⑧ An, Q., Hong, W. C. H., Xu, X. S., Zhang, Y. F. and Kolletar-Zhu, K. (2023). How education level influences internet security knowledge, behaviour, and attitude: a comparison among undergraduates, postgraduates and working graduates. *International Journal of Information Security*, 22, 305-317.

力资本的重要组成部分，^①缺乏合规知识对公司的网络安全是一个重大威胁。Sallos 等人(2019)认为网络安全是一个知识问题，指出网络安全是一个组织内的关键能力，密切依赖于知识资本基础。^② 员工获得的网络安全知识明确了合规的行动和不合规的风险。^③ 拥有明确合规知识的员工能够尊重并遵守公司的所有政策和法规，因此更愿意执行网络安全行为。^④ 企业往往将网络安全行为纳入考核指标，鼓励员工将合规知识转化为实践，促进合规行为。^⑤ 因此，我们提出以下假设：

H5：合规知识对网络安全行为有积极影响。

在重要其他人的注视下产生的社会压力会影响一个人对行动的态度。^⑥ 员工感受到的社会压力越强，他们对安全合规行为的态度就越强。^⑦ 组织中的一个重要他人可以是领导者，员工了解领导者期望他们做什么，所以他们按照领导者的意愿来调节自己的合规态度；^⑧可以是同事，他们认真对待网络安全会激发共鸣、产生模仿；也可以是网络安全部门，对员工提出具体的网络安全合规要求。因此，员工会了解到什么是网络安全的红线，以及违反红线的严重后果，^⑨这可以促进员工合规态度的发展。因此，我们提出以下假设：

H6：社会压力对网络安全行为的态度有积极影响。

如果其他对个人很重要的人(如管理者和同事)重视网络安全，员工所感受

---

① Bongiovanni, I., Renaud, K. and Cairns, G. (2020). Securing intellectual capital: an exploratory study in Australian universities. *Journal of Intellectual Capital*, 21(3), 481-505.

② Sallos, M. P., Garcia-Perez, A., Bedford, D. and Orlando, B. (2019). Strategy and organisational cybersecurity: a knowledge-problem perspective. *Journal of Intellectual Capital*, 20(4), 581-597.

③ Chang, K. C. and Seow, Y. M. (2019). Protective Measures and Security Policy Non-Compliance Intention: IT Vision Conflict as a Moderator. *Journal of Organizational and End User Computing*, 31(1), 1-21.

④ Basahel, A. M. (2021). Safety Leadership, Safety Attitudes, Safety Knowledge and Motivation toward Safety-Related Behaviors in Electrical Substation Construction Projects. *International Journal of Environmental Research and Public Health*, 18(8), 4196.

⑤ Nelson, K. M. and Cooprider, J. G. (1996). The contribution of shared knowledge to IS group performance. *MIS Quarterly*, 20(4), 409-432.

⑥ Stattin, H. and Russo, S. (2022). Youth's own political interest can explain their political interactions with important others. *International Journal of Behavioral Development*, 46(4), 297-307.

⑦ Ajzen, I. and Fishbein, M. (1980). *Understanding Attitudes and Predicting Social Behavior*, Prentice-Hall, Englewood Cliffs, NJ.

⑧ Rimal, R. N. and Real, K. (2005). How Behaviors are Influenced by Perceived Norms: A Test of the Theory of Normative Social Behavior. *Communication Research*, 32(3), 389-414.

⑨ Merhi, M. I. and Midha, V. (2012). The Impact of Training and Social Norms on Information Security Compliance: a Pilot Study. *International Conference on Interaction Sciences*.

到的社会压力可能会导致更强的网络安全行为。[1] 一个人从他人那里感知到的压力越强，他或她的遵从意图就越强，这反过来又会影响网络安全行为。研究表明，社会规范对遵从意愿有独立的影响：对某一行为的主观和描述性规范越强，采用这一行为的意愿就越强。[2] 如果员工认为他们的同事遵循组织指示的网络安全政策，他们更有可能有积极的意愿遵循这些政策并发展类似的行为。[3] 当员工发现他们的重要他人倾向于遵从，这可能会产生社会压力，促使他们塑造遵从行为。因此，我们提出以下假设：

H7：社会压力对网络安全行为有积极影响。

个人对信息安全行为的态度可以积极影响他们遵守网络安全政策的意愿。[4] 许多行为是在自愿控制之下的，而且大多数行为可以通过对个人态度的干预来准确预测。[5] 也就是说，个人的行为是由他们的态度引导的，而态度可以在一定程度上控制他们的行为。长期以来，指导社会政策的做法是依靠影响态度来实现行为的改变。态度改变是行为改变的一个重要起点。如果这种情况发生，这种变化可能会得到巩固，并通过将新形成的行为转变为习惯而变得持久。[6] 态度是一个人能够花费多少时间和精力，并愿意承诺和计划执行该行为的指标。[7] 因此，我们提出以下假设：

H8：对合规行为的态度对网络安全行为有积极影响。

根据 ELM，当个体通过中心路径接受信息时，他们可以对核心信息进行深度加工，并诱发态度和认知的转变，从而改变他们的行为。[8] 相应地，员工从网络安全培训中获取信息，并通过自己的认知加工和思考将其转化为知识，形成完

① James, T. L., Ziegelmayer, J. L., Scott, A. S. and Fox, G. (2021). A Multiple-Motive Heuristic-Systematic Model for Examining How Users Process Android Data and Service Access Notifications. *the DATABASE for Advances in Information Systems*, 52(1), 91-122.

② Rivis, A. and Sheeran, P. (2003). Descriptive norms as an additional predictor in the theory of planned behaviour: A meta-analysis. *Curr Psychol*, 22(3), 218-233.

③ Merhi, M. I. and Midha, V. (2012). The Impact of Training and Social Norms on Information Security Compliance: a Pilot Study. *International Conference on Interaction Sciences*.

④ Grimes, M. and Marquardson, J. (2019). Quality matters: Evoking subjective norms and coping appraisals by system design to increase security intentions. *Decision Support Systems*, 119, 23-34.

⑤ Fishbein, M. and Ajzen, I. (1975), *Belief, Attitude, Intention, and Behavior: An Introduction to Theory and Research*, Reading, MA: Addison-Wesley.

⑥ Verplanken, B. and Orbell, S. (2022). Attitudes, Habits, and Behavior Change. *Annual Review of Psychology*, 73, 327-352.

⑦ Ajzen, I. (1991). The theory of planned behavior. *Organizational Behavior and Human Decision Processes*, 50(2), 179-211.

⑧ Wang, Z. P. and Yang, X. (2019). Understanding backers' funding intention in reward crowdfunding: An elaboration likelihood perspective. *Technology in Society*, 58, 101149.

整的信息安全知识体系。[1] 这将改变其对合规的态度,并在安全合规知识指导下形成合规行为。完善的可能性可以反映在动机变量上,如认知需求。这也可以反映在能力变量中,如相关知识和自我效能感。[2] 通过中心路径思考,为员工获取合规知识创造了更高的认知需求,从而影响网络安全行为。网络安全知识则解释了员工为什么必须执行网络安全行为。[3] 有效的培训应该建立员工对合规政策的认知和理解,从而引导他们采取适当的行动。[4] 在培训过程中,管理者向员工传递网络安全政策信息,引导他们形成合规知识,从而积极影响他们的网络安全行为态度。[5] 具有充分思维和行为相关态度的员工能更好地预测网络安全行为。[6] 因此,我们提出以下假设:

H9:合规知识和态度在培训和网络安全行为之间有连续的链式中介效应。

研究指出,员工有时认为网络安全是一种外部压力。他们不认为安全是他们的责任,因此,他们沉溺于与安全有关的冲突,且不遵守规定。[7] 这是因为员工缺乏网络安全方面的教育,对网络安全的红线问题不清楚。在这种情况下,需要增加通过网络安全培训对员工的社会压力,由此可以影响网络安全行为。当前个人所处的环境和刺激会对行为产生影响。[8] 因此,受过训练的员工在重要其他人的监视刺激下,会对自己遵守政策的能力产生担忧,这给他们带来了社会

---

① Dretske, F. I. (1981). *Knowledge and the Flow of Information*. Cambridge, MA: MIT Press.

② Zha, X., Liu, K., Yan, Y., Yan, G., Guo, J., Cao, F. and Wang, Y. (2019). Comparing digital libraries with social media from the dual route perspective. *Online Information Review*, 43(4), 617-634.

③ Bélanger, F., Maier, J. and Maier, M. (2022). A longitudinal study on improving employee information protective knowledge and behaviors. *Computers & Security*, 116.

④ Hauser, C. (2019). From Preaching to Behavioral Change: Fostering Ethics and Compliance Learning in the Workplace. *Journal of Business Ethics*, 162(4), 835-855.

⑤ Safa, N. S., Von Solms, R. and Furnell, S. (2015). Information security policy compliance model in organizations. *Computers & Security*, 56, 70-82.

⑥ Fabrigar, L. R., Petty, R. E., Smith, S. M. and Crites, S. L. (2006). Understanding knowledge effects on attitude-behavior consistency: The role of relevance, complexity, and amount of knowledge. *Journal of Personality and Social Psychology*, 90(4), 556-577.

⑦ Ali, R. F., Dominic, P. D. D., Ali, S. E. A., Rehman, M. and Sohail, A. (2021). Information Security Behavior and Information Security Policy Compliance: A Systematic Literature Review for Identifying the Transformation Process from Noncompliance to Compliance. *Applied Sciences*, 11(8), 3383.

⑧ Dennis, A. R. and Minas, R. K. (2018). Security on Autopilot: Why Current Security Theories Hijack our Thinking and Lead Us Astray. *Data Base For Advances in Information Systems*, 49, 15-37.

压力。社会压力增加了他们做出对社会有利的反应的欲望。[1] 根据 ELM,通过外围路径接收的信息在处理时需要花费较少的精力,并且比中心路径更迅速和直接。[2] 因此,在社会压力的作用下,也就是由外部刺激引起的情绪,员工被迫通过外围路径接收信息,从而形成网络安全行为。综上所述,我们提出以下假设:

H10:社会压力和态度在培训和网络安全行为之间具有连续的链式中介效应。

根据 ELM,通过中心路径的感知会产生更有信心的态度,这种态度会随着时间的推移而持续下去,因此更有可能促使人们采取行动。[3] 在这种情况下形成的行为更持久,更不可能改变。[4] 在信息安全领域,培训后形成网络安全知识是一个需要深入思考的过程,通过知识影响网络安全行为是中心路径发挥作用的表现。个人在思考后形成知识,而社会压力则来自重要他人。所以,与通过社会压力塑造网络安全行为的外围路径相比,中心路径的效果更好。因此,我们提出以下假说:

H11:培训通过合规知识比通过社会压力对形成网络安全行为更有效。

基于上述假设,得出的研究模型如图 36 所示。

三、研究方法

(一)测量

使用经典量表进行测量,所有题项采用 5 点李克特量表,范围从"非常不同意"到"非常同意"。网络安全行为是根据 Ifinedo 的调查问卷改编的三个项目来衡量的,例如"我确定我会遵守组织的网络安全政策。[5] 培训是根据 Tolah 等人的调查问卷改编的三个项目来衡量的,如"我接受了适合我日常工作职责的足够

① Taylor-Lillquist, B., Kanpa, V., Crawford, M., El Filali, M., Oakes, J., Jonasz, A., Disney, A. and Keenan, J.P. (2020). Preliminary Evidence of the Role of Medial Prefrontal Cortex in Self-Enhancement: A Transcranial Magnetic Stimulation Study. *Brain Sciences*, 10(8).

② Zhou, T. (2012). Understanding users' initial trust in mobile banking: An elaboration likelihood perspective. *Computers in Human Behavior*, 28(4), 1518-1525.

③ Leung, X.Y., Lyu, J. and Bai, B. (2020). A fad or the future? Examining the effectiveness of virtual reality advertising in the hotel industry. *International Journal of Hospitality Management*, 88, 102391.

④ Warden, C.A., Wu, W.Y. and Tsai, D. (2006). Online Shopping Interface Components: Relative Importance as Peripheral and Central Cues. *CyberPsychology & Behavior*, 9(3), 285-296.

⑤ Ifinedo, P. (2012). Understanding information systems security policy compliance: an integration of the theory of planned behavior and the protection motivation theory. *Computers & Security*, 31(1), 83-95.

H9（培训→合规知识→态度→信息安全政策合规）

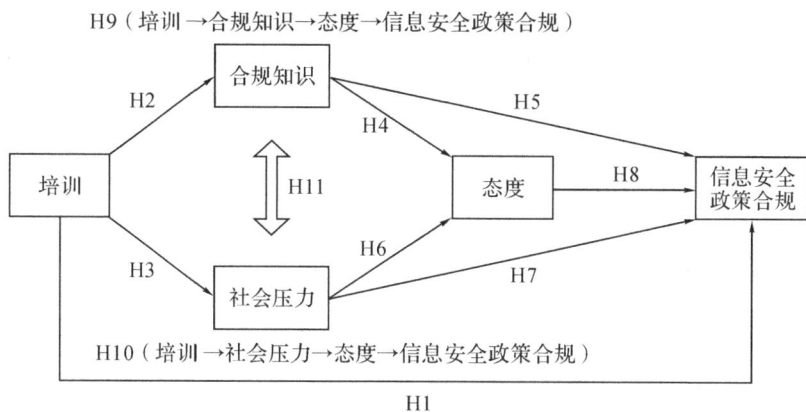

图 36　基于 ELM 的理论框架

的网络安全培训"。[1] 态度是根据 Bulgurcu 等人的调查问卷中的三个项目进行测量的,例如"遵守组织的网络安全政策很重要"。[2] 社会压力是根据 Ifinedo 的调查问卷改编的两个题目来衡量的,如"我的同事认为我应该遵守组织的网络安全政策"。[3] 合规知识的测量基于三个项目,这些项目是根据 Kim 和 Kim 的调查问卷改编的,如"我知道哪些组织的网络安全政策与我的任务有关"。[4] 此外,由于网络安全行为也受到社会人口学特征的影响,本研究将性别、年龄和教育作为控制变量。

（二）样本

数据的收集于 2020 年通过"问卷网"进行基于网络的调查,这是中国最大的在线调查平台之一。每份问卷都有一封封面信、信息表和同意书。问卷采用滚雪球抽样的方式分两步发放。首先,我们向大学的 MBA 学生和项目组成员的社交网络发送问卷链接。接着,我们邀请他们将问卷链接转发给他们在不同类

①　Tolah, A., Furnell, S. and Papadaki, M. (2021). An empirical analysis of the information security culture key factors framework. *Computers & Security*, 108, 102354.

②　Bulgurcu, B., Cavusoglu, H. and Benbasat, I. (2010). Information security policy compliance: an empirical study of rationality-based beliefs and information security awareness. *MIS Quarterly*, 34(3), 523-548.

③　Ifinedo, P. (2012). Understanding information systems security policy compliance: an integration of the theory of planned behavior and the protection motivation theory. *Computers & Security*, 31(1), 83-95.

④　Kim, S. S. and Kim, Y. J. (2017). The effect of compliance knowledge and compliance support systems on information security compliance behavior. *Journal of Knowledge Management*, 21(4), 986-1010.

型组织工作的家人、朋友、同事、同学等。因此,大量的问卷可以被有效地分发。总共有 546 名参与者完成了调查。在排除了那些没有参加任何组织培训的人以及那些确认组织没有信息安全政策或不确定的人后,304 名受试者被纳入分析范围。参与者包括 138 名男性(45.4%)和 166 名女性(54.6%)。表 28 总结了参与者的社会人口学特征。

表 28　受访者的人口统计学分布

变量	分类	频次(%)	ISPC	培训	知识	社会压力	态度
性别	男	138(45.4)	4.498	4.179	4.401	4.345	4.402
	女	166(54.6)	4.534	4.251	4.524	4.542	4.608
	F		0.265[a]	0.590[a]	3.314[a]	8.045[a]	7.655[a]
	P		0.607	0.443	0.070	0.005	0.006
年龄	<25	36(11.8)	4.491	4.250	4.370	4.407	4.389
	25-35	198(65.1)	4.556	4.231	4.485	4.458	4.543
	36-45	50(16.4)	4.533	4.200	4.547	4.453	4.570
	>45	20(6.6)	4.150	4.083	4.283	4.483	4.325
	F		1.165[b]	0.222[a]	1.339[a]	0.087[a]	1.249[a]
	P		0.331	0.881	0.262	0.967	0.292
教育	高中以下	9(3.0)	4.630	4.593	4.741	4.667	4.667
	高中	18(5.9)	4.482	4.463	4.630	4.593	4.472
	大专	36(11.8)	4.556	4.454	4.491	4.463	4.528
	本科	153(50.3)	4.534	4.172	4.442	4.427	4.497
	研究生及以上	88(28.9)	4.470	4.114	4.443	4.443	4.534
	F		0.281[a]	2.145[a]	0.945[a]	0.588[a]	0.190[a]
	P		0.890	0.075	0.438	0.672	0.943

注:[a]. 统计分析采用单因素方差分析;[b]. 统计分析采用韦尔奇检验。ISPC=网络安全行为。

(三)数据分析

SPSS 25.0(包括 PROCESS 的插件)和 R 4.0.2 被用来分析数据。数据分析程序包括三个步骤。第一,使用 Cronbach's α 系数进行信度检验。验证性因子分析被用来检验收敛性和效度。单因素方差分析(ANOVA)被用来检验社会人口学特征对模型中变量的影响。第二,用层次回归分析对直接关系的假设进行了检验,并得到了模型中影响变量的主要作用。第三,用 PROCESS(模型 6)分析链式中介效应,用 PROCESS(模型 4)比较模型中假设的中心路径和外围路径。

四、研究结果

(一)初步分析

在数据分析之前,本研究进行了信度分析和验证性因子分析,以检查量表和获得的样本的质量。Cronbach's α 系数被用来检验信度,它是最常用的可靠性测量方法。结果表明,网络安全行为的 Cronbach's α 为 0.889,培训为 0.888,合规知识为 0.888,社会压力为 0.884,态度为 0.960,说明内部一致性较高。然后我们对网络安全行为、培训、合规知识、社会压力、态度进行了验证性因子分析。Kaiser-Meyer-Olkin(KMO)值为 0.902(大于 0.7),Bartlett's 球度检验显著,表明样本量充足,数据可以用因子分析法进行分析。如表 29 所示,所有项目的载荷都大于 0.6,综合信度值(CR)大于 0.7,平均方差提取(AVE)值大于 0.5,表明收敛效度很好。此外,每个构念 AVE 的平方根大于它与所有其他构念之间的相关系数,表明了良好的区分效度(结果见表 30)。此外,根据方差分析结果(表 28),男女两组之间存在统计学上的显著差异,女性(平均=4.542)比男性(平均=4.345)感受到的社会压力水平更高,她们(平均=4.608)对网络安全行为的态度比男性(平均=4.402)更好。

表 29　项目的因子载荷

变量	项目	载荷	CR	AVE
ISPC	ISPC1	0.783	0.839	0.635
	ISPC2	0.855		
	ISPC3	0.748		
培训	培训 1	0.730	0.835	0.629
	培训 2	0.832		
	培训 3	0.813		
合规知识	合规知识 1	0.664	0.768	0.526
	合规知识 2	0.782		
	合规知识 3	0.725		
社会压力	社会压力 1	0.736	0.801	0.573
	社会压力 2	0.787		
	社会压力 3	0.747		

续表

变量	项目	载荷	CR	AVE
态度	态度1	0.783	0.752	0.602
	态度2	0.769		

表30　平均数、标准差和相关系数

变量	平均数	标准差	1	2	3	4	5
1. ISPC	4.518	0.616	0.797				
2. 培训	4.218	0.816	0.535**	0.793			
3. 合规知识	4.468	0.589	0.708**	0.665**	0.725		
4. 社会压力	4.453	0.609	0.595**	0.709**	0.637**	0.757	
5. 态度	4.515	0.654	0.679**	0.539**	0.708**	0.690**	0.776

注：** $p < 0.01$；* $p < 0.05$；对角线为 AVE 的平方根

（二）假设检验

为网络安全行为（模型1-4）、态度（模型5-7）、合规知识（模型8-9）和社会压力（模型10-11）分别构建了回归模型。如表31所示，回归模型首先用控制变量构建（模型1）。接下来，在模型2中输入培训，结果表明，培训对网络安全行为有积极影响（模型2，$\beta = 0.406$，$p < 0.001$）。因此，假设1得到了支持。然后将合规知识和社会压力输入模型3，结果显示，合规知识（模型3，$\beta = 0.589$，$p < 0.001$）和社会压力（模型3，$\beta = 0.279$，$p < 0.001$）对网络安全行为都有正向影响。因此，假设5和7得到了验证。在模型4中输入态度，又显示出态度和网络安全行为之间存在明显的正相关（模型4，$\beta = 0.287$，$p < 0.001$），说明假设8得到了支持。如表32所示，我们以同样的方式对态度进行回归。结果显示，合规知识（模型7，$\beta = 0.543$，$p < 0.001$）和社会压力（模型7，$\beta = 0.472$，$p < 0.001$）都对态度有积极影响，因此假设4和6成立。合规知识和社会压力的回归模型列于表33。在为控制变量构建的回归模型（模型8和10）的基础上，单独输入培训，结果显示，培训对合规知识（模型9，$\beta = 0.481$，$p < 0.001$）和社会压力（模型11，$\beta = 0.534$，$p < 0.001$）都有积极影响。因此，假设2和假设3得到了支持。

表 31　对网络安全行为回归的结果

	模型 1		模型 2		模型 3		模型 4	
	β	p	β	p	β	p	β	p
性别	0.023	0.744	0.008	0.890	−0.095	0.056	−0.112*	0.019
年龄	−0.082	0.097	−0.063	0.134	−0.093**	0.006	−0.090**	0.005
教育	−0.026	0.494	0.027	0.392	0.010	0.701	−0.002	0.931
培训			0.406**	<0.001	−0.027	0.563	−0.006	0.894
合规知识					0.589**	<0.001	0.434**	<0.001
社会压力					0.279**	<0.001	0.144*	0.023
态度							0.287**	<0.001
R^2	0.011		0.293		0.553		0.589	
F	1.158		30.987**		61.172**		60.633**	
ΔR^2	0.011		0.282		0.260		0.036	
ΔF	1.158		119.107**		86.216**		26.225**	

表 32　对态度回归的结果

	模型 5		模型 6		模型 7	
	β	p	β	p	β	p
性别	0.209**	0.006	0.193**	0.003	0.061	0.217
年龄	0.007	0.895	0.028	0.523	−0.011	0.738
教育	0.009	0.823	0.066*	0.048	0.042	0.103
培训			0.440**	<0.001	−0.073	0.115
合规知识					0.543**	<0.001
社会压力					0.472**	<0.001
R^2	0.025		0.318		0.608	
F	2.557		34.902**		76.616**	
ΔR^2	0.025		0.293		0.289	
ΔF	2.557		128.671**		109.420**	

表 33 对合规知识和社会压力回归的结果

| | 合规知识 | | | | 社会压力 | | | |
| | 模型 8 | | 模型 9 | | 模型 10 | | 模型 11 | |
	β	p	β	p	β	p	β	p
性别	0.111	0.104	0.093	0.069	0.192**	0.007	0.172**	0.001
年龄	0.004	0.928	0.027	0.441	0.026	0.592	0.051	0.129
教育	−0.051	0.151	0.011	0.674	−0.031	0.400	0.039	0.136
培训			0.481**	<0.001			0.534**	<0.001
R^2	0.018		0.449		0.029		0.526	
F	1.801		60.871**		3.011*		83.102**	
ΔR^2	0.018		0.431		0.029		0.497	
ΔF	1.801		233.886**		3.011*		313.953**	

为了检验假设 9 和 10，使用 Hayes 提供的 PROCESS（模型 6），[1]其中自变量是培训，中介变量是合规知识和态度，因变量是网络安全行为，将性别、年龄和教育程度作为协变量纳入模型中。如表 34 所示，结果表明，合规知识和态度对培训和网络安全行为之间关系的链式中介效应是显著的（间接效应＝0.1110；95％CI＝[0.0619，0.1746]）。因此，假设 9 得到了支持。对假设 10 进行了同样的检验，如表 35 所示，结果表明，社会压力和态度的链式中介效应是显著的（间接效应＝0.1622；95％CI＝[0.1077，0.2327]）。因此，假设 10 得到了支持。

表 34 中介效应显著性的 bootstrap 分析（针对合规知识）

| 路径 | 效果 | Boot SE | CI＝95％ | | 显著性 |
			LLCI	ULCI	
直接效应	0.0451	0.0387	−0.0312	0.1213	不显著
间接效应					
总效应	0.3607	0.0418	0.2801	0.4433	显著
路径 1：培训→合规知识→ISPC	0.2110	0.0494	0.1199	0.3102	显著
路径 2：培训→态度→ISPC	0.0387	0.0263	−0.0082	0.0951	不显著
路径 3：培训→合规知识→态度→ISPC	0.1110	0.0289	0.0619	0.1746	显著

---

① Hayes, A. F. (2013), *Introduction to Mediation, Moderation, and Conditional Process Analysis*, The Guilford Press.

表 35　中介效应显著性的 bootstrap 分析(针对社会压力)

路径	效果	Boot SE	CI=95%		显著性
			LLCI	ULCI	
直接效应	0.1118	0.0442	0.0249	0.1988	显著
间接效应					
总效应	0.2940	0.0404	0.2190	0.3798	显著
路径 1:培训→社会压力→ISPC	0.0855	0.0452	−0.0016	0.1756	不显著
路径 2:培训→态度→ISPC	0.0463	0.0297	−0.0118	0.1084	不显著
路径 3:培训→社会压力→态度→ISPC	0.1622	0.0322	0.1077	0.2327	显著

　　PROCESS 的模型 4 被用来验证培训通过合规知识和社会压力影响网络安全行为的两种机制之间的差异。两种路径的效果和差异(如表 36 所示)表明,两种路径的效果明显不同(效应差异=0.1342,95%CI=[0.0064,0.2743])。具体来说,通过合规知识的路径(间接效应=0.2834,95%CI=[0.2001,0.3746])比通过社会压力的路径(间接效应=0.1491,95%CI=[0.0681,0.2303])强。因此,假设 11 得到了支持。

表 36　中心路径和边缘路径的差异

路径	效果	Boot SE	CI=95%		显著性
			LLCI	ULCI	
总效应	0.4325	0.0527	0.3291	0.5347	显著
培训→合规知识→ISPC	0.2834	0.0452	0.2001	0.3746	显著
培训→社会压力→ISPC	0.1491	0.0418	0.0681	0.2303	显著
差异	0.1342	0.0693	0.0064	0.2743	显著

五、讨论

　　研究揭示了培训影响网络安全行为的机制,所有 11 个假设都得到了支持。首先,培训可以直接和积极地影响网络安全行为,这与以前的研究一致。[1]

---

[1]　Assefa, T. and Tensaye, A. (2021). Factors influencing information security compliance: an institutional perspective. *Ethiopian Journal of Science*, 44(1).

一方面,培训对合规知识有积极影响,[①]合规知识和态度之间存在明显的正向关系,合规知识的增加会改善态度。另一方面,培训对社会压力有积极的影响,通过培训,重要的他人可以向员工传达他们应该遵循网络安全行为政策的要求,员工因此受到社会压力。社会压力对态度也有积极影响,如果员工认为他们的同事或上级期望他们执行某种行为,他们更有可能改变对做这种行为的态度。合规知识和社会压力都与网络安全行为正相关,[②]且态度对网络安全行为有积极影响。[③]

其次,探讨了这两种途径的链式中介效应。一方面,培训通过合规知识和态度的链式中介效应塑造网络安全行为。另一方面,社会压力和态度在培训和网络安全行为中存在链式中介效应。本研究在一个模型中探讨了培训塑造网络安全行为的两种不同途径,并发现这两种机制之间的差异。这也与之前的研究结果一致,[④]即人类行为可以由无意识的自动认知或有意的理性认知加以控制。

再次,结果验证了 ELM 在网络安全行为领域的适用性。之前的研究强调了遵循中心路径而非外围路径对影响员工态度和安全行为的重要性。[⑤] 外围路径的认知焦点水平较低,被认为对促进理性和遵从行为可能不太理想。[⑥] 这一点在本研究中得到了验证,通过合规知识形成网络安全行为(中心路径)比通过社会压力形成网络安全行为(外围路径)效果更好。

六、结论

(一)对研究的启示

首先,这是第一个将 ELM 理论应用于网络安全领域的实证研究。尽管之

---

① Parsons, K., McCormac, A., Butavicius, M., Pattinson, M., & Jerram, C. (2014). Determining employee awareness using the human aspects of information security questionnaire (HAIS—Q). *Computers & Security*, 42, 165−176.

② Ifinedo, P. (2012). Understanding information systems security policy compliance: an integration of the theory of planned behavior and the protection motivation theory. *Computers & Security*, 31(1), 83-95.

③ Bulgurcu, B., Cavusoglu, H. and Benbasat, I. (2010). Information security policy compliance: an empirical study of rationality-based beliefs and information security awareness. *MIS Quarterly*, 34(3), 523-548.

④ Dennis, A. R. and Minas, R. K. (2018). Security on Autopilot: Why Current Security Theories Hijack our Thinking and Lead Us Astray. *Data Base For Advances in Information Systems*, 49, 15-37.

⑤ Johnston, A. C., Warkentin, M., Dennis, A. R. and Siponen, M. (2019). Speak their Language: Designing Effective Messages to Improve Employees' Information Security Decision Making. *Decision Sciences*, 50(2), 245-284.

⑥ Puhakainen Hsu, J. S. C., Shih, S. P., Hung, Y. W. and Lowry, P. B. (2015). The Role of Extra-Role Behaviors and Social Controls in Information Security Policy Effectiveness, *Information Systems Research*, 26(2), 282-300.

前的研究者已经将 ELM 理论应用于网络安全培训,但他们只是探讨了在理论层面使用 ELM 理论研究网络安全培训影响的可能性。

其次,基于 ELM 理论,本研究考察了培训塑造网络安全行为的两种机制。以往的研究一般都集中在探索一种特定的机制,本研究发现培训可以通过合规知识和社会压力两种途径塑造合规行为,为组织保护信息资产。

再次,本研究探讨了两种途径影响的差异,发现由合规知识塑造的网络安全行为比由社会压力塑造的网络安全行为更稳定,这与 ELM 理论是一致的。个体通过中心路径接受信息,形成了有关网络安全的知识体系;这比通过社会压力的外围路径更有效地实现对网络安全行为的塑造。

(二)实践启示

基于 ELM 理论探索网络安全行为形成的培训影响机制,对确保组织网络安全和保护信息资产具有重要的现实意义。

首先,网络安全事件是对组织的一大威胁,根据研究结果,对员工进行网络安全培训可以使其符合网络安全政策合规性标准。组织应加强对员工的网络安全培训,提供全面综合的理论,向员工强调网络安全的重要性。在未来,可以应用大数据技术来了解员工的兴趣和需求,使培训内容更具吸引力。还可以制定 SETA 计划,形成一个完整的网络安全培训体系,从而减少人为错误对网络安全的威胁。管理者必须督促员工将培训中获得的知识应用到日常工作中,定期召开网络安全交流会,鼓励员工分享他们的知识和经验。

其次,管理者可以通过加强他们的合规知识和社会压力来间接影响网络安全行为的塑造。当他们利用这两条途径来塑造员工的网络安全行为时,应该注意把合规知识增强作为主要途径,把施加社会压力作为次要途径。员工通过获取合规知识产生的网络安全行为比通过社会压力推动的网络安全行为更加持久和稳定。员工的合规知识也可以转化为组织的智力资本。

再次,管理者和领导者需要向员工明确传达他们希望员工遵守网络安全政策的信息,施加社会压力,具体而言,管理人员和领导可以将网络安全行为纳入考核标准,向员工灌输他们对网络安全培训的重视,并向员工提供技术支持和帮助,鼓励他们分享相关的技能和经验。

第三节　个人使用与组织使用场景下网络安全行为形成的比较研究

鉴于网络安全行为的形成涉及人与环境的相互作用,本部分借鉴资源保存理论（Conservation of Resources，COR）和社会交换理论（Social Exchange Theory，SET），从组织行为学的角度对网络安全行为进行了研究。COR 的核心原则是人们努力获得和维护有助于实现目标的资源。在运用 COR 理论的基础上，使用资源消耗和投资过程来解释环境支持与网络安全行为之间的联系。一方面，个人倾向于保护他们的个人信息资产，以避免损失。环境支持的增加会改变个人信息资产暴露的风险认知。另一方面，在网络安全保护环境支持的情况下，个体会感到有义务在环境支持中对支持给予者积极的回馈，即更高水平的网络安全行为动机。这可能是一种投资，可以从支持者那里获得对网络安全行为的更好认可。两种理论互为补充，将个体层面的资源能力与组织层面通过环境支持进行的资源交换相结合来解释网络安全行为的形成机制。COR 通常用于解释个人如何在个人层面上保护和获得他们的资源；SET 说明了个人与支持者（例如组织）之间的互惠关系。

一、理论基础

理论框架涉及以下几个关键变量和基础理论：

（1）环境支持。环境支持可以被视为一种社会资源，有助于获得和维持个人资源。Warkentin 等认为，个体得到环境支持，如组织或社区的指导和资源提供，可以提高自我效能感，从而提高绩效。[1] 在网络安全行为形成的背景下，情境约束理论表明，情境约束作为一个重要组成部分，对网络安全行为的形成施加了约束。现有研究发现，向个人提供资源，如可用的信息安全政策、被动支持/主动干预和 SETA 计划可以刺激个人的信息与网络安全行为。[2]

（2）主观规范。主观规范是指来自家庭、朋友或其他重要对象的社会压力/期望的特定自我约束行为。研究发现，主观规范对个人的信息与网络安全态度[3]、

[1] Warkentin, M., A. C. Johnston, and J. Shropshire. (2011). The influence of the informal social learning environment on information privacy policy compliance efficacy and intention. *European Journal of Information Systems*, 20(3), 267-284.

[2] Pérez-González, D., S. T. Preciado, and P. Solana-Gonzalez. (2019). Organizational practices as antecedents of the information security management performance: An empirical investigation. *Information Technology & People*, 32(5), 1262-1275.

[3] Cuganesan, S., C. Steele, and A. Hart. (2018). How senior management and workplace norms influence information security attitudes and self-efficacy. *Behaviour & Information Technology*, 37(1), 50-65.

使用保护技术的意愿[①]和安全政策遵从行为意愿[②]都会产生积极影响。在工作领域,Fishbein 和 Ajzen 认为员工的主观规范受到主管和同事期望的影响。[③] 来自这些来源的社会压力会影响行为的决策过程,如感知行为控制(自我效能)和对网络安全的态度。[④]

(3)风险感知。在评估损失严重程度和不良事件概率时,风险感知被广泛认为是安全行为的预测因子。[⑤] Hong 等人发现,风险感知对个人的应急准备行为有积极影响。[⑥] van Schaik 等人认为风险感知在认知和情感维度上是网络安全行为的重要预测因素。[⑦] 认知维度是指关于威胁知识的增加,[⑧]这可以通过自主学习来构建和发展,如教育和在职培训。情感维度是指对外部刺激的情感感受。[⑨] 这两个风险维度已被确定为行为意愿的预测因素。[⑩]

(4)资源保护理论(COR)。COR 从资源的角度解释了个体行为的动机。这表明组织可以为员工提供环境资源,以减轻压力,促进积极的态度和绩效。资源是"那些被个人重视的对象、个人特征、条件或能量,或作为实现这些对象、个人特征、条件或能量的手段的资源"。[⑪] 个体对于资源损失和收益的关注可以用来

① Dinev, T., and Q. Hu. (2007). The centrality of awareness in the formation of user behavioral intention toward protective information technologies. *Journal of the Association for Information Systems*, 8 (7), 386-408

② Ifinedo, P. (2012). Understanding information systems security policy compliance: An integration of the theory of planned behavior and the protection motivation theory. *Computers & Security*, 31(1), 83-95.

③ Fishbein, M., and I. Ajzen. (1975). *Belief, Attitude, Intention and Behavior: An Introduction to Theory and Research*, MA: Addison-Wesley.

④ Hong, Y., and Furnell, S. (2022). Motivating information security policy compliance: Insights from perceived organizational formalization. *Journal of Computer Information Systems*, 62(1), 19-28.

⑤ Renn, O. (1998). The role of risk perception for risk management. *Reliability Engineering & System Safety*, 59(1), 49-62.

⑥ Hong, Y., J. S. Kim, and Xiong, L. (2019). Media exposure and individuals' emergency preparedness behaviors for coping with natural and human-made disasters. *Journal of Environmental Psychology*, 63, 82-91.

⑦ van Schaik, P., D. Jeske, J. Onibokun, L. Coventry, J. Jansen, and Kusev, P. (2017). Risk perceptions of cyber-security and precautionary behaviour. *Computers in Human Behavior*, 75, 547-559.

⑧ Sundblad, E. L., A. Biel, and Gärling, T. (2007). Cognitive and affective risk judgments related to climate change. *Journal of Environmental Psychology*, 27, 97-106.

⑨ Slovic, P., Finucane, M. L., Peters, E., and MacGregor, D. G. (2007). The affect heuristic. *European Journal of Operational Research*, 177(3), 1333-1352.

⑩ Loewenstein, G., Weber, E. U., Hsee, C. K. and Welch, N. (2001). Risk as feelings. *Psychological Bulletin*, 127(2), 267-286.

⑪ Hobfoll, S. E. (1989). Conservation of resources: A new attempt at conceptualizing stress. *American Psychologist*, 44(3), 513-524.

预测其行动。行为预测遵循两个原则：资源损失原则关注的是由于可能失去关键资源的压力和紧张对个人动机和行为的影响，而资源投资原则描述的是人们保护现有资源和获取新资源的动机。虽然网络安全行为通常被解释为保护组织或个人"资源"的行为，但从"资源"视角开展的相关实证研究并不多见。

（5）社会交换理论（SET）。SET 被广泛用于解释两个主体之间的经济和心理交换行为。具体而言，感知到社会支持的主体倾向于发展对支持给予者的回报行为。一个人可以得到不同类型的社会支持，即情感支持、工具支持和信息支持。[①] 在网络安全语境中，情感支持可以是提供网络安全相关的关怀；工具性支持例如为个体提供网络安全培训和网络安全政策保护；信息支持是指为个体提供有助于确保网络安全的相关信息。从一些安全主题研究中可以明显看出，从组织获得积极的安全和保障支持（即安全培训、安全检查、安全管理者的支持）的员工更愿意确信组织对安全和保障的承诺。[②] 因此，正如组织所期望的那样，他们倾向于用更安全的行为来回报这种社会支持。[③]

二、假设建立

利用 COR 和 SET 来分析环境支持如何通过主观规范和风险感知驱动个体使用和组织使用两个不同场景下用户的网络安全行为形成过程（模型 1 和模型 2）。

资源损失原则更适合个人使用场景，因为与组织使用场景相比，在个人使用场景下，个体只能获得不稳定和有限的环境支持。在缺乏支持的情况下，个人使用倾向于保护或从损失中恢复资源。相比之下，组织使用场景下，个体更容易从他们的组织获得稳定和充分的环境支持。[④] 根据 COR 理论的推论，"拥有资源

---

① Settoon, R. P., Bennett, N., and Liden, R. C. (1996). Social exchange in organizations: perceived organizational support, leader-member exchange, and employee reciprocity. *Journal of Applied Psychology*, 81(3), 219-227.

② Hofmann, D. A., and Morgeson, F. P. (1999). Safety-related behavior as a social exchange. *Journal of Applied Psychology*, 84(2), 286-296.

③ Huang, Y. H., J. Lee, A. C. McFadden, L. A. et al. (2016). Beyond safety outcomes: An investigation of the impact of safety climate on job satisfaction, employee engagement and turnover using social exchange theory as the theoretical framework. *Applied Ergonomics*, 55, 248-257.

④ Pluut, H., Ilies, R., Curşeu, P. L., and Liu, Y. (2018). Social support at work and at home: Dual-buffering effects in the work-family conflict process. *Organizational Behavior and Human Decision Processes*, 146, 1-13.

的个人更容易获得资源收益",①这通过互惠机制使自己和组织受益。因此,"资源获取原则"和 SET 更适合于组织使用场景。

(1)风险感知和主观规范下的环境支持与网络安全行为:通过 COR 的"资源损失"视角。

环境支持与网络安全行为之间的关系不是线性的,而是动态的曲线关系,个体的风险感知和主观规范都在其中发挥作用。资源损失原则指出,资源损失比资源收益对个人行为的影响更大。这是因为个体对资源损失的风险感知往往更加敏感,因此在网络安全文献中,发现信息资源损失是形成网络安全行为的关键因素。② 个体在接受环境支持时,风险感知会从情感和认知两个维度发生变化,从而对网络安全行为的形成产生不同的影响。与网络安全相关的低水平环境支持可能不足以让个人获得信息和知识,以增强认知维度风险感知。③ 但是,个体在面对未知事物时,会对资源损失的可能性产生较高的情感风险。④ 尤其是当周围的人将网络安全视为一种风险并采取相关预防措施时,个人的恐惧和焦虑就会被放大。

虽然个体通过增加环境支持来减少对资源损失的担忧,但他们风险感知的情感和认知维度并没有以同样的速度变化。情感风险感知可以直接降低,但认知风险感知的变化需要更长的时间。⑤ 这是因为人们从训练、教育、说服等中获得的关于网络安全风险的认知评估比他们的情感反应要慢。⑥ 因此,在情感维度风险感知明显下降的情况下,认知维度风险感知可能在一段时间内保持在较低水平。随着环境支持的增加,个体的认知风险感知逐渐增强。在提供安全信息和培训的资源丰富的环境中,增强的认知风险感知可以激励个人发展相关的

---

① Halbesleben, J. R., Neveu, J. P., Paustian-Underdahl, S. C., and Westman, M. (2014). Getting to the "COR" understanding the role of resources in conservation of resources theory. *Journal of Management*, 40(5), 1334-1364.

② Vance, A., Anderson, B., Kirwan, C. B., and Eargle, D. W. (2014). Using measures of risk perception to predict information security behavior: Insights from electroencephalography (EEG). *Journal of the Association for Information Systems*, 15 (10), 679-722.

③ Sundblad, E. L., Biel, A., and Garling, T. (2007). Cognitive and affective risk judgments related to climate change. *Journal of Environmental Psychology*, 27, 97-106.

④ Hong, Y., Kim, J. S., and Xiong, L. (2019). Media exposure and individuals' emergency preparedness behaviors for coping with natural and human-made disasters. *Journal of Environmental Psychology*, 63, 82-91.

⑤ Lauver, K. J., Lester, S., and Le, H. (2009). Supervisor support and risk perception: Their relationship with unreported injuries and near misses. *Journal of Managerial Issues*, 21(3), 327-343

⑥ Loewenstein, G., Weber, E. U., Hsee, C. K., and Welch, N. (2001). Risk as feelings. *Psychological Bulletin*, 127(2), 267-86.

安全理解和技能,如使用杀毒软件、防火墙配置、网络钓鱼站点识别等,[①]所有这些都有助于个体形成他们的网络安全行为。

基于以上讨论,提出以下假设:

假设1:根据COR损失原则,环境支持与网络安全行为呈U型曲线关系。

假设2:根据COR损失原则,环境支持与风险感知呈U型曲线关系。

假设3:根据COR损失原则,风险感知对环境支持与网络安全行为间的U型曲线关系具有显著的中介作用。

环境支持与风险感知之间的关系受到主观规范的调节。环境支持,特别是来自组织的环境支持,嵌入了对某些行为的期望,这可能会激励或迫使员工形成情感和认知风险感知。对于网络安全主观规范水平较高的个体,由于其行为高度依赖于其他人的期望和要求,与主观规范水平较低的个体相比,他们对网络安全的风险感知更有可能随着环境支持的增加而提高。[②] 也就是说,个体的主观规范可能会缓解环境支持与风险感知之间的关系。由此提出假设4:

假设4:根据COR损失原则,主观规范对环境支持与风险感知之间的U型曲线关系具有显著的调节作用。

基于COR的"资源损失"原理的理论框架如图37所示。

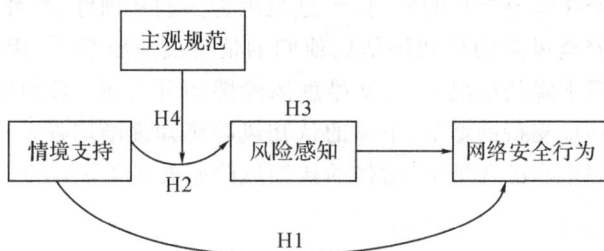

图37　基于COR资源损失原则的理论框架

(2)主观规范下的环境支持与网络安全行为:SET与COR"资源投资"的视角。

根据SET,从安全角度感知组织环境支持的个人倾向于产生网络安全行为。当个人受到相关资源的培训和支持时,他们更有可能从事与网络安全相关的事务。Hofmann和Morgeson也证实了这一点,即个体感知到的环境支持越

---

① Puhakainen, P., and Siponen, M. (2010). Improving employees' compliance through information systems security training: An action research study. *MIS Quarterly*, 34(4), 757-778.

② van der Linden, S. (2015). The social-psychological determinants of climate change risk perceptions: Towards a comprehensive model. *Journal of Environmental Psychology*, 41, 112-124.

多，他们就越有可能被激励去执行支持者的预期行为（在这种情况下，他们执行安全行为的可能性就越高）。[①] 此外，根据资源投资原则，人们获取和投资资源是为了防止资源损失，弥补损失，获得额外的资源。在网络安全的背景下，个人感知到的与安全相关的环境支持越多，他们就越有可能保护个人和组织资产免受损失。假设 5 由此提出：

假设 5：根据 COR 投入原则，环境支持对网络安全行为具有线性正向影响。

个体的主观规范会影响社会交换的发生和程度。主观规范可以通过与交换伙伴（如组织、工作场所的同事等）的社会互动来形成。当交换伙伴重视网络安全措施时，可能会出现更强大的网络安全行为。这是因为，人们感受到满足组织和同伴期望的社会压力；随着主观规范的形成，个体可能会坚持认为实施网络安全措施是与组织接触的必要和有用的方式。[②] 然而，如果交换伙伴对网络安全措施采取漠不关心的态度，规范不太可能被培养，人们可能会低估网络安全，执行较少的网络安全行为。[③] 个人拥有有限的个人资源，如时间、体力和注意力，[④] 如果他们不知道网络安全的重要性就可能倾向于将资源分配给其他领域，他们执行网络安全行为的意愿便可能不高。因此，提出假设 6：

假设 6：根据资源投入原则，主观规范对环境支持与网络安全行为之间的关系具有显著的调节作用。

基于 COR 的"资源投入"原理的理论框架如图 38 所示。

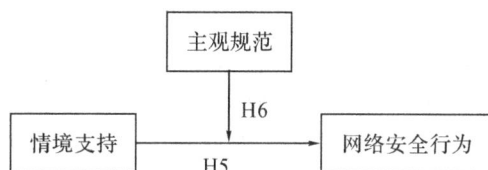

图 38　基于 COR 资源投入原则的理论框架

（3）个人使用与组织使用场景下的环境支持与网络安全行为

对于个人使用和组织使用场景，网络安全行为形成机制可能是有差异的，因

① Hofmann, D. A., and Morgeson, F. P. (1999). Safety-related behavior as a social exchange. *Journal of Applied Psychology*, 84(2), 286-296.

② Guo, K. H., Yuan, Y., Archer, N. P., and Connelly, C. E. (2011). Understanding nonmalicious security violations in the workplace: A composite behavior model. *Journal of Management Information Systems*, 28(2), 203-236.

③ Yukl, G. (2002). *Leadership in organizations* (5th Ed.). Upper Saddle River, NJ: Prentice-Hall.

④ Ng, T. W. H., and Feldman, D. C. (2012). Employee voice behavior: A meta-analytic test of the conservation of resources framework. *Journal of Organizational Behavior*, 33 (22), 216-234.

为他们周围的网络安全环境支持是不同的。本研究认为个人使用场景下环境支持与网络安全行为的关系更符合模型 1,而组织使用场景下环境支持与网络安全行为的关系更符合模型 2。

与组织使用场景相比,个人使用场景下个体获得特定环境支持的渠道较少,其个人风险感知对其网络安全行为的形成起重要作用。如果个体对资源损失(如个人信息和隐私泄露)的风险感知水平较高,则倾向于形成网络安全行为。主观规范作为特定的自我约束行为可以调节个人使用场景下个体网络安全行为的形成。与组织使用场景相比,个人使用场景下个体不太可能受到来自上司和同事的压力和期望的影响;与主观规范水平较低的个体相比,主观规范水平较高的个体的风险感知可以随着环境支持的增加而提高。

对于组织使用场景而言,组织信息资产的损失可能不会直接影响个体的隐私或财产安全,因为组织网络安全可能缺乏个人相关性,因此无须考虑个体信息安全风险感知。[①] 然而,组织使用场景下个体对网络安全行为的意愿往往与他们的组织遵从性或组织公民行为相关联,而这些行为往往与其工作绩效有关。因此,在组织的环境支持下,员工可以被激励去实施网络安全行为,以遵守和参与组织的政策和指导。

三、研究方法

本研究基于问卷调查分析考察个体使用与组织使用场景下个体网络安全行为形成机制的差异,对所提出的模型进行假设检验。在回答相关问题之前,参与者被要求阅读有关网络安全的场景。例如,如果他们是特定场景中的角色,他们会怎么做。使用假设情景研究设计的原因是,网络安全相关问卷往往是敏感的,使受访者的回答意愿下降,从而影响调查的回复率。[②] 在处理敏感问题时,嵌入特定场景采用了一种不具威胁性的方式。[③] 此外,当参与者从第三人称的角度描述他们的行为意图时,社会期望偏差可以显著减少,这可以提高研究质量。该

---

① Menard, P., Bott, G. J., and Crossler, R. E. (2017). User motivations in protecting information security: Protection motivation theory versus self-determination theory. *Journal of Management Information Systems*, 34(4), 1203-1230.

② Kotulic, A. G., and Clark, J. G. (2004). Why there aren't more information security research studies. *Information & Management*, 41(5), 597-607.

③ Nagin, D. S., and Pogarsky, G. (2001). Integrating celerity, impulsivity, and extralegal sanction threats into a model of general deterrence and evidence. *Criminology*, 39(4), 865-891.

方法已在其他网络安全行为研究中得到有效应用和验证,[①]并主要着眼于组织使用场景。为了提高研究的测量信度和结构效度,组织使用场景设计基于已有研究的场景设定,再考虑一系列与网络安全相关的现实因素,谨慎地进行情境的完善与确认(见表 37)。对于个人使用场景,基于对 100 名大学生的开放式问卷调查和内容分析,自行开发场景(见表 38)。在调查之前,对 20 名符合条件的参与者(10 名非工作用户和 10 名工作用户)进行了场景试点,以帮助探索假设场景和问题的适用性。试点研究的结果表明,方案设计清晰,适合本研究。

表 37　组织使用场景情境列表

序号	情境内容
1	某公司员工小张在公司打印机上发现了一个别人打印的文件。文件上面写着"机密"。公司的信息安全政策禁止非相关员工阅读机密文件,但是他很好奇并快速浏览了文件。
2	某公司员工小林是公司商业分析师。他使用电脑每天做财务分析和准备管理报告。最近他拿到一台新电脑,但是新电脑没有他工作需要的软件。根据公司的信息安全政策,不可以安装非授权软件。但是购买软件需要时间,小林就在网络上下载了开源软件。
3	某公司员工小胡上班时接到电话要去拜访客户,离开公司时,他的主管让他不用锁电脑,这样其他员工可以用。他公司的信息安全政策明确规定员工在离开自己电脑时必须锁电脑。但是,小胡还是没有锁电脑就离开了。
4	小赵是公司会计。她在旅行或者在家时都会使用公司的笔记本电脑。她还经常把笔记本带到咖啡馆工作。公司的信息安全政策规定禁止员工因为处理工作事项使用公共免费 Wi-Fi。虽然公司有这个规定,但是她还是继续在咖啡馆工作时连接免费公共无线。
5	某公司员工小周带她的工作电脑回家工作。她的小孩想要用电脑来玩游戏,但是她没有多余电脑。她公司的信息安全政策规定禁止和其他人共享工作电脑。但是小周还是让她小孩玩了这台电脑,后面发现她的小孩安装了很多程序,她并没有将这个情况告诉其他人。
6	小王的岗位授权他可以登录公司私有数据库。他公司的信息安全政策规定禁止复制这些数据到没有加密的便携设备,比如 USB 设备。但是,小王有一次公务旅行,需要在途中分析这些数据。他拷贝了这些数据到他的非加密的 USB 中,并带出公司。

① Guo, K. H., Yuan, Y., Archer, N. P., and Connelly, C. E. (2011). Understanding nonmalicious security violations in the workplace: A composite behavior model. *Journal of Management Information Systems*, 28(2), 203-236.

表38　个人使用场景情境列表

序号	情境内容
1	杭州某大学大一学生小陈在淘宝上购买了一件衣服,之后接到电话说他是淘宝店主,他的系统有问题,说是必须先退款。对方跟小陈要了 QQ 号并通过 QQ 发给他一个链接。小陈打开后,发现这是一个退款的网页,需要填写淘宝账号、密码以及支付密码、姓名、身份证号、银行卡号及密码等信息,小陈按照要求填写了这些信息,但根据手机发来的信息填写验证码的时候,该网页提示"验证错误",随后他连续输入了三次验证码,网页却总是出现验证错误的提示。就在这时,小陈突然接到了银行打来的电话说他的账户出现异常,才知道他的淘宝账户关联的两张银行卡共被划走了四笔钱,一共 17000 多元钱。
2	杭州某大学大四学生小周的手机收到一条短信,号码显示为某银行的客服电话,短信内容为"尊敬的银行用户您好!您的账户累计三万积分即将逾期清空,请点击 www.××××.com,立即进入兑换 898 元现金大礼"。看到是银行客服电话,小周就点击了短信里的链接后,网址里也显示着客服电话的字样,他更加觉得是真正的银行发来的短信。点开网址后,手机页面自动跳转到一个手机银行的网站上,该网站做得很精细,达到以假乱真的程度,小周信以为真。按照钓鱼网站的要求,小周输入了姓名、身份证号、手机号和取款密码,结果银行卡里的钱就被骗子直接转走了,损失 4998 元。
3	杭州某大学大一新生小林,某天收到了一个很要好的高中同学王浩的请求帮忙投票的消息,并且给了他一个投票网站的链接。由于关系十分要好,小林也没多想就直接点进去了,然后网站提示他要 QQ 登录。小林迟疑了一下,还是输入了账号密码,但是登录失败,用户名密码错误。小林因为没能帮到王浩,就问他原因。结果王浩说自己不知情,而且他的 QQ 前不久被盗了。小林终于知道自己被骗了,当他再次登录 QQ 时发现所有的好友被删了。
4	杭州某大学大三学生小张突然收到一条短信。短信内容为:苹果 6S 今日抢购价 1390 元,可货到付款(限量)。后面还附了京东商城的网址。小张立即打开网址,页面和京东商城无异,最上面用大字标着"京东抢购专场,iPhone6S 正品行货,活动仅限今天"。小张迅速在网页上提交了个人信息。不到半个小时,小张便收到了一个来自广州的电话。一位自称是京东商城客服的女子在和小张核实信息后表示,她将立即安排发货,而且还特意强调货到付款,如果不满意,直接拒收货就可以了。过了两天小张如期收到了快递员派送的手机。快递来的新手机从外观看与正品并无二样,而且外壳做工精细。小张以为自己捡了便宜,激动之余就将 1390 元给了快递人员。手机仅用了两天,小张就感觉到手机性能不稳定,通话质量不好。找到懂手机的朋友检查后,朋友告诉他,这手机只不过是披着苹果手机外壳的山寨机,市场价格也就几百元。小张这次发现京东的网址和骗子是不一样的。

序号	情境内容
5	杭州某大学大一学生小章，QQ邮箱收到一封"××公司和××公司联合赠送QQ币"的邮件，链接网址为http://www.1enovo.com。小章觉得这个链接比较靠谱，就访问了该网站，网络马上弹出窗口，上面显示"免费赠送QQ币"的窗口，要求输入QQ账号和密码。小章觉得这个界面都很规范，就毫不犹豫输入了，结果QQ账号被盗，后面才发现，诈骗者利用了小写字母l和数字1很相近的障眼法，误导了小章。

（1）参与者和数据收集

数据是通过对个体使用与组织使用场景用户开展网络和纸质调查收集的。每份问卷都附有知情同意书。全日制大学生代表个体使用场景用户群体，[1]他们通常从大学获得环境支持。[2] 通过问卷调查平台"问卷网"，采用随机抽样的方式，向大学生发放了500份网络调查问卷，回收有效问卷432份，总回复率86.4％，其中男性占49.3％，女性占50.7％。

对于组织使用场景用户，500份纸质问卷被发送到IT、金融、制造业、物流、房地产、酒店和餐馆以及媒体等行业的100家公司。根据企业的规模和参与意愿，每家企业收到平均5份问卷。在发放问卷时考虑了参与者的性别、职级和职业。共回收有效工作用户问卷261份，回复率为52.2％；男性受访者占56％，女性受访者占44％。

（2）测量

使用经典量表进行测量，所有题项采用5点李克特量表，范围从"非常不同意"到"非常同意"。网络安全行为和主观规范的问题修改自Ifinedo的调查问

---

① Tu, Z., Turel, O., Yuan, Y., and Archer, N. (2015). Learning to cope with information security risks regarding mobile device loss or theft: an empirical examination. *Information & Management*, 52(4), 506-517.

② Kim, E. B. (2014). Recommendations for information security awareness training for college students. *Information Management & Computer Security*, 22(1), 115-126; Kim, E. B. (2013). Information security awareness status of business college: Undergraduate students. *Information Security Journal: A Global Perspective*, 22(4), 171-179.

卷,[1]环境支持的问题修改自 Warkentin 等的调查问卷。[2] 因为风险通常被认为是严重性和概率的乘积,[3]通过计算两个独立项目的几何平均值来测量风险感知,分别来自 Ifinedo[4] 和 Workman 等人[5]的感知严重性和感知脆弱性。此外,本研究还选择了性别和情景作为控制变量。

(3)数据分析

本研究考察了不同群体(个人使用场景和组织使用场景用户)对基于 COR 理论两个原则的两个假设模型的适用性。采用 SPSS 19.0 和 R4.0.2 对数据进行分析。使用 Cronbach's α 系数进行信度检验。验证性因子分析用于检验收敛效度和区分效度。采用层次回归分析的方法,检验了基于"资源损失"和"资源投入"两个模型中环境支持对网络安全行为的直接关系假设,以及基于"资源损失"模型中环境支持对风险感知的影响。使用 MEDCURVE 和 bootstrap 法检验非线性关系的中介作用。通过 PROCESS(模型 1)检验调节作用。

四、研究结果

(一)初步分析

首先进行内部一致性可靠性分析,以检查给定量表和获得样本的质量。结果表明,三个量表的内部一致性较高(网络安全行为的 Cronbach's α 为 0.84,环境支持为 0.89,主观规范为 0.86)。这里没有计算风险感知的 Cronbach's α,因为它是感知严重性和感知脆弱性两个独立题项的几何平均。验证性因子分析结果表明,KMO 值为 $0.827 > 0.7$,Bartlett 的球形检验显著,表明样本量充足,数据可以进行因子分析。如表 39 所示,这些题项因子载荷均大于 0.50,复合信度(CR)均大于 0.7,平均方差提取(AVE)均大于 0.5,因此,收敛效度较好。如表

---

① Ifinedo, P. (2012). Understanding information systems security policy compliance: An integration of the theory of planned behavior and the protection motivation theory. *Computers & Security*, 31(1), 83-95.

② Warkentin, M., Johnston, A. C., and Shropshire, J. (2011). The influence of the informal social learning environment on information privacy policy compliance efficacy and intention. *European Journal of Information Systems*, 20(3), 267-284.

③ Wolff, K., Larsen, S., and Øgaard, T. (2019). How to define and measure risk perceptions. *Annals of Tourism Research*, 79, 102759.

④ Ifinedo, P. (2012). Understanding information systems security policy compliance: An integration of the theory of planned behavior and the protection motivation theory. *Computers & Security*, 31(1), 83-95.

⑤ Workman, M., Bommer, W. H., and Straub, D. (2008). Security lapses and the omission of information security measures: A threat control model and empirical test. *Computers in Human Behavior*, 24 (6), 2799-2816.

40所示,每个构念的 AVE 的平方根高于其与所有其他构念之间的相关性,表明具有良好的区分效度。此外,各变量间的均值、标准差和相关系数见表 40。

表 39 项目的因子载荷

变量	题项	载荷	CR	AVE
网络安全行为	网络安全行为 1	0.872	0.867	0.765
	网络安全行为 2	0.877		
环境支持	环境支持 1	0.876	0.910	0.771
	环境支持 2	0.913		
	环境支持 3	0.843		
社会规范	社会规范 1	0.780	0.856	0.664
	社会规范 2	0.837		
	社会规范 3	0.827		

表 40 均值、标准差和相关系数

变量	分组	均值	标准差	ISBI	SS	RP	SN
ISBI	全部	4.02	0.87	0.87†			
	个体使用	3.96	0.93				
	组织使用	4.11	0.76				
SS	全部	3.38	0.98	0.31**	0.88†		
	个体使用	3.13	1.02	0.31**			
	组织使用	3.78	0.74	0.27**			
RP	全部	3.43	0.94	0.22**	0.23**	—	
	个体使用	3.52	0.97	0.34**	0.35**		
	组织使用	3.28	0.87	0.01	0.14**		
SN	全部	3.93	0.83	0.58**	0.49**	0.33**	0.81†
	个体使用	3.82	0.89	0.65**	0.43**	0.43**	
	组织使用	4.12	0.67	0.40**	0.57**	0.18**	

注: ** $p<0.01$, * $p<0.05$,†AVE 的平方根;总体样本量693,个体使用场景样本量432,组织使用场景样本量261;ISBI=网络安全行为;SS=环境支持;RP=风险感知;SN=社会规范。

(二)假设检验

1. 主效应检验

本研究采用层次回归分析对假设进行检验。如表 41 所示,个体使用场景下个体网络安全行为为因变量。结果显示,环境支持对网络安全行为有显著的 U 型曲线影响(模型 3,$\beta=0.17$,$p<0.001$)。因此,对于个体使用场景,假设 1 得到了支持。接下来,对组织使用场景组执行相同的分析。结果如表 42 所示,情景支持与网络安全行为之间的曲线关系不显著(模型 9,$\beta=0.12$,$p=0.069$);然而,环境支持对网络安全行为有显著的线性正向影响(模型 8,$\beta=0.28$,$p<0.001$)。因此,假设 1 不支持组织使用场景,而假设 5 支持。图 39 说明了个体使用和组织使用场景下环境支持与网络安全行为之间关系的差异。

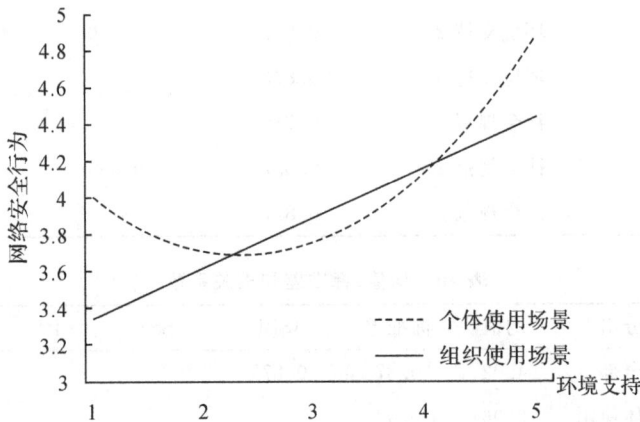

图 39　环境支持与网络安全行为之间关系的差异

表 41　个体使用场景回归结果(网络安全行为)

	模型 1		模型 2		模型 3		模型 4		模型 5		模型 6	
	β	p	β	p	β	p	β	p	β	p	β	p
性别	−0.17	0.052	−0.09	0.308	−0.06	0.448	−0.08	0.312	−0.07	0.297	−0.07	0.335
情境	−0.05	0.096	−0.06	0.062	−0.05	0.123	−0.03	0.251	−0.02	0.406	−0.02	0.386
SS			0.28**	<0.001	−0.78**	<0.001	−0.67**	0.001	−0.50	0.003	−1.36	0.056
SS²					0.17**	<0.001	0.14**	<0.001	0.08	0.002	0.28	0.023
RP							0.20**	<0.001				
SN									0.63	<0.001	0.50	0.047
SS×SN											0.18	0.309
SS²×SN											−0.04	0.150
R^2	0.014		0.103		0.158		0.195		0.438		0.444	

　　如表43所示,将风险感知作为因变量。结果表明,环境支持对风险感知有显著的U型曲线影响(模型14,$\beta=0.14$,$p<0.001$)。因此,对于个体使用场景,假设2得到了支持。如表44所示,在组织使用场景组进行同样的分析时,结果显示环境支持与风险感知之间的曲线关系不显著(模型19,$\beta=0.02$,$p=0.812$);环境支持对风险感知有显著的线性正向影响(模型18,$\beta=0.156$,$p<0.05$)。

表42　组织使用场景回归结果(网络安全行为)

	模型 7		模型 8		模型 9		模型 10		模型 11	
	β	p	β	p	β	p	β	p	β	p
性别	0.15	0.114	0.16	0.045	0.17	0.070	0.13	0.151	0.08	0.357
情境	−0.03	0.303	−0.02*	0.446	−0.03	0.414	−0.02	0.597	−0.02	0.477
SS			0.28**	<0.001	−0.59	0.224	0.08	0.298	−1.07**	0.005
SS²					0.12	0.069				
SN							0.399**	<0.001	−0.60	0.071
SS×SN									0.27**	0.002
R^2	0.01		0.09		0.10		0.17		0.20	

表43　个体使用场景回归结果(风险感知)

	模型 12		模型 13		模型 14		模型 15		模型 16	
	β	p	β	p	β	p	β	p	β	p
性别	−0.03	0.738	0.08	0.397	0.10	0.271	0.09	0.271	0.10	0.247
情境	−0.07*	0.050	−0.07*	0.025	−0.06*	0.049	−0.05	0.110	−0.05	0.069
SS			0.34**	<0.001	−0.56**	0.008	−0.41*	0.044	1.57	0.070
SS²					0.14**	<0.001	0.10**	0.002	−0.23	0.121
SN							0.33**	<0.001	1.00**	0.001
SS×SN									−0.50*	0.019
SS²×SN									0.08*	0.020
R^2	0.01		0.14		0.17		0.24		0.25	

表 44　组织使用场景回归结果（风险感知）

	模型 17		模型 18		模型 19		模型 20		模型 21	
	β	p	β	p	β	p	β	p	β	p
性别	−0.10	0.372	−0.08	0.472	−0.08	0.460	−0.11	0.324	−0.12	0.291
情境	<0.001	0.997	0.05	0.884	0.01	0.889	0.01	0.797	0.01	0.820
SS			0.156*	0.034	0.02	0.970	0.05	0.568	−0.18	0.690
SS²					0.02	0.812				
SN							0.20	0.039	−0.01	0.991
SS×SN									0.06	0.605
R^2	0.003		0.020		0.037		0.037		0.038	

2. 中介效应检验

在模型 3 的基础上引入风险感知，验证风险感知对个体使用场景组下环境支持与网络安全行为之间 U 型曲线关系的中介作用。结果表明，风险感知的影响显著（模型 4，$\beta = 0.20$，$p < 0.001$），而环境支持的影响（模型 4，$\beta = −0.67$，$p < 0.01$）和环境支持的平方（模型 4，$\beta = 0.14$，$p < 0.001$）有所降低。然后，使用 MEDCURVE，其中自变量为环境支持，中介变量为风险感知，因变量为网络安全行为。结果表明：当环境支持处于中等水平时（均值；95% CI = [0.0335, 0.1146]）和高水平（平均值加一个标准差；95% CI = [0.1256, 0.2256]），环境支持通过风险感知对网络安全行为的间接影响的置信度估计不包括 0，而当环境支持处于较低水平时（平均值减去一个标准差；95% CI = [−0.0328, 0.0572]），环境支持通过风险感知对网络安全行为的间接影响置信度估计为 0。结果表明，在环境支持处于中、高水平时，风险感知在环境支持与个体网络安全行为之间具有显著的部分中介作用。因此，对于个体使用场景，假设 3 得到了部分支持。同时，由于风险感知与组织使用场景下个体网络安全行为之间的相关系数不显著，这表明风险感知对环境支持与网络安全行为之间的关系没有中介作用。因此，假设 3 不完全支持组织使用场景。

3. 调节效应检验

表 43 主观规范对个体使用场景下环境支持与风险感知关系的调节作用结果，其中风险感知为因变量。在模型 15 中输入主观规范，在模型 16 中输入主观规范与环境支持交互项（SN × SS）和主观规范与环境支持平方交互项（SN × SS²）。结果表明，SN × SS（模型 16，$\beta = −0.50$，$p < 0.05$）和 SN × SS²（模型 16，$\beta = 0.08$，$p < 0.05$）的影响均显著。因此，假设 4 对于个体使用场景是

支持的。环境支持和风险感知的交互效应如图 40 所示。此外,还测试了主观规范对组织使用场景下环境支持与风险感知之间关系的调节作用。结果显示,SN×SS 的影响不显著(表 44,模型 21,$\beta = 0.06$,$p = 0.605$)。

表 41 给出了主观规范对个体使用场景用户群体环境支持与网络安全行为之间关系的调节效果,其中网络安全行为是因变量。结果显示,SN×SS(模型 6,$\beta = 0.18$,$p = 0.309$)和 SN×SS^2(模型 6,$\beta = -0.04$,$p = 0.150$)的影响均不显著。对于组织使用场景,如表 42 所示,SN×SS 对网络安全行为有显著影响(模型 11,$\beta = 0.27$,$p < 0.01$)。环境支持与网络安全行为之间的交互效应如图 41 所示。

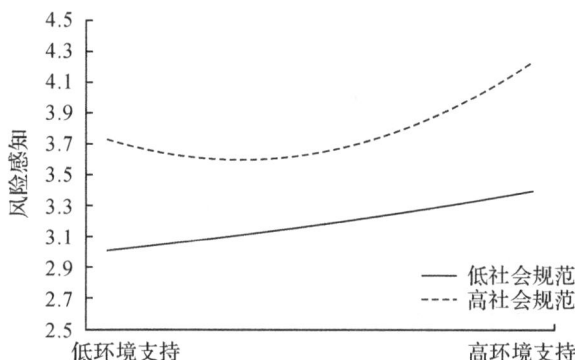

图 40　社会规范对组织工作场景环境支持与风险
感知关系的调节作用

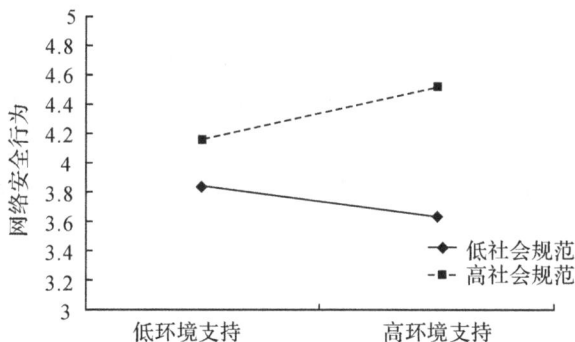

图 41　社会规范对组织工作场景环境支持与网络
安全行为关系的调节作用

五、讨论

本研究考察并比较了个体使用与组织使用场景用户在环境支持下的网络安全行为形成机制。研究发现环境支持对组织使用场景下用户的网络安全行为有显著的积极影响。这与 Warkentin 等人的研究一致，[①]该研究验证了环境支持对医疗机构员工保护患者隐私意愿的积极影响。然而，Warkentin 等人主要考虑自我效能感对环境支持与信息安全行为关系的中介作用，并未从互惠机制的角度解释其直接作用。当前研究的结果表明，感知到组织提供的信息安全环境支持的组织使用场景用户将有很高的参与网络安全行为的意愿。

此外，研究还考虑了这种关系的边界。研究结果表明，这种积极效应的前提是工作使用者的主观规范处于较高水平。这与 Vedadi 和 Warkentin 的研究相呼应，[②]他们在研究中讨论了信息安全行为决策过程中的从众心理，并从信息来源以及信息获取方式的角度清楚地说明了从众行为与主观规范的区别。除此之外，本研究还揭示了这两个概念之间的另一个区别，即羊群行为是一种避免与错误选择相关的损失的行为，而主观规范是通过与"重要他人"的行为保持一致而与投资决策相关。也就是说，只有当人们根据"重要他人"的期望判断，将信息安全措施视为组织的强制性措施时，环境支持才能对安全行为产生积极影响。当主观规范处于非常低的水平时，环境支持的增加对安全行为的形成没有影响。这是因为当组织中"重要他人"不认为网络安全措施的实施是必要的和有益的时，员工会以其他有利于工作绩效的行动来回报组织提供的环境支持。这是从 SET 中得出的结论，即个人会通过最大限度地付出努力来回报给予者。根据资源投入原则，这种资源再投资或再分配将导致未来的资源收益。

环境支持与个体使用场景下用户的网络安全行为形成机制呈 U 型曲线关系。无论环境支持水平是高还是低，研究发现，个体使用场景下用户表现出更高的网络安全行为水平。这是因为当环境支持不存在或受到限制时，由于缺乏资源而产生的心理不安全感可能会驱使个体使用场景下形成网络安全行为。这一

---

① Warkentin, M., Johnston, A. C. and Shropshire, J. (2011). The influence of the informal social learning environment on information privacy policy compliance efficacy and intention. *European Journal of Information Systems*, 20(3), 267-284.

② Vedadi, A., and Warkentin, M. (2020). Can secure behaviors be contagious? A two-stage investigation of the influence of herd behavior on security decisions. *Journal of the Association for Information Systems*, 21(2), 428-459.

发现与之前的研究一致，[①]该研究讨论了基于保护动机理论的恐惧诉求对信息安全行为的积极影响。直到环境支持足够高，个体使用场景下用户才会对网络安全有更明确的认识。适当的环境支持，包括培训和其他机制，促进政策遵从，这意味着可用资源可以对网络安全行为产生积极影响。然而，当环境支持处于中等水平时，个体使用场景下用户可能还没有形成坚实的网络安全行为，因为网络安全的认知和意识还处于塑造过程中。

此外，个体使用场景下，个体的主观规范和风险感知在形成环境支持与网络安全行为之间的 U 型曲线关系中也起着至关重要的作用。考虑到环境支持与主观规范之间的交互作用，当主观规范水平高时，环境支持与风险感知之间存在 U 型曲线关系，而当主观规范水平低时，环境支持与风险感知之间的 U 型曲线关系不显著。这与现有的研究相呼应，[②]与主观规范水平较低的个人使用场景用户相比，主观规范水平较高用户对网络安全的风险感知会随着环境支持的增加而显著增强。结果还表明，当环境支持处于中等和高水平时，环境支持与网络安全行为之间的曲线关系部分受风险感知的中介作用。

六、结论

（一）对研究的启示

首先，本研究基于行为科学领域的 COR 和 SET 理论，进行了跨学科研究，验证了环境支持在跨情境下推动网络安全行为形成的过程。从资源视角研究网络安全行为，拓宽了行为心理学和组织行为学研究行为信息安全的边界。其次，通过描述用户的目的和决策过程，将用户分为个体使用和组织使用场景，发现环境支持对不同场景下个体网络安全行为有不同的影响机制。再次，通过对线性和非线性关系的比较，丰富了行为信息安全领域环境支持的解释边界。研究模型中风险感知的介入有助于完善不同情境下环境支持与网络安全行为之间的线性和非线性关系。此外，本部分研究还从资源投入的角度，通过主观规范分析了环境支持对网络安全行为的作用。研究发现主观规范的积极角度，即个体会评估是否投入资源来满足"重要他人"的期望。主观规范调节效应的验证有助于更好地理解环境支持对网络安全行为的影响机制。

---

① Boss, S. R., Galletta, D. F., Lowry, P. B., Moody, G. D., and Polak, P. (2015). What do systems users have to fear? Using fear appeals to engender threats and fear that motivate protective security behaviors. *MIS quarterly*, 39(4), 837-864.

② van der Linden, S. (2015). The social-psychological determinants of climate change risk perceptions: Towards a comprehensive model. *Journal of Environmental Psychology* 41, 112-124.

（二）对实践的启示

对于个体使用场景,本研究表明具有高风险感知的用户倾向于产生网络安全行为。因此,政府在提高公众网络安全意识方面要发挥重要作用。一些良好的做法包括通过综合媒体平台不断向公众宣传任何人都可能成为网络犯罪的受害者,并开展网络安全意识提升活动,鼓励个人采取行动保护自己。公众应该获得不同场景的案例教育,以帮助他们建立更可持续的网络安全行为习惯。[①] 同时,企业需要遵守信息安全法律,制定企业责任。例如,用户在使用应用程序时需要了解任何可能存在的信息安全威胁,以提高他们的风险认知和安全意识。环境支持是网络安全行为的重要预测因素之一,组织有责任通过可信的环境支持水平来提高员工的努力回报期望和组织公民行为。更具体地说,组织需要致力于设置网络安全议程以及构建网络安全的文化。一些务实的做法包括增加网络安全支持的预算,提供采取网络安全措施所需的资源,设计专门的网络安全课程,提供脱产培训,设置网络安全岗位/管理职位,提供技术支持和咨询服务,将网络安全指南融入员工指南等。

第四节　创新扩散视角下网络安全意识提升

从以上两个实证研究发现环境对于网络安全行为形成的重要影响,要特别加强对于全民网络安全意识的教育和培训。教育与创新密不可分。全民网络安全意识提升,一方面,从传播者、传播媒介（渠道、载体等）、受传播者、反馈等方面体现出传播的构成要素;另一方面,作为提升的对象,网络安全意识的三个层面（认知、态度和行动）与"传播效果阶梯理论"完全匹配,因此,全民网络安全意识的提升本质上就是传播的过程;全民网络安全意识提升体现出的主要因素及其传播效果与创新扩散理论的四大要素（创新、沟通渠道、时间、社会系统）相符。本研究将创新扩散理论作为全民网络安全意识提升的一个理论基础。

一、网络安全意识提升的阶段

创新扩散理论包括创新决策过程,该过程包含五个阶段:

（一）认知阶段

有三种类型的知识:知晓性知识,即对创新存在的意识;如何操作的知识,即

---

① Hong, Y., and Furnell, S. (2021). Understanding cybersecurity behavioral habits: Insights from situational support. *Journal of Information Security and Applications*, 57, 102710.

正确使用创新；原理性知识，创新如何运作的基础知识。在网络安全意识提升过程中，意识到能够通过网络安全知识和技能的学习来避免或者降低损失就是一种知晓性知识；知道如何安装和使用杀毒软件、每次插 U 盘进行病毒检查是关于如何操作的知识；知道查毒原理是属于原理性知识。此外，根据布鲁姆"教育目标分类法"，以上三类知识在认知过程（记忆、知识、运用、分析、评价和创造）中会达到不同的知识目标，在此基础上，可以将网络安全意识提升的知识层面分为六个等级，分别是基本信息、基础知识、进阶知识、专业知识、专家级别和创新级别（见表 45）。

表 45　网络安全意识提升知识层面等级

知识等级	知识目标	布鲁姆分类
一级：基本信息	知道网络安全的基本原理、网络安全风险防范的重要性，以及具备网络安全意识和能力的重要性	记忆
二级：基础知识	在网络安全风险防范方面具有基础知识和能力以做出适当的响应	知识
三级：进阶知识	在网络安全防范和应对过程中扮演主导或重要的角色	运用
四级：专业知识	在网络安全风险防范某个或几个领域具有专业知识	分析
五级：专家级别	在网络安全意识提升体系的建立方面提供设计和发展建议	评价
六级：创新级别	需要主导科研和未来发展	创造

（二）说服阶段

说服阶段涉及个人在心理上更多地参与创新。个人积极寻找有关创新的信息并对其进行解释。在对于网络安全行为和意识实证研究中提到的理论基础模型等就是在探讨心理层面影响人们安全行为决策的过程，这些心理要素包括感知严重性、感知脆弱性、自我效能、应对效能、应对成本、态度、主观规范、感知行为控制、情绪、责任感等。创新扩散理论认为这一阶段至关重要，因为通过这一阶段，个人对创新形成了普遍的认知，并确定了其感知属性，包括相对优势、复杂性、兼容性、可试验性和可观察性。

（三）决策阶段

个人决定接受或拒绝参加各类网络安全意识提升活动。这里还会涉及接受后的可持续问题，以及拒绝后也可能会转变想法在后期选择接受。

（四）实施阶段

在作出采用创新的决定后，实施阶段相对较快。在决定进行网络安全意识提升后,个体会通过各类渠道获取相关载体进行网络安全意识的提升,并在实际生活中加以应用,特别是通过实际行为逐渐养成习惯,这对于安全防范来说至关重要。在很多突发安全场景下,要在非常短的时间窗口解决复杂问题,直觉、经验以及培养的安全行为习惯往往比理性决策更有用。

(五)确认阶段

个人或组织寻求信息来确认采用创新的决定。或者,这一阶段可能导致停止使用创新。当个人在实践中感受到了网络安全意识提升带来的积极作用会确认之前的正确决策,加强学习提升,反之则可能会停止提升的过程。

二、影响网络安全意识提升的认知属性

网络安全意识提升的有效实现要依赖于个体对于网络安全意识提升行动的采纳,影响采纳率的认知包括相对优势、兼容性、复杂性、可试验性、可观察性。

(一)相对优势

相对优势是指一项创新与其替代的其他方法相比所具有的优势,即在网络安全意识提升过程中,教育培训组织者需要让被沟通者感受到其所推荐的安全知识、技能、工具等相对其他知识、技能和工具的优势。此外,该理论还区分了增值性创新和预防性创新,对于网络安全来说,相关的技能举措是预防性的,这也意味着这些举措的积极效果并不能立竿见影,被沟通者需要通过更长的时间接受相关的沟通内容并产生认同。英国国家网络安全中心曾发布一项调查(这项调查的数据来源于一家数据泄露搜索网站,在这个网站上,你可以输入自己的邮箱账号,检测密码是否被盗),这项调查公布了10万个全球被盗的账号密码中被使用最多的单词和短语。其中,被使用最多的被盗密码就是"123456"。在"123456"之后,被盗密码中出现频率最高的密码还有"123456789""qwerty""password"以及"1111111"。类似的,2018年12月,SplashData连续第8年发布了最差密码列表,该年度报告基于对500多万泄露密码的分析,发现前10个使用最频繁的密码:123456、password、123456789、12345678、12345、111111、1234567、sunshine、qwerty、iloveyou。这些案例表明人们在采用防护性举措时的惰性。"曲突徙薪"[①]的故事表明人们在面临安全问题时容易"重应对"而"轻防护"。网络安全意识的提升活动本身就是一种防护行为,该类行为举措的传播

---

① 客有过主人者,见其灶直突,旁有积薪。客谓主人:"更为曲突,远徙其薪;不者,且有火患。"主人嘿然不应。俄而,家果失火,邻里共救之,幸而得息。于是杀牛置酒,谢其邻人,灼烂者在于上行,余各以功次坐,而不录言曲突者。人谓主人曰:"乡使听客之言,不费牛酒,终亡火患。今论功而请宾,曲突徙薪亡恩泽,焦头烂额为上客耶?"主人乃寤而请之。(东汉·班固《汉书·霍光传》)

需要通过更加耐心、潜移默化和可持续的方式提升被沟通者的相对优势感知。

（二）兼容性

兼容性表明创新与潜在采用者现有的信念和价值观、过去的经验以及个体需求相一致的程度。兼容性越大，个人持有的不确定性就越小。因此，要在网络安全意识提升方面与个人的价值观相一致，包括主权观、国家观、发展观、法治观、人民观、国际观、辩证观七个方面。[①] 这就需要在将社会主义核心价值观的引导践行与网络安全意识提升相互关联，帮助个体树立正确的网络安全观。习近平总书记 2016 年在网络安全和信息化工作座谈会上总结了网络安全观，包括网络安全是整体的而不是割裂的、网络安全是动态的而不是静态的、网络安全是开放的而不是封闭的、网络安全是相对的而不是绝对的、网络安全是共同的而不是孤立的。此外，网络安全意识的提升需要与个体需求相匹配，以往的研究已经发现个体在不同情境下网络安全行为决策的差异性，例如在个体使用环境中，个体网络安全行为决策更多受到"损失"的风险感知的影响，但是在组织使用环境中，个体网络安全行为更多考虑到"收益"，即通过网络安全政策遵从行为换取更高的绩效评价，或者是通过安全行为"回馈"组织支持。不一样的行为动机往往需要不同的网络安全意识提升的方式，对于个体用户需要强调风险，对于组织用户则需要强调信息资产所有权以及责任感，当然传统的政策威慑的作用依然非常有效。此外不同的人口特征下的网络安全意识提升需求也有较大差异，在提升渠道方面，例如针对儿童的教育是具有可持续性的有效战略，通过儿童可以传播公共安全知识给父母、亲戚和邻居以及家庭的朋友，通过这种"滴入式"的传播过程，会有更多的人接触到有效的学校安全课程；妇女在安全培训方面的兴趣比较高，对于妇女的教育可以让整个家庭尤其是儿童受益，并且由于妇女更习惯于沟通交流，因此，这个目标可以通过建立社区学习小组来实现；年轻人接触到更多的应用且使用频率较高，老人数字素养和安全警惕性相对较弱，因此，他们均是培训的重点人群，但是侧重点会不同。

（三）复杂性

复杂性是指个人理解和使用创新的相对困难。困难的增加将使采用的可能性降低。网络安全知识、技能的复杂性较高，有较高的学习门槛。对于有相关专业背景的人来说会难度较低，但是对于非相关专业背景的人，在教育培训过程中会成为重要障碍。因此，需要针对不同群体提供与其能力、认知、需求相对应的培训载体和内容，帮助其更轻松掌握相关知识和技能。目前数字社会已经到来，面临更频繁更猛烈更大损失风险的网络安全攻击的可能性大大增加，网络安全

---

① 谢永江.习近平总书记的网络安全观[J].中国信息安全,2016(05):34-35.

的能力已经是数字素养的重要组成部分,因此,在提高易学习性的同时要增加学习者对于网络安全意识重要性的认识,避免其因为复杂性降低学习动力,从而错失意识提升机会,有更大脆弱性暴露在网络活动中。

（四）可试验性

可试验性是一项创新被测试的程度。通过试验,个人可以找到最适合自己的网络安全意识提升的载体和内容,也能够验证相关载体和内容的有效性,提高接受程度。虽然作为防御性创新,网络安全意识并不能在短暂学习过程中很快看到效果,但是目前网络安全意识提升有较多的模拟场景,可以通过模拟场景应用、应急演练等形式,创新各种试验场景和渠道。此外,试验场景不仅能够帮助个体更容易接受网络安全提升的活动形式,对于具体知识、技能、工具的掌握也是必不可少。网络安全具有较高的实践性,只有在模拟真实场景下反复演练,才会在突发事件发生时真正做到临危不惧。特别是网络安全行为习惯的形成更是依赖于不同场景下"刺激—反应"线索的反复试验形成的。

（五）可观察性

可观察性是指实施创新的结果对其他人可见的程度。网络安全意识的提升无法通过市场机制进行检验,更多是内化为个人的能力素质和行为动机。因此网络安全意识提升结果的可观察性并不强。但是可以通过案例教学培训等方式,通过了解其他人的成功或失败经验,帮助个体观察网络安全意识提升学习的效果。

（六）创新决策类型

对于网络安全意识提升的采纳不一定是完全个人选择的结果,也可能受到个人所在集体（社区、族群、家庭等）环境的影响,对于组织员工（企业、政府等）而言则会受到组织对于网络安全保护相关政策的权威式决策的约束乃至威慑。组织情境中通过遵从知识和社会压力的形成对个体的网络安全意识提升的影响已经在上一节具体阐述过。除了政策威慑,在集体或组织环境中,"其他人"的影响较为明显,一般认为其他人影响包括两种类型,一种是"important others",在组织中例如上级、同事、IT部门的期待,或者在家庭中父母的意见等都会影响个人行为决策;另一种是"羊群效应",跟选择餐厅类似,来到一个新的城市旅行选择就餐地点,我们往往会选择那些在"大众点评"上评分更高或者访问次数较多的餐厅。"跟风"的原因在于个人搜寻和鉴别对象的成本较高,选择他人的选择是一种风险较低的办法,因此,最终个体会将他人的行为（即受欢迎程度信息）纳入自己的先验信息集,并做出与群体行为趋同的决策。在网络安全意识提升方面,"其他人"的影响同样存在。

（七）沟通传播渠道

"教育是一种缺陷的'存在'，有着借助自身之外的手段来完善自我的天然诉求，而技术充当着教育的'代具'，弥补了教育的部分缺陷，构建和丰富了教育的功能"。[①] 如何通过载体资源的构建、功能集成和动态调用来提升网络安全意识在下一节进行详细阐述。

（八）社会体系特征

"社会体系是指一组需要面临同样问题、有着同样目标的团体的集合。一个体系必然存在某些规则，这些规则维系着这个体系的稳定和规范。"[②]福柯在《规训与惩罚》中说道"规训'造就'个人。这是一种把个人视为操练对象又视为操作工具的权力的特殊技术。""与君权的威严仪式或国家的重大机构相比，它的模式、程序都微不足道。然而，它们正在逐渐侵蚀那些重大形式，改变后者的机制，实施自己的程序。"社会体系为这种"规训"提供空间，以规则（参考福柯的观点，可以认为规则本质上是关于共享的遵从知识）为基础，通过"层级监视、规范化裁决，以及二者在该权力特有的检查程序中的组合"手段对个体的心理和行为施加作用。

（九）推广人员的努力程度

首先，推广人员需要让各类社会群体明白提高网络安全意识是有必要的，需指出目前所面临的网络安全威胁严重程度，提供可供选择的问题解决方案。其次，应建立良好的信息交换关系，让受众感到专业和信任。从不同群体角度出发，切实帮助他们分析正面临的网络安全问题并找出现有方案无法解决问题的原因。了解可能被拒绝或忽视的人群，设法激发他们学习网络安全知识的兴趣。并且通过同伴影响或意见领袖影响的方式推进提高意愿转换为实际行动。除此之外，对于那些已经提高网络安全意识的人，可以强化对他们的信息传播，以确保他们接受行为的稳定性，防止提高终止。最后，推广人员需要帮助受众形成一种自我学习扩散意识，培养受众转换成新的网络安全意识推广人员。

三、创新扩散视角下网络安全意识提升路径设计

创新扩散理论指出扩散网络具有同质性与异质性。同质性表示沟通双方的相似性，相似程度高的个体往往可以交流密切，因此同质性沟通能够促进创新的水平方向推广，但由于同质群体的局限，可能对社会体系中的创新扩散造成无形

[①]　杨绪辉，李艺，沈书生.伯格曼技术哲学在现代教育技术研究中的启示[J].现代教育技术,2015,25(10):40-46.

[②]　[美]E.M.罗杰斯.创新的扩散[M].北京:电子工业出版社,2016:39.

阻碍。而异质性则表示沟通双方的背景差异程度,异质性高的个体需要付出更大的努力才能进行有效沟通,但异质性沟通有助于将创新观念引入新的群体,即"弱连接的力量"。意见领袖在扩散网络中起到重要作用,可以在符合固有体系范围的同时率先接受创新事务,是同质性沟通与异质性沟通的重要载体,其行为是创新在社会体系中采用率的决定性因素。这与网络编排理论中以创新整合者或平台领导者为核心构建和推广创新有异曲同工之妙。

Dhanaraj 和 Parkhe 于 2006 年首次界定"网络编排"概念,用以描述枢纽组织编排创新网络的过程。[①]"编排"一词最初用于解释双边关系,后被产业或商业网络理论用来指代枢纽组织影响创新网络的能力。网络编排就是指枢纽组织在寻求从网络中创造价值(扩大蛋糕)和提取价值(获得更大的蛋糕)时所采取的一系列深思熟虑的、有目的的行动。

网络编排理论起源于资源基础理论。资源基础理论认为企业是资源的集合体,企业获得竞争优势的根本原因是获取并控制战略性资源。资源基础理论强调企业所拥有的优势资源,但却难以解释在资源受限的特殊环境下,企业应如何成长。在发展过程中,与资源基础理论相关的研究逐渐发展出资源拼凑理论、资源编排理论、网络编排理论等。其中,网络编排理论与其他理论的区别在于关注企业的外部资源,在利用外部资源的过程中引入网络的思想,探讨枢纽企业如何利用网络关系部署、获取并促进资源的流动。[②]

网络编排理论将枢纽企业定义为拥有突出地位和权力的企业,它们通过个人属性和网络结构中的中心位置获得权力,并利用其突出地位和权力发挥领导作用,将网络成员分散的资源和能力聚集在一起。枢纽企业可以评估驻留在网络不同点的相关知识的价值,并能够将其转移到网络中其他有需要的点上,还可以向合作伙伴学习,利用由网络关系提供的资源,有效地促进知识流动。这种中心单位或活动主体亦被称为编排者、领导组织、网络企业家、冠军或触发实体、创新整合者、平台领导者等。本研究将网络编排理论中的枢纽企业与创新扩散理论中的意见领袖相对应进行研究。

网络编排机制是枢纽企业组建、维持或发展网络过程中采取的实践行动集合,该机制及其潜在的实践可能会随着时间推移改变枢纽企业相对于其他网络成员的地位。过往研究中对网络编排机制提出了多种概念,但总体上可以归结

① Dhanaraj, C., Parkhe, A. (2006), Orchestrating Innovation Networks. *Academy of Management Review*, 31, 659-669

② 谢洪明,郭蔓蔓,柳倩,等.网络编排理论研究评述与展望[J].管理学季刊,2023,(02):36-56+109.

为以下四种：一是设想枢纽企业的网络价值。这种机制需要设想枢纽企业对其成员的潜在价值，并理解网络如何协作构建和增强这种价值。二是诱导网络成员对网络整体的创新。这种机制的特点是枢纽企业的投资和活动会支持和指导网络合作伙伴的创新，为网络整体创造价值。三是使网络整体合法化。这一机制既涉及枢纽企业对网络整体行为活动的合法化，也涉及诱导网络行为活动的合法化。四是让网络主体参与网络整体的调整。这一机制的特点是在网络主体影响下网络整体的内部结构和管理向更先进更适配的方向调整。①

本部分借助网络编排的机制来呈现网络安全意识提升路径。以政府为领导核心统筹企事业单位、民间组织、非营利性组织等主体构建网络安全意识提升的总体参与网络，并通过鉴别不同社会群体中的意见领袖构建网络节点，形成多维辐射效果，具体构建过程如下：

（一）设想

设想是指确定需要达到的目标并制定相应的战略规划。由网络安全负责单位提出网络安全意识提高的总体战略，明确政府对企事业单位、民间组织等主体的领导方式与各部分群体的参与路径，以及各级政府的引导方式方法，包括策划组织提高网络安全意识的项目活动、提供相关项目活动的指导意见、构建包括各种群体的意见领袖与意见领袖型组织的网络安全意识扩散网络等，注重同质性与异质性沟通相结合，以加强群众对提高网络安全意识的重视。在制定的战略规划中，要明确指出需要完成的目标，并根据目标制定相应可量化的考核标准，比如 2025 年减少网络诈骗受骗比例 20％。

同时，网络安全意识的扩散需要时间，群众的网络安全意识的提高不是一蹴而就的，而是有过程的渐进的，群众对于提高网络安全意识需要经历认知、说服、决策、实施、确认等不同阶段，而且不同群体、群体中不同个体的意识提高进度可能是不同的，更加开放和与时俱进的群体或个体更容易接受新思想，对于提高网络安全意识的必要性和重要性感知也会更加明显，而相对封闭和守旧的群体或个体则不容易接触和接受新思想，对网络安全重要性的感知也会更弱。在创新扩散理论中，Rogers 根据创新性将创新采用者简化分为五类，分别是创新驱动者（2.5％）、早期采用者（13.5％）、早期大众（34％）、后期大众（34％）和后期采用者（16％），对创新的采用依次变晚。因此，需要相关部门在提出总体目标战略的同时，根据不同群体和阶段提出渐进的有层次的目标和规划设想。

网络安全意识扩散初期，应当重点关注创新先驱者和早期采用者，以构建扩

---

① Perks, H., Kowalkowski, C., Witell, L., & Gustafsson, A. (2017). Network orchestration for value platform development. *Industrial Marketing Management*, 67, 106-121.

散网络的关键节点。创新先驱者能够快速获得与接受来自组织外部的创新思想，并且具备一定的专业技术知识来应用创新，因此，创新先驱者是最早形成网络安全意识的组织或个人，也是网络安全意识扩散的启动者。除此之外，在创新先驱者中的扩散较为容易，因为这些创新扩散者不仅能够率先感知到提高网络安全意识的重要性，还具备广泛与坚实的社交网络以接收和传播网络安全意识，但由于创新驱动者处在过于前沿的位置，他们不一定会受到整个系统的尊重。而早期采用者与系统的联系更为紧密，他们比普通成员更加具有创新性又没有超出很多，能够接收到创新驱动者所引进的新思想，又能够将这些思想扩散到普通成员中去，而且由于他们的创新性和谨慎性，早期采用者往往够得到尊重，是系统内许多成员的效仿对象。因此，可以结合创新驱动者和早期采用者一起构建网络安全意识扩散网络的关键节点。政府是整个网络安全意识扩散网络的领导者，所以应当从各级政府出发，尤其是与网络安全紧密相关的政府部门与工作人员，其了解我国所面临的网络安全形势状况，而且在社会各类组织和群体中拥有权威，应当率先提高自身网络安全意识，并将这种意识扩散到整个政府系统与社会系统中去。同时，本身就与网络息息相关的数字产业公司、正在或已经完成数字化改革的企事业单位以及网络安全相关专家与工作者等都是网络安全意识的创新驱动者和早期采用者，政府应将其组织起来共同构建扩散网络的初步形状。

网络安全意识扩散中期，需要通过早期大众和后期大众增加网络节点，以形成相当规模的网络安全意识扩散网络。早期大众是指系统中比普通成员略早接受创新的成员，处于早期采用者和后期大众之间，大约占据系统人数的1/3，很难引导新思想，却能够跟随新思潮。对于这部分群体，政府需要领导各企事业单位做好引导工作，建立和完善早期大众向早期采用者接受和学习网络安全相关知识的渠道，让其感知到提高网络安全意识和技能的重要性，从而自发地成为新的传播渠道。后期大众同样占据系统人数的1/3，这部分群体比普通成员接受创新时间略晚，往往是因为经济利益或同伴压力刺激才选择接受创新，而网络安全意识很难直接带来可观察的好处，因此可以通过奖励与优惠等方式吸引潜在的网络安全意识扩散者，从而增加接受提高网络安全意识的人员数量，同时结合早期大众形成提高网络安全意识的社会氛围，从而促进后期大众对网络安全意识的提高。早期大众和后期大众是系统中占据人数最多的群体，也是整个社会系统中最普遍的组织或个体，作为构成网络安全意识扩散网络的中坚部分，需要投入大量资源使其实现相当规模。

网络安全意识扩散后期，需要关注后期采用者的需求，以完善网络安全意识扩散网络。后期采用者是指系统中最后接受创新的群体，他们往往比较保守传统,常常沉浸在过去,过去怎么做现在就怎么做,所以很难接收和采用新的思想。在网络安全意识扩散网络中,后期采用者可能因为自身思想观念、家庭环境、社会环境等各种因素无法意识到网络安全的重要性,或者他们认为自己并没有机会遭遇网络安全威胁,对于这部分群体,需要采用具有针对性的举措来帮助他们意识到提高网络安全是有价值有必要的。

值得注意的是,不同群体可能存在于网络安全意识扩散的各个时期之中,并不是每一时期只需要关注对应的群体,而是强调这一时期让该类群体成为扩散网络组成部分的重要性,而且,这些群体具有连续性和相对性,并不是可以绝对清楚断开的,实际网络构建过程中应具体情况具体分析。

(二)诱导性活动

诱导性活动是指网络安全意识扩散网络领导者通过宣传、教育、比赛等一系列项目活动使得网络潜在成员参与到网络构建中来,为网络安全意识扩散创造价值。根据活动所针对的对象和覆盖面的广泛程度,可以将网络安全意识扩散活动分为面向社会大众的活动和面向特定群体的活动。社会大众是指所有社会公民,活动具有广泛性和普适性;特定群体是指具有指定特征的群体,由于相较于其他社会成员,这部分群体在网络安全意识提高过程中或其本身存在明显的趋于统一的群体特征,比如青少年群体、老年人群体等,因此可以开展具有针对性的活动来提高扩散效率、降低扩散成本。

诱导性活动核心目标在于通过议题的设置塑造公众责任和安全文化,唤醒安全需求。议题设置理论是美国学者麦库姆斯等人最早提出的,这一理论认为虽然大众传媒不能够直接决定人们怎么思考,但是,某些话题经大众传媒不断宣传和强调后,会对受众产生暗示作用,从而可以引导人们明确哪些问题是最重要的。通过议题设置主动引导媒体继而影响舆论是重要的政治手段之一,也意识形态调控的重要途径。传统媒体在议题设置的实践中主要形成了两条路径,一条自顶向下,以新闻议题为中心,另一条则是自底向上,以公众议题为中心。自顶向下的路径是新闻机构基于对社会和政府的了解,利用调查性报告和新闻评论来积极地设置议题和达成社会舆论。自底向上的路径通过大量的民意调查发现公众所关注的议题究竟是什么。李普曼形象地将传统媒体比喻为探照灯,灯光照到哪里,公众的关注就集中在哪里。在信息经济时代,传统媒介的报道方式已经很难决定公众议题。公众已不再被动地接受政府或媒体所建构的议题,而是人人可以是记者,通过主动借助新媒体平台参与甚至主导议题的建构,这也大大增加了议题设置的时效性。当然,网络传播也具有负面效果,网络身份的匿名性和虚拟性导致"虚假信息"的大量出现,容易误导公众对于真实可靠信息的获取;另外,碎片化的信息资源虽然具有一定的便利性,但是往往会使公众难以系统化地构建认知,影响对于风险的判断和反应。因此,面向全民网络安全意识提升的议题设置的实质是对多元媒体的整合利用,其实施的关键在于面向目标人群的媒体类型、媒体载体、传播内容、传播时间的定制化服务提供。

通过对活动对象、形式、覆盖面等因素的分析,结合目前网络安全意识活动案例,将诱导性活动大致分为以下几类:

一是各地政府领导相关组织单位围绕国家网络安全宣传周主题制定系列活动,鼓励组织成员与社会群体积极参与。2014年2月,习近平总书记主持召开中央网络安全和信息化领导小组第一次会议并发表重要讲话,指出"没有网络安全就没有国家安全,没有信息化就没有现代化",[①]网络安全由此上升为国家安全层面,该年起,每年9月第三周就被定为"网络安全宣传周",以普及网络安全知识,提高人民网络安全意识。每年的网络安全宣传周是促使各级政府与各类组织开展相关活动以提高全民网络安全意识的良好契机。2016年,主题由"共建网络安全,共享网络文明"转变为"网络安全为人民,网络安全靠人民"。这说明了提高网络安全意识是为了保障人民群众的安全,同时也需要广大人民共同参与,因此,各级政府与各类组织需要开展贴合实际的活动,鼓励人民群众提高与扩散网络安全意识。以下为具体做法及案例示范:

(1)演示展览项目,直观性加强网络安全意识

案例:汽车智能网联时代,面对一辆辆汽车背后的上亿行代码,如何应对数据传输与存储中可能出现的网络安全隐患?在合肥网络安全博览会现场,停着一辆全身贴满"马赛克"的汽车,旁边放置着一个屏幕。这是杭州安恒信息技术股份有限公司带来的车联网安全体验环节,工作人员操作电脑便在无钥匙的情况下解锁了车门,并模拟了行车记录仪"偷拍"、车内"窃听"等行为。而作为首次参展网络安全博览会的汽车企业,安徽江淮汽车集团股份有限公司展示了从车辆信息传输到手机指令传输、后台验证和解密、车身控制器运作等多个环节的网络安全支撑体系。[②]

(2)互动体验项目,沉浸式提高网络安全意识

今年的网络安全博览会现场专门开辟了科普互动区,设置多个互

---

① 新华网.习近平主持召开中央网络安全和信息化领导小组第一次会议[EB/OL].人民网—习近平系列重要讲话数据库,(2014-02-27)[2024-03-02].http://jhsjk.people.cn/article/24486402.

② 新华社.共筑防线 共享机遇——2022年国家网络安全宣传周观察[EB/OL].新华网,(2022-9-11)[2024-02-01].http://www.news.cn/politics/2022-09/11/c_1128995020.htm.

动体验项目。百姓在现场可以沉浸式了解新型诈骗手段,学习网络安全知识。在科普互动区,合肥市民汪女士饶有兴趣地体验语音变声、AI 换脸。"没想到声音、样貌这些身份特征,也有被伪造和模仿的可能。"汪女士说,今年的体验式科普活动,提高了她对网络安全的认识。①

(3)网络安全竞赛,比拼中加深网络安全意识

2022 年国家网络安全宣传周 5 日起在全国范围内统一举办,各地及相关部门、行业协会、高校企业广泛开展网络安全竞赛活动,宣传网络安全理念,普及网络安全知识,提升网络安全防护和应急处置能力。黑龙江省网络安全挑战赛 6 日正式开赛。来自各高校及企事业单位、网络安全技术企业的 84 支队伍、247 名选手,通过远程连线的方式参赛。参赛选手以攻击者身份对模拟的企业内网进行渗透,主要考察选手在实战情况下的攻防能力。"我们三个人组团参赛,在模拟实战中加深了对网络信息安全的了解,在攻防能力上有所提升。"获得此次比赛一等奖的哈尔滨理工大学网络安全专业学生尹鹭星说,他已连续参加三届比赛,收获颇丰。②

二是加强对网络安全的日常宣传,使网络安全意识潜移默化地融入社会成员的脑海中去。大众传播渠道是认知性知识的来源,是社会各类群体接收组织外部信息的重要来源,提高全民网络安全意识需要充分利用大众传媒。网络安全负责部门可以在主流社交媒体中开设具有权威性的网络安全官方账号,定期发布网络安全有关知识,由各级政府官方媒体转发特色内容,扩展社会传播范围。同时可以通过授予荣誉、展开评比等方式激励社会群体开展网络安全宣传活动,鼓励具有社会影响力的自媒体作者创作网络安全相关内容,发挥弱连接优势,并支持网络群体分享自己的相关经历,促进同伴沟通,加快网络安全意识扩散。在注重大众传媒的同时,也应该关注社会群众能够在现实世界接触到的传播渠道。比如各类博物馆、历史馆等是社会各类群体常去的地方,建设类似的网络安全主题馆也能够对提高网络安全意识起到促进作用。此外,结合贴近人民生活的艺术作品来宣传网络安全也是能够吸引相应群体的关注,从而提高其网络安全意识。

---

① 新华社.共筑防线 共享机遇——2022 年国家网络安全宣传周观察[EB/OL].新华网,(2022-9-11)[2024-02-01]. http://www.news.cn/politics/2022-09/11/c_1128995020.htm.

② 新华社.我国开展网络安全竞赛活动[EB/OL].新华网,(2022-9-9)[2024-02-01]. http://www.news.cn/politics/2022-09/09/c_1128991947.htm.

①网络安全知识视频科普

七台河市委网信办制作了"网络安全防范小贴士"系列动画视频，包括"接到退款消息，小心被'钓鱼'""免费WiFi善伪装，小心信息失窃""移动支付也有'陷阱'，小心落入圈套"等主题。①

②网络安全主题馆建造

位于郑州（国家）高新技术产业开发区的网络安全科技馆展馆是国内外首个网络空间领域的主题馆，围绕个人安全、政企安全、社会安全、综合竞技，从个体到国家，从微观到宏观等全方面、立体化、沉浸式地展现了网络空间的安全场景，设置了200多个展项和1700多件展品，是普及网络安全知识、汇聚产业力量、展示创新成果、繁荣精神家园的新平台。通过266个"跳舞"显示屏，展示人们接入网络的不同方式、使用网络的不同场景，增强观众对虚拟世界的切身体验和代入感；通过全景态势互动展示的方式，介绍APT（高级持续性威胁）攻击的源头、路径、频次等知识；反偷拍挑战屋模拟搭建的酒店、民宿场景，场景内隐藏安装了大量的针孔摄像头，身在其中观众可使用专业设备找到该房间内的隐藏摄像头；按照典型城市级互联网架构搭建的大规模网络仿真靶场，对城市建设和运营中的关键信息基础设施网络进行仿真模拟等。②

③网络安全知识画作宣传

各地区各部门在基层以通俗易懂、百姓喜闻乐见的方式，宣传网络安全理念、普及网络安全知识、推广网络安全技能。六合农民画是江苏省非物质文化遗产。六合区税务部门与农民画创作者们合作，创作谨防电信网络诈骗、个人信息保护等网络安全主题作品，以海报形式普及网络安全知识。"税务部门鲜活生动的宣传辅导方式，好看好记，效果很好。"南京众合致盛财务管理有限公司一名邱姓财务人员说。③

三是在学校、企业、社区等具有相似特征的群体组织中开展系列课程并组织相关活动，将网络安全意识带进课堂、工作与生活，充分发挥同质性沟通的扩散作用。在网络时代，各个年龄段的群体都与网络密切接触，网络安全基本上是我

---

① 来源：网信七台河（公众号）

② 郑州网络安全科技馆 |"时空长廊"已就绪 欢迎来到网络世界［EB/OL］. 中国日报网，（2020-9-14）［2024-02-01］. https://cn. chinadaily. com. cn/a/202009/14/WS5f600990a31047bd8d95e97b. html.

③ 新华社. 我国开展网络安全进基层活动［EB/OL］. 中国政府网，（2022-9-10）［2024-02-01］. https://www. gov. cn/xinwen/2022/09/10/content_5709352. htm.

们无法回避的问题,因此,需要提高社会各类群体的网络安全意识。社会群体分类众多,但基本上都在学校、企业和社区这三种组织聚集,而且聚集的群体往往具有部分相同的特质,使得他们之间能够更顺畅地交流信息,也更容易接受对方所带来的新思想。因此,可以围绕这三种不同的群体开展集体学习活动,在学校、企业、社区举行诱导性活动,为其展开网络安全相关交流讨论提供机会,以促进其网络安全意识提高。

①网络安全意识走进校园活动

政警企校联合打造的"Hello语音沉浸式网络安全课堂"近日走进广州番禺沙涌小学。课堂伊始,番禺区委网信办秘书科科长陈伟浩向学生们讲解了国家安全及网络安全的相关知识,并告诉孩子们应该怎样安全上网,"没有经过父母同意,不要把自己及父母家人的真实信息,如姓名、住址、学校、电话号码和相片等在网上告诉其他人;遇到陌生网友用发红包或给其他好处拉近关系,约见面,要提高警惕,告诉家长或老师。"在互动体验环节,广州番禺网警伍警官邀请一名学生用手机扫了二维码,按指引下载APP。"你现在对着大家拍张照看看。"刚用手机拍完照,"黑客"的电脑上就出现了刚刚学生拍的照片。在专业模拟设备的条件下,"看不见摸不着"的网络攻击威胁真实地还原在了学生的面前。[①]

②网络安全意识走进企业活动

2021年10月11日至10月17日,中建集团开展了形式多样的宣传活动,创新应用新媒体技术,重点聚焦《网络安全法》《数据安全法》《个人信息保护法》法律法规等。在线下展厅首播由集团员工参演的网络安全宣传短剧,沉浸、带入式宣传网络安全知识。搭设互动答题区、学习打卡留影区、视频宣传区、盲盒游戏区等交互式展区,注重学习互动体验,多形式宣传普及网络安全知识,常态化、体系化的网络安全意识教育,贴近工作和生活场景的"零距离"体验式活动,使大家更加真切地感知网络安全工作的重要性,有效激发了企业员工共同维护网络安全的责任感。[②]

---

①　好玩又有趣! 沉浸式网络安全课走进小学生课堂[EB/OL]. 中国新闻网・广东,(2023-4-21)[2024-02-01]. http://www.gd.chinanews.com.cn/2023/2023-04-21/427554.shtml.

②　共筑网络安全防线! 中建集团2021年网络安全宣传周圆满收官[EB/OL]. 澎湃新闻,(2021-10-20)[2024-02-01]. https://www.thepaper.cn/newsDetail_forward_14999800.

③网络安全意识走进社区活动

2023 年 5 月 24 日下午,"吴陵先锋"联合党委在安居社区文明实践基地开展"网络普法进社区党员示范我先行"活动。为了让大家对网络安全工作有更深层次的认识和了解,同时进一步提高网络安全意识和防骗能力,现场设置了"依法治网 安全用网 文明上网"系列宣传展牌,并精心准备了网络安全法规手册及宣传折页。来自江苏银行的普法专员们现身说法,为大家带来了一场生动的网络普法讲座,并现场设置法律咨询台,对居民感兴趣、易迷惑的问题进行逐一解答。党员普法志愿者们现场发放宣传资料,和群众面对面宣讲网络安全、消费者权益保护、打击养老诈骗等方面的法律知识,得到现场群众的一致好评。活动结束后,普法宣传队成员来到社区居民家中,一对一指导居民保护上网安全隐私,甄别有害信息,警惕非法网络链接,拒绝网络暴力。[①]

(三)合法化

合法化既是指网络安全意识提高项目活动应符合现有的法律条文与规章制度,也是指网络安全意识扩散网络构建过程应具备可以参照的规范与章程。在网络安全宣传过程中,可能需要公开网络安全现状信息与数据,以展示网络安全意识提高的必要性和急迫性,但是并非所有的网络安全信息数据都能够直接公开和传播,比如重大网络安全事件造成的恶劣结果经由不恰当的网络传播可能会引起社会恐慌和舆论事件,此外部分涉及国家安全或技术机密的数据更应该重点保护,并不适合公开与传播。同时,相关部门与组织在借助短视频、直播等新媒体进行网络安全知识、技能分享时,需要注意避免因追逐流量而产生过度娱乐化的活动形式,采用潮流的方式组织网络安全相关活动以吸引更多参与者无可厚非,但活动的根本目的是提高全民网络安全意识,而不仅仅是取悦大众。曾经因一句"你下载反诈 APP 了吗"直播走红的老陈,固然为防电信诈骗推向大众作出了贡献,但也因为他在直播间的不当行为引发巨大争议,遭受流量反噬。由此可见,网络是把双刃剑,相关新媒体账号对于输出内容与出镜者形象及言行举止应严格把控,加强组织影响力,而非将流量建立于个别"网红"之上。此外,诱导性活动有时需要一定的激励以吸引潜在参与者加入扩散网络,比如网络安全知识竞赛中的奖品,但如何最大化使用这些激励手段的效益仍需要进一步探索。

基于以上问题与状况,应采取相应措施对网络安全意识扩散网络构建过程

---

① 【幸福三角圈】"吴陵先锋"联合党委:网络普法进社区 党员示范我先行[EB/OL].腾讯网,(2023-05-25)[2024-02-01]. https://mp.weixin.qq.com/s/8eoBZm6I4f9S0gMk4-46yg.

进行合法化。一方面,要建立健全网络安全意识提升活动的相关管理办法,使网络安全重要性宣传、知识分享、技能培训等有助于构建网络安全意识扩散网络的活动有法可依。首先,由网络安全相关部门对网络安全相关数据信息判断分类,在严格保护涉及国家安全与技术秘密的前提下,对其他数据则秉持尽可能大的开放态度,以方便满足诱导性活动对网络安全数据信息的需求,从而达到更好的活动效果。其次,对各类诱导性活动实施过程提出要求,时刻围绕最大程度提高网络安全意识的本质目标,从人民群众的生活实际出发,选择与创造群众喜闻乐见的活动形式,合理合适地展开网络安全意识扩散活动。最后,对组织活动的主要人员制定基本规范,要求其具备良好的个人综合素质,并具备活动所需的网络安全知识与技术技能,在进行网络安全宣传时应秉持为人民服务的友好态度,在活动过程中积极响应群众网络安全知识技能需求。另一方面,要探索与总结一系列效果良好的可复制可推广的网络安全意识提升活动范式。创造与创新提高网络安全意识的活动本身就是一件有困难的事情,各地政府与组织以及不同创办者的背景不同,创办的活动形式及活动效果也会有所不同。同时,当今社会无论是线上还是线下,各种主题与形式的活动都层出不穷,不少活动都投入了大量的人物力,想要在众多活动中吸引人们关注和参与网络安全相关活动,就要集中力量办大事,把可以调度的资源运用到最有效的扩散活动中去。因此,需要各级政府通过竞赛、量化评比等形式在各个组织举办的活动中挑选出提高网络安全意识的效果好且能够被广泛推广的优秀活动,并总结编写这些活动的运行规范与适用情况,方便其他组织根据自身情况学习借鉴。

（四）调整

调整是指网络安全意识扩散网络构建过程中,应根据新的网络节点与枝蔓的形成状况优化与完善网络安全意识提升项目活动,并依照各阶段目标的完成情况调节下一阶段的策略与规划。新思想的传播与普及过程必然不会一帆风顺,而是会遇到各种各样的阻碍,全民网络安全意识提高过程就是使潜在采用者接受和采用原先没有关注或不重视的网络安全知识与技能,因此,网络安全意识作为一种新思想在扩散过程中同样会遭遇由于与群众以往认知不一致、学习成本制约、接受渠道受限等不同原因所形成的问题与挫折。有些问题是在网络安全意识提升活动过程中就已经发生的,比如在网络知识有奖竞猜中准备奖品不足,对于这些问题,如果行动方便则可以在问题发现时就进行弥补,比如根据奖品快要分发结束时提前派人采购,以维持现存积极参与氛围。如果问题出现时无法就地解决,应该在活动结束后进行反思与总结,分析是什么原因造成的问题、是否有方法可以解决、是否值得解决,并根据此次经验判断是否进行、调整与完善下次活动。有些问题在活动过程中并不容易发现,但在举行多次活动后逐渐显现,比如活动圆满举办,参与者也非常多,但是在后续效果评测中发现,整体的网络安全意识并没有明显的提高,说明这种活动形式可能并不适合这部分人群,因此,需要及时调整或更换活动形式。此外,对于合法化部分所提到的活动范式,由于不同组织所拥有的人才与资源并不一致,而且面对的对象也可能存在差异,所以应该根据组织自身情况做出调整,并结合整体推广情况对活动范式进行完善。

对于以上可能或者已经出现的问题,主要有两种发现形式,一种是由活动组织者与操办人员观察、反思与总结活动过程从而发现不足之处,另一种是根据参与者的参与体验与网络安全意识提高程度来反映活动举办成效。因此,需要构建相应的反馈机制来接收活动参与者及组织者对于活动的意见与建议,并制定各自配套的响应机制及时解决反馈的问题,以促进问题提出者的参与感与成就感从而增强其网络安全意识扩散意愿。对于活动的组织者与操办者而言,应该在活动结束后及时完成活动总结,活动负责人需要根据大家的总结并基于自身经验提炼归纳本次活动的不足,并及时召开会议或与相关人员交流讨论形成解决方案,并用于下次活动的举办过程。对于活动参与者,应采取采访、打分等方式了解其想法,并在主流社交媒体与相关部门网站建立交流渠道,方便参与者提供自身对本次活动的意见与建议,同时就其提出的问题及时告知解决情况。此外,在完成某阶段的网络安全意识网络构建后,相关部门需结合所举行活动与采取措施的实际数据情况,对下一阶段的设想进行调整与优化,完善网络安全意识提高行动规划与网络安全知识扩散形式,以期取得更好的网络安全意识提高效果。

(五)支撑条件

网络安全意识的提高过程就是网络安全意识扩散网络的构建过程,当越来越多人的网络安全意识提高,就意味着有更多人可以向周围人分享与传播网络安全相关知识与技能,网络安全意识扩散网络的节点与枝蔓也能够随之不断增加,从而促进整个社会系统的网络安全意识提高。在这个过程中,需要进行各种关于网络安全意识的诱导性活动,以鼓励与促进潜在采用者提高网络安全意识,这些活动的进行必然需要资金支持。同时,部分网络安全意识提高活动的举行需要相关技术的配合,比如上文提到的沉浸式网络安全体验互动项目、网络安全主题馆中的场景重现等都需要技术的支持。此外,人才在网络安全意识扩散网络中作为节点的重要组成部分,其所具备的能力能够为传播网络安全知识与相关技能做出重要贡献。因此,网络安全意识的提高需要充足的资金、技术、人才准备作为支撑。

一是各级政府部门在保障财政资金支持的同时,促进社会资本对网络安全意识提高的投入。财政资源是各类政府部门组织进行网络安全相关活动的重要保障,而且,关于网络安全意识提高的财政支持也能够体现各地政府对于网络安全的重视程度,从而促进各相关部门对网络安全意识相关活动的组织与支持,因此,保证一定的财政投入是有必要的。社会资本投入是指社会各组织对于网络安全相关活动的资金支持,社会资本的投入不仅可以降低政府财政压力,还能够以此提高企业知名度与社会影响力,帮助其获得更多的业务与项目,从而形成双赢的局面。尤其对于网络安全相关企业而言,可以在网络安全意识提高活动中向社会各类群体提供免费或优惠的网络安全知识与技能培训,以相关服务减少实际活动所需费用,同时为企业树立更好的社会形象。

二是各级政府部门应加强对先进网络技术的关注与应用,联合相关技术企业以新技术为支撑促进网络安全意识活动创新。可以针对网络安全相关企业出台网络安全意识提高项目的优惠政策,鼓励其承办面向社会大众或各类特定群体的网络安全体验互动项目,使参与者能够身临其境地体会到自己可能遭受的网络安全威胁从而提高网络安全意识。而且,这些项目能够充分发挥该类企业本身所具备的技术优势,使其成为扩散网络中的关键节点之一。同时,可以利用网络技术扩展网络安全知识与技能传播的空间与时间,比如构建网络安全知识与技能的网络学习平台,或在现有平台中搭建网络安全学习板块,将网络安全的学习资源上传至相应网络空间,不同人群可以在不同的时间、地点学习到同样的内容。

三是政府相关部门可以构建能够进行调度的活动人才资源库,并在网络安全扩散网络的构建过程中不断纳入和培育新的人才。首先,整合政府部门可用于网络安全意识提高活动的人才以及愿意参与活动的社会组织人才,对其能力、技术作出基本判断,做好分类统计工作,合理分配于各项网络安全活动,并及时补录诱导性活动中新挖掘的人才。其次,在整个过程中,需要关注网络安全专业技术人员、社区干部、企事业单位优秀人才、自媒体创作者等具备意见领袖特质的人,识别判断其在各自群体中的扩散能力,形成网络安全意识提升的重要网络节点,为扩散网络构建提供支持。此外,可以向学校、企业、社区等不同群体提供网络安全培训,帮助部分群体学习与掌握网络安全相关知识与技能,使该部分学员成为各自群体中新的网络安全人才,对组织内其他成员进行网络安全意识扩散。

第五节　小　结

网络安全人才的胜任力最终体现在行为表现中。研究发现,环境对于网络安全行为的形成具有显著影响,这为网络安全教育提供了重要的实证研究支撑。"所有人"的网络安全意识视角提升是网络安全人才发展的基础,本研究将意识的提升作为一种传播的过程,结合创新扩散理论和网络编排理论,提出了以政府为主导的全民网络安全意识提升方式方法,能够为相关部门实践提供参考。

第九章　网络安全人才培养质量模型构建

　　新增长理论将经济增长源泉由外生转向内生,认为一国经济的增长取决于其人力资本的积累,教育是人力资本提升的根本路径。习近平总书记在北京市八一学校考察时的讲话(2016 年 9 月 9 日)中提道:"时代越是向前,知识和人才的重要性就愈发突出,教育的地位和作用就愈发凸显。我国正处于历史上发展最好的时期,但要实现两个一百年奋斗目标、实现中华民族伟大复兴的中国梦,必须更加重视教育,努力培养出更多更好能够满足党、国家、人民、时代需要的人才。"[1]

　　上一章已经通过实证研究验证了教育培训对于网络安全意识提升的重要作用。根据目前全球网络安全人才发展的状态,最重要的人才教育和培训场域是高校。党的二十大报告首次将教育、科技、人才统筹安排部署,强调坚持教育、科技、人才系统观念。高质量的教育体系、高水平的科技创新以及充满活力和竞争力的人才队伍是建设科技、教育、人才一体化的必要基础和前提。其中教育生态系统既是创新型人才培养的主要场所,也是科技创新的重要领域。[2] 高校是教育、科技、人才的集中交汇点,承担着为党育人、为国育才的重任,在推进教育、科技、人才"三位一体"协同融合发展过程中扮演重要角色。

　　网络安全人才供需匹配的基础是高等教育,提升网络安全人才供需匹配的关键环节是提高网络安全人才高校培养的质量。本章结合质量功能展开方法(Quality Function Deployment,QFD),在对网络安全人才培养需求和质量特性进行梳理和量化的基础上,提出了基于 QFD 的网络安全人才培养质量评价模型,旨在提供掌握网络安全人才培养质量的系统图式。

---

　　① 新华社.习近平:全面贯彻落实党的教育方针 努力把我国基础教育越办越好[EB/OL].人民网—习近平系列重要讲话数据库,(2016-09-09)[2024-03-02]. http://jhsjk. people. cn/article/28705338.
　　② 张炜.推动教育科技人才一体化布局 加快建设世界工程教育强国[N].光明日报,2023-6-6;14 版.

第一节　网络安全人才培养质量

质量的概念最初应用于工业领域，在以生产者为主导的市场中，质量关注产品本身的属性；随着生产力的提升，当前的市场已经是消费者主导，对质量的认识发生了本质变化，主要关注客户需求的满足。ISO9000：2000《质量管理体系-基础和术语》定义质量为"一组固有特性满足要求的程度"。这里的要求主要就是客户的需求，质量特性则包括产品性能、适用性、可靠性、安全性、经济性、美学性等。

由于质量对于工业企业的生产和发展十分重要，在工业领域形成了一系列质量管理的理论和标准。质量管理旨在通过质量规划、质量控制、质量保证、质量改进等一系列活动来确保产品能够满足客户需求。ISO/TC176委员会（质量管理和质量保证技术委员会）提出了质量管理的八大原则，包括以顾客为中心、领导作用、全员参与、过程方法、管理的系统方法、持续改进、基于事实的决策方法、互利的供方关系等。戴明在《走出危机》（*Out of The Crisis*）一书中，提出了著名的质量管理原则"戴明14条"，包括：(1)持续改进产品和服务质量；(2)提倡新观念；(3)停止大批量检验；(4)结束以价格为基础的采购；(5)持之以恒地改进生产和服务过程；(6)做好培训；(7)改进领导力；(8)消除恐惧；(9)打破部门壁垒；(10)拒绝形式主义；(11)取消定额管理和指标管理；(12)消除影响工作改善的障碍；(13)鼓励学习和自我提升；(14)使组织每一个人都行动起来实现转变。戴明也提到这些质量管理原则不仅适用于工业部门也同样适合服务部门。

目前质量管理理念在教育领域广泛应用。作为人才培养的系统活动，教育的产品是"毕业生"，毕业生的质量直接影响了用人企业的业绩并且通过外部性成为推动社会经济发展的核心资源。不仅如此，根据第五章提到的教育评价方法，教育质量不仅仅体现在作为产出的毕业生质量，也包括贯穿在培养过程中的服务和其他支撑性工作。联合国教科文组织提出，高等教育质量是一个多维度的概念，它应该包括以下所有功能和活动：教学和学术课程、研究和奖学金、学生、建筑物、设施、设备、对社区的服务、学术环境、教师的引进和持续开发、国际交流和国际研究项目、产学交流合作等。[①]

在网络安全领域中，有效的网络安全人才培养质量特性应体现为一套全面

---

①　UNESCO. (1998). *World Declaration on Higher Education for the Twenty-first Century: Vision and Action.*

的体系,包括考虑教育政策、课程内容、教学资源、师资建设、实践教学和行业合作等多个方面。有效的网络安全人才培养质量保障体系需要将利益相关者的需求融入每一项措施中,从而实现教育质量与社会需求的对接。

第二节　质量功能展开

质量功能展开(QFD)作为一种系统化的质量管理方法,自 20 世纪 60 年代在日本诞生以来,已逐渐成为全球制造和服务行业的重要工具并得以广泛运用。QFD 旨在确保产品或服务的设计和功能全面反映客户的需求和偏好。传统的设计过程往往是工程师或设计师基于自己的理解或经验进行,容易导致产品与市场需求不匹配。而通过 QFD 系统收集、分析和优先级排序客户的需求,确保这些需求在设计中得到充分的体现。[①] QFD 方法的核心目的在于通过确保产品开发每个阶段的质量来满足客户的需求。

目前已有很多工具被用来实现 QFD,比如质量屋(House of Quality,HoQ)。HoQ 是一种图形化的分析矩阵,用于将顾客需求转化为具体的产品或服务设计要求,通常包括客户需求、技术需求、客户与技术需求之间的关联矩阵、客户优先级、竞争分析和技术重要性评级等步骤。HoQ 一般由左墙、天花板、房间、地下室、屋顶和右墙构成。"左墙"列出了客户需求。"天花板"是实现客户需求的一组质量特征。在确定了客户需求和质量特征之后,下一步是在质量屋的"房间"中指定它们的相关性。同时,"屋顶"显示了各质量特征之间的相互关系。这用于识别产品设计中质量特征相互支持或阻碍的地方。"右墙"显示顾客需求优先级、公司的表现和竞争对手在满足这些要求方面的表现。"地下室"是质量特征重要性评级。

由于网络安全人才培养质量核心是对利益相关者需求的满足,因此 QFD 可以为本研究提供支撑。目前,QFD 已经广泛应用于教育界,例如:刘英等利用 QFD 瀑布式分解模型,对教学设计、教学运行、教学控制等阶段进行质量功能配置,构建人才培养质量屋,规划专业培养方案。[②] 刘海滨、杨颖秀运用 QFD,通过课程需求的调查分析、教学质量特性转化、教学模块转化、教学质量改进等步骤

---

① Lockamy, A., and Khurana, A. (1995). Quality function deployment: total quality management for new product design. *International Journal of Quality & Reliability Management*, 12 (6), 73-84.

② 刘英,许延飞,黄冉. QFD 在机械类高素质应用创新型人才培养中的应用[J]. 高等工程教育研究,2011,(02):124-128.

提出大学生就业教育课程的改进对策。[①] 张兰霞等采用 QFD 评价海外科技人才引进政策的实施效果。[②] 蔚莹等运用 QFD 对学生所具备的专业能力进行评估。[③] 籍红丽、谷峪基于学生对教学的需求和人才市场对学生能力的需求,利用 QFD 将需求转化为慕课与传统商务英语专业的教学特性,从课程设置、教学形式、评价方式和资源分配 4 个方面提高教学质量,并基于此提出相应教学模式。[④] 钟金宏等通过问卷获取利益相关者对信管专业毕业生的知识、能力和素质方面的需求;依据这些需求和课程间关系,将课程体系划分为 11 个模块;采用 QFD 对课程体系进行规划设计。[⑤]

第三节　网络安全人才培养质量屋的构建

网络安全人才培养 QFD 模型通过矩阵转换将需求转化为质量特性。该模型是 QFD 理论在网络安全人才质量评价体系中的实际应用,旨在充分挖掘利益相关者对网络安全人才培养质量的深层次需求。在构建模型时,从利益相关者的需求出发,识别并分析这些需求,然后通过构建质量屋和相关关系矩阵,把这些需求转换成具体的质量特性。这一过程确保了教育提供者可以清晰地理解和响应市场和学生的需求,并将其转化为教学和管理的具体实践中。质量屋作为 QFD 的关键工具,帮助明确不同需求元素之间的相互关系,并识别优先级,以决定哪些质量特性应当首先被提升或改进。研究构建的网络安全人才培养质量 QFD 模型的总体概念结构,将清晰展示这一从需求要素到质量特性的转换过程,为高校、企业、社会机构和政府共同参与提高网络安全人才培养的质量和效果提供参考。

---

① 刘海滨,杨颖秀.基于 QFD 的大学生就业教育课程改进研究[J].现代教育管理,2013,(08):61-66.

② 张兰霞,宋嘉艺,王莹.基于 QFD 的海外科技人才引进政策实施效果评价——以辽宁省为例[J].技术经济,2017,36(05):28-33.

③ 蔚莹,刘希龙,赵明轩,等.基于 QFD 模型和双向聚类技术的电子商务专业学生能力分析——以中高职电子商务专业"三位一体"在线教育平台为例[J].中国远程教育,2017,(02):33-44+79-80.

④ 籍红丽,谷峪.基于 QFD 理论探究慕课融入商务英语专业教学的有效模式[J].外语学刊,2018,(06):82-88.

⑤ 钟金宏,邵晶晶,王红叶.基于 QFD 的信息管理与信息系统专业课程体系优化设计[J].情报科学,2018,36(10):105-109.

一、网络安全人才培养利益相关者需求要素分析

在网络空间安全领域,人才培养质量的核心利益相关者涵盖了不同的群体,包括政府部门、高校、企业和网络安全专业的学生,每个群体对网络安全人才的培养有其特定的需求和期望。政府部门希望高校能培养出能够满足国家及社会在网络安全方面需求的高素质专业人才。网络安全专业的本科生期望通过教育能够更好地适应社会和职业的需求,实现个人价值的提升。高校作为培养机构,不仅需要为社会经济发展提供人才支撑,同时也需要通过高质量的教育成果吸引学生和提升社会认可,以提升学校的声誉吸引更多的教育资源。企业等用人单位则关注人才是否能够转化为有效的技术力量和生产力,从而带来实际效益。这四类主要利益相关者的需求虽各不相同,但最终都聚焦于培养出高素质的网络安全专业人才,并通过这些人才以及他们在工作过程中创造的知识在各个领域发挥积极影响。这些需求涵盖了人才培养、科学研究和社会服务等多个方面,相互之间存在交叉和渗透。由于这些需求要素相对抽象,以往的研究往往未能对其具体内容进行详尽细化。若不对网络安全人才培养的利益相关者需求进行深入研究会限制其在实践中的应用价值。

为了更有效地理解和满足网络安全人才培养的多元化需求,参考美国学者奥尔德弗提出的 ERG(Existence-Relatedness-Growth)理论。该理论是基于马斯洛需求层次理论的扩展,认为有三种基本的需求:存在的需求、关系的需求和成长的需求。虽然 ERG 理论本身并不直接针对需求相关者的识别,但它提供了一个框架来理解和分类需求,这可以间接帮助 QFD 过程中更有效地识别和满足需求相关者的期望。在网络安全人才培养的背景下,利益相关者的需求不仅多样且复杂,还经常存在重叠和交织,传统的需求分析方法可能无法充分捕捉到这种复杂性。ERG 理论提供了一种更灵活、更符合现实的方法来分析和理解这些需求,因为其区分于马斯洛的需求层次理论,不一定必须是层次分明,而是允许多种需求同时存在和作用。利用 ERG 理论,可以将网络安全人才培养的需求划分为三个基本层面:基本条件需求(Existence)、相互关系需求(Relatedness)和发展成就需求(Growth)。例如,政府部门可能同时关心人才培养的基本条件(如教育资源的充足)、与高校和企业的协作关系,以及在培养过程中的创新和发展。学生本人则可能关注其职业发展的同时,也关心与同学和教师的交流关系以及获得必要的学习资源。通过 ERG 理论,能够全面系统地分析和理解这些多元化和相互交织的需求。

从网络安全人才培养的利益相关者各自的独特需求出发,对这些需求要素进行分类,明确划分为基本条件需求、相互关系需求和发展成就需求三个层面:

（1）基本条件需求（Existence）。网络安全人才培养需求的基本条件涵盖了人才培养活动的基础设施，如先进的实验室设备、现代化的教学设施、丰富的学习资源（如图书馆和在线数据库）。这些资源的充足性和现代化水平是保障教育质量的基础。网络安全专业的学习离不开先进的实验室，专业实验室应配备最新的网络安全工具和设备，允许学生进行各种安全实验，如渗透测试、安全防护和病毒分析等。实验室不仅是学生实践的场所，也是教师进行研究和开发新教学方法的实验基地。实验室的设备和软件应定期更新，以跟上快速变化的网络安全技术。此外，教学水平的高低直接关系到网络安全人才培养质量的核心。高校应确保教学内容与全球网络安全发展前沿同步，课程设计要与实际应用密切结合。配套的管理机制则包括了完善的课程体系管理、教学质量监控，以及定期的课程内容更新。这需要学校制定明确的教学质量标准，对教学活动进行持续的评估与改进，确保教学内容的时效性和前瞻性。同时，师资力量也是基本条件需求的关键部分。高素质的教师队伍能够提供专业的知识传授和实践指导，是提升网络安全人才培养质量的重要因素。最后，教育体系的构建是人才培养的基础，尤其在大数据环境下，应注重理论与实践的结合，适应社会对应用型人才的需求。管理机制和教学方法的现代化与创新，包括课程设置、评估体系和教学模式的优化，对于满足网络安全领域不断变化的需求至关重要。

（2）相互关系需求（Relatedness）。在相互关系需求中，高校内部的沟通协作机制，如院系间的合作、师生间的互动以及学生群体内部的交流，对于培养具有团队协作精神和良好人际关系能力的网络安全人才非常重要。高校与企业之间的紧密合作是构建实践性强的网络安全教育体系的关键。共建网络安全产学合作基地能够促进教育内容与企业需求的紧密对接，提升学生的就业适应性和创新能力。这种合作通常包括企业参与课程开发、提供实习岗位以及共同研究项目，使得学生能够在真实的工作环境中学习最前沿的网络安全技术和方法。高校与政府、企业及其他教育机构之间的对话和合作，有助于提升教育质量和满足利益相关者的期望。这种外部合作可以促进信息共享，为学生提供更广泛的实习和就业机会。高校和科研机构之间的交流通道促进了科学研究与教学的密切结合。通过参与科研机构的项目，教师和学生能够参与到网络安全领域的最新研究中，这不仅丰富了教学内容，也提升了学生的研究兴趣和科研能力。这种合作还能够帮助学术成果转化为实际应用，加速创新成果的产业化进程。加强交流还能很好解决信息不对称的问题，确保各方能够及时获取和更新有关网络安全行业的最新需求和发展趋势，以提高教育成果的适应性和有效性。

（3）发展成就需求（Growth）。包括网络安全人才培养中，各方利益相关者的发展。在网络安全教育中，重视知识应用能力的培养至关重要。网络空间安全专业的学生希望通过高等教育获得专业知识和技能,包括获取关键的技术能力、解决问题的能力和持续学习的能力,从而提升自身的职业竞争力和社会认可度。这意味着教育不仅要传授理论知识,还应该强调知识到实践的转化能力。高校应通过案例教学、模拟演练和项目式学习等方法,培养学生分析问题、解决问题的能力,以及将理论知识应用到真实世界场景中的能力。同样,网络安全专业人才的职业道德素质对于确保网络安全至关重要。高校应将职业道德教育纳入课程体系,如信息隐私保护、数据伦理和合规性等方面的教育。通过讨论案例、模拟职业决策等方式,学生能够理解并内化职业行为的道德标准,为将来成为肩负社会责任的网络安全专家打下坚实的基础。同时,增强学生的就业竞争力是网络安全人才培养的重要方面。这不仅包括专业技能的训练,也涵盖了软技能如沟通、团队合作和领导力等。高校应提供职业规划服务,帮助学生了解网络安全行业的职业路径,增强其职业身份认同。通过校企合作、实习机会、职业指导和模拟面试等活动,网络安全学生可以更好地了解行业需求,提前适应职场环境,从而提高其在就业市场的竞争力。而对于企业和其他用人单位,则期待通过提供实习机会和良好的薪酬条件,吸引高素质人才,以实现高效率的知识和技能转化。

基于对网络安全人才培养利益相关者需求的深入分析,结合杨良斌[①]、李定清[②]、李晖等人[③]等的研究成果,构建了网络安全人才培养主要利益相关者需求展开表,如表 46 所示。

表 46　网络安全人才培养利益相关者需求分析

需求维度	序号	题项内容及代码
基本条件 D_1	1	与教学水平配套的管理机制 D_{11}
	2	有国家级网络靶场提供攻防演习 D_{12}
	3	有专业的网络空间安全实验室 D_{13}
	4	有水平素质高、结构好的师资队伍 D_{14}
互动关系 D_2	5	高校与企业共建网安产学合作基地 D_{21}
	6	高校和科研机构有交流的渠道 D_{22}
	7	高校与海外高校联合培养博士生 D_{23}
	8	高校学生与任课老师之间交流频率高 D_{24}

① 杨良斌,周新丽,刘思涵,等.大数据背景下网络空间安全人才培养机制与模式研究[J].情报杂志,2016,35(12):81-87+80.

② 李定清.需求导向:应用型本科教育人才培养的新模式[J].黑龙江高教研究,2011(04):113-115.

③ 李晖,张宁.网络空间安全学科人才培养之思考[J].网络与信息安全学报,2015,1(01):18-23.

续表

需求维度	序号	题项内容及代码
	9	知识应用能力强 D_{31}
发展成就 D_3	10	职业道德素质水平高 D_{32}
	11	就业竞争力强 D_{33}

二、网络安全人才培养质量特性分析

根据人才培养质量的内涵,并结合网络安全人才培养的特性,可以将网络安全人才培养的质量管理划分为内部保障和外部保障两大类。内部保障关注于高校内部之间的管理和操作活动,外部保障涵盖了高校与企业和政府之间的互动。从内部保障来看:学生是未来能否成为网络安全人才的核心要素,既是高等教育人才培养服务的利益相关者,也是人才培养中的"产品"。与学生进行深入交流,了解"人才"对于网络安全教育的期望、职业目标、学习偏好以及对于课程、设施和师资的具体要求。同时,积极调研行业需求,确定企业和市场对网络安全人才的具体需求,包括技术技能、工作态度和职业道德。根据相关需求转化为具体质量特性,如课程设计、实验室设备、教学方法等。除了高校内部之间的管理和操作,外部保障中企业协作和政府层面的参与同样不容忽视。企业与高校之间的产学合作对于提供网络安全学生的实习机会至关重要,这不仅促进了校企之间的深入交流,还显著推动了网络安全教育的发展和人才培养质量的提高。同样,政府和社会组织对高校提供的资金支持,能极大地助力于高校的设备设施更新和改善,从而提升教学和研究的条件。此外,很多社会机构例如网站和媒体对网络安全专业本科生的就业状况和薪酬水平进行的调研反馈,为高校提供了即时信息。尽管目前高校在获取毕业生就业质量之外的综合信息方面存在一定的困难,但行业和用人单位的持续支持和反馈对于高校调整教学策略、优化课程设置及预测行业趋势都有着不可替代的作用。

结合对网络安全人才培养质量特性的分析,以及借鉴李纪明等人[1]、王芳[2]、

---

[1] 李纪明,孙国红,隋福利,等.应用型本科专业"五位一体"质量保障机制的构建与实践[J].中国大学教学,2016(12):72-74.

[2] 王芳.基于供给侧改革的高校应用型人才培养[J].江苏高教,2016(05):103-106.

刘向红[1]、Röger 等人[2]、Bean 和 Bradley[3] 等研究者的成果，设计了网络安全人才培养质量特性表（如表 47 所示）。

表 47　网络安全人才培养质量特性分析

质量保障维度		序号	题项内容及代码
内部保障	人才参与 Q_1	1	努力、积极参与网安学科竞赛 Q_{11}
		2	积极与同校老师、同学深度交流 Q_{12}
		3	对于未来发展有明确的职业规划 Q_{13}
		4	多与海外高校进行深度学术交流 Q_{14}
	高校管理 Q_2	5	开展学科竞赛 Q_{21}
		6	更新上课方式 Q_{22}
		7	设立网络空间安全青少年发展基金 Q_{23}
		8	多模式培养机制 Q_{24}
		9	与相关企业合作研究 Q_{25}
		10	处理好新建学科和原有学科的平衡 Q_{26}
外部保障	社会协作体系 Q_3	11	制定行业标准 Q_{31}
		12	制定对各机构培训教师的审核制度 Q_{32}
		13	国家及政府对社会培训机构的支持 Q_{33}
	政府统筹规划 Q_4	14	完善一级学科博士点的布局 Q_{41}
		15	增设网络安全相关科研项目 Q_{42}

三、网络安全人才培养质量屋构建

网络安全人才培养质量屋模型是以利益相关者需求为起点，通过矩阵转换到质量特性。该模型是 QFD 在网络安全教育质量管理中的实际应用，关系矩阵和质量屋是核心工具，它们将利益相关者的需求与质量特性紧密联系起来。模型的构建旨在形成对网络安全人才培养过程中各项质量指标的全面理解，从而促进教育质量的提升和满足行业对网络安全专业人才的实际需求。质量屋

---

① 刘向红. 高职院校人才培养质量保障体系的构建[J]. 职业教育研究，2008(4)：17-18.

② Röger，U.，Rütten，A.，Heiko，Z.，et al. (2010). Quality of talent development systems：results from an international study. *European Journal for Sport and Society*，7(1)，7-19.

③ Bean，J. P.，Bradley，R. K. (1986). Untangling the satisfaction-performance relationship for college students. *The Journal of Higher Education*，57(4)，393-412.

模型包含需求和特性要素展开表、特性和需求权重排名和相关度矩阵,如图
42 所示。

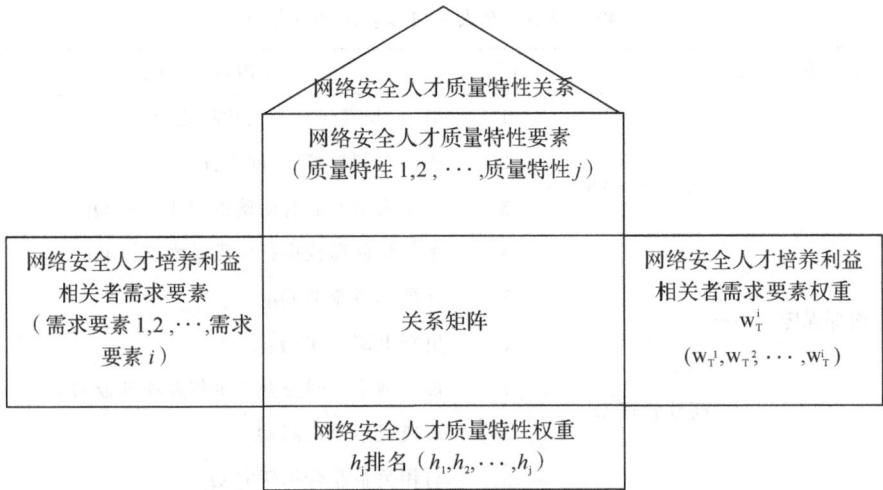

图 42　网络安全人才培养质量屋模型概念结构

四、网络安全人才培养质量屋的分析步骤

本研究主要目标是运用 QFD 进行网络安全人才培养质量规划,而非直接
进行质量改进。由于目前尚未有成熟完善的网络安全人才培养服务体系可供参
考,本研究在构建质量屋的过程中并没有执行竞争性评估。基于对网络安全人
才培养顾客需求权重及质量特性中心度的分析,利用 QFD 框架构建了网络安
全人才培养服务的 HoQ,具体步骤如下:

步骤 1:运用层次分析法(AHP)-熵权法计算顾客需求权重,将结果定位于
HoQ 的左侧部分。

步骤 2:通过专家打分取平均值,计算网络安全人才培养顾客需求与质量特
性之间的关系,构建关系矩阵。

步骤 3:结合步骤 2 中计算出的关系矩阵和步骤 1 得到的需求权重,可计算
质量特性的初始权重。

步骤 4:利用 DEMATEL 法计算出质量特性之间的自相关关系和中心度,
考虑中心度计算出质量特性的最终权重并进行排序。

第五节　基于 QFD 的网络安全人才培养质量评价应用研究

一、基于 AHP-熵权法确定需求权重

在构建网络安全人才培养质量评价体系中,顾客需求要素的权重确定是一个关键步骤,它决定了评价体系中各要素的影响力和优先级。为了确保权重分配的合理性与准确性,采用 AHP-熵权法的组合方法。AHP 以其能够合理分解决策问题并进行系统化分析的优点,提供一种结构化的权重分配机制。它通过构建层次结构模型,使得决策者能够通过成对比较来评估各需求要素的相对重要性,并通过一致性检验保证评估的一致性。然而,AHP 在某些情况下可能受到个人主观偏好的影响,导致权重分配具有一定的主观性。因此,为了克服这一局限性并提高权重确定过程的客观性,本研究引入了熵权法。熵权法作为一种客观赋权方法,依据数据本身的分散程度确定权重,从而减少主观判断的干扰。在信息熵的概念基础上,该方法通过评估指标值的离散程度来衡量每个指标的信息量,为每个需求要素赋予一个客观的权重。AHP-熵权法组合方法结合了 AHP 的系统化分析优势和熵权法的客观赋权特性,使得顾客需求要素权重的确定既考虑了决策者的判断又保留了数据的客观信息,提高了权重分配的整体可靠性和有效性。在网络安全人才培养质量评价体系中,这种方法比较适用,因为它平衡了人才培养质量评价体系中的主观判断与客观事实,确保了评价结果的科学性和实用性。组合权重法融合了通过 AHP 得到的主观权重和熵值法确定的客观权重,这种结合旨在将专家的见解和指标信息的重要性与数据动态性相协调,构成项目评估的核心依据。

（一）基于 AHP 的利益相关者需求权重计算

在网络安全人才质量屋中,目标层为网络安全人才培养利益相关者需求,准则层为需求要素的三个维度,方案层则为具体的评价指标。顾客需求要素的层次结构模型有三个准则层,每个准则层下设若干指标,依据表 46 选取的指标,构建网络安全人才培养利益相关者需求层次分析模型。接下来邀请十位网络安全领域的专家对各指标之间的重要度进行赋值,赋值后通过计算专家打分的算术平均值作为数据的量化标准,以计算网络安全人才培养中需求的权重。

(1)准则层指标权重确定

表 48　准则层判断矩阵

	基本条件 D_1	互动关系 D_2	发展成就 D_3
D_1	1	1.0796	4.1462
D_2	0.9262	1	3.8417
D_3	0.2412	0.2603	1

结果最大特征根对应的特征向量 $W=[0.4614,0.4274,0.1113]^T$，并且通过一致性检验。

(2)基本条件指标权重确定

表 49　基本条件判断矩阵

	与教学水平配套的管理机制 D_{11}	有国家级网络靶场提供攻防演习 D_{12}	有专业的网络空间安全实验室 D_{13}	有水平素质高、结构好的师资队伍 D_{14}
D_{11}	1	1.6265	4.05	3.7863
D_{12}	0.6148	1	1.3963	2.6369
D_{13}	0.2469	0.7162	1	2.5132
D_{14}	0.2641	0.3792	0.3979	1

结果最大特征根对应的特征向量 $W=[0.473,0.2596,0.1728,0.0946]^T$，并且通过一致性检验。

(3)互动关系指标权重确定

表 50　互动关系判断矩阵

	高校与企业共建产学合作基地 D_{21}	高校和科研机构有交流渠道 D_{22}	高校与海外联合培养博士生 D_{23}	学生与老师交流频率高 D_{24}
D_{21}	1	0.9336	1.2426	2.4952
D_{22}	1.0711	1	1.4051	2.4617
D_{23}	0.8047	0.7117	1	3.157
D_{24}	0.4008	0.4062	0.3168	1

结果最大特征根对应的特征向量 $W=[0.3014,0.3206,0.2679,0.1101]^T$，并且通过一致性检验。

（4）发展成就指标权重确定

表 51 发展成就判断矩阵

	提高知识应用能力 D_{31}	职业道德素质水平高 D_{32}	就业竞争力强 D_{33}
D_{31}	1	0.9261	2.0857
D_{32}	1.0798	1	2.7197
D_{33}	0.4794	0.3677	1

结果最大特征根对应的特征向量 $W = [0.3846, 0.4422, 0.1732]^T$，并且通过一致性检验。

最后推出群决策层次排序（权重）如表 52 所示。

表 52 基于 AHP 的需求权重表

目标层	准则层	权重	指标层	同级权重	总权重
网络安全人才培养利益相关者需求	基本条件 D_1	0.461	与教学水平配套的管理机制 D_{11}	0.473	0.218
			有国家级网络靶场提供攻防演习 D_{12}	0.260	0.120
			有专业的网络空间安全实验室 D_{13}	0.173	0.080
			有水平素质高结构好的师资队伍 D_{14}	0.095	0.044
	互动关系 D_2	0.427	高校与企业共建合作基地 D_{21}	0.301	0.129
			高校和科研机构有交流的渠道 D_{22}	0.321	0.137
			高校与海外高校联合培养博士生 D_{23}	0.268	0.115
			高校学生与老师间交流频率高 D_{24}	0.110	0.047
	发展成就 D_3	0.111	提高知识应用能力 D_{31}	0.385	0.043
			职业道德素质水平高 D_{32}	0.442	0.049
			就业竞争力强 D_{33}	0.173	0.019

（二）基于熵权法的利益相关者需求权重计算

问卷设计的准确性是确保研究结果有效性的关键。问卷是基于网络安全人才培养的利益相关者需求来构建的。为了精确评估这些需求的相对重要性，采用李克特 5 点量表，评分标准如下：1 分表示"非常不重要"，2 分表示"不重要"，3 分表示"中等重要"，4 分表示"重要"，5 分表示"非常重要"。通过此量表可以将各项顾客需求的重要性进行量化评估。该问卷分为两个主要部分：第一部分收集填写者的基本信息，主要包括其学术背景和职业角色（是否为网络安全人才的利益相关者）；第二部分则着重于对问卷中各项题目的评价和反馈。问卷采用问卷星并结合电子邮件问卷分发的方式,向政府机构、教育机构、在读学生以及企业管理者等四类群体发出 240 份问卷,剔除无效问卷 27 份,回收有效问卷 213 份,问卷回收利用有效率为 88.75%。采用熵权法确定各指标权重,旨在让权重结果更客观,各指标权重计算结果如表 53 所示。

表 53 基于熵权法的需求权重表

需求指标	信息熵值 e	信息效用值 d	权重系数 w(熵权)
D_{11}	0.984	0.016	0.072
D_{12}	0.981	0.019	0.084
D_{13}	0.976	0.024	0.107
D_{14}	0.978	0.022	0.098
D_{21}	0.980	0.020	0.088
D_{22}	0.983	0.017	0.076
D_{23}	0.980	0.020	0.086
D_{24}	0.976	0.024	0.105
D_{31}	0.983	0.017	0.077
D_{32}	0.980	0.020	0.087
D_{33}	0.972	0.028	0.122

(三)基于利益相关者最终需求权重求解

通过 AHP 和熵权法分别计算得出两组关于网络安全人才培养质量评价指标的权重结果。鉴于主观赋权和客观赋权方法可能导致的权重差异,采取线性组合赋权法来确定最终的综合权重,作为网络安全人才培养质量评价指标的权重值。具体权重如表 54。

二、顾客需求—质量特性要素相关性评价

在本项研究中,为了量化顾客需求与网络安全人才培养的质量特性要素之间的相关性,邀请网络安全领域的专家按照他们的专业洞察进行评分。评分采用了一个五级标度,其中 1 分表示"极弱相关性",2 分表示"较弱相关性",3 分表示"中度相关性",4 分表示"较强相关性",5 分则表示"极强相关性"。这一评分机制旨在详尽地捕获各质量特性要素与顾客需求间的对应关系,为确定质量提升措施的优先序列提供定量的支持。收集到的专家评分数据随后在 QFD 的相关性矩阵中进行了聚合和分析,该矩阵作为 QFD 方法中的关键组成部分,实现了从专家的定性评价到定量关系度量的转换。

表 54　网络安全人才培养需求权重结果

目标层	准则层	AHP权重	熵权法权重	组合权重	指标层	AHP权重	熵权法权重	组合权重
网络安全人才培养利益相关者需求	基本条件 D_1	0.461	0.360	0.411	与教学水平配套的管理机制 D_{11}	0.218	0.072	0.145
					有国家级网络靶场提供攻防演习 D_{12}	0.120	0.084	0.102
					有专业的网络空间安全实验室 D_{13}	0.080	0.107	0.093
					有水平素质高,结构良好的师资队伍 D_{14}	0.044	0.098	0.071
	互动关系 D_2	0.427	0.355	0.391	高校与企业共建网安产学合作基地 D_{21}	0.129	0.088	0.108
					高校和科研机构有交流的渠道 D_{22}	0.137	0.076	0.106
					高校与海外高校联合培养博士生 D_{23}	0.115	0.086	0.100
					高校学生与任课老师之间交流频率高 D_{24}	0.047	0.105	0.076
	发展成就 D_3	0.111	0.285	0.198	提高知识应用能力 D_{31}	0.043	0.077	0.060
					职业道德素质水平高 D_{32}	0.049	0.087	0.068
					就业竞争力强 D_{33}	0.019	0.122	0.071

三、质量特性要素及其权重计算

为了分析和确定网络安全人才培养的质量特性,采用了决策制定试验与评估实验室方法(DEMATEL)。作为一种系统分析工具,DEMATEL 旨在揭示和量化复杂系统中各要素间的相互作用及其影响强度,从而帮助识别核心和次要质量特性。DEMATEL 法经常被运用于解决各方面的决策问题,[①]它两个基础假设,即不同变量对系统产生不同程度的影响;大多数变量之间存在因果关系。内外部质量保障特性在人才培养中的影响作用的差异不言而喻,而在第五章供需匹配评价指标的扎根研究也说明了相关之间存在的多重因果关系,因此本研究符合 DEMATEL 的基础假设。此法在网络安全人才培养质量评价体系中的应用,特别能够强化质量特性权重的精准性和实用性,进一步促进教育质量的持续改进。DEMATEL 要求受访者对研究涉及的因素及关系有深刻理解,为了确保调研结果的一致性和可靠性,邀请领域专家根据其专业知识和经验,使用 0 至 3 的标度法对质量特性间的自相关关系进行评分。这个标度法的评分级别如下:0 分表示"无影响",1 分表示"稍有影响",2 分表示"有影响",3 分表示"有极大影响"。在评分过程中,专家们的评估会关注特性间的直接和间接影响,以及它们对网络安全人才培养质量的整体影响。专家的评分平均值被计算出来,并被用作 DEMATEL 分析中直接关系矩阵的输入值,这为确定质量特性的优先级提供了基础。通过这种方法,能够确立哪些特性在网络安全人才培养质量评价体系中起着关键作用,以及它们如何相互作用。最后,这一矩阵揭示了各质量特性要素的相对重要性,指明了为有效保障网络安全人才培养质量所需采取的措施的优先顺序,以确保满足关键利益相关者的核心需求并最终提升整体顾客满意度。计算结果,详见表 55。

表 55　网络安全人才质量特性 DEMATEL 计算结果

网安人才质量特性	影响度	被影响度	中心度	原因度
Q_{11}	7.120	7.479	14.599	−0.360
Q_{12}	6.272	7.039	13.312	−0.767
Q_{13}	6.803	7.770	14.573	−0.968
Q_{14}	7.380	6.342	13.722	1.038
Q_{21}	7.489	7.017	14.505	0.472

---

① 徐金杰,武忠.基于 AHP 和 DEMATEL 法的技术创新网络知识转移研究——以江苏省风电产业技术创新联盟为例[J].情报杂志,2012,31(09):121-125.

网安人才质量特性	影响度	被影响度	中心度	原因度
Q_{22}	6.622	7.167	13.789	−0.545
Q_{23}	4.668	5.982	10.650	−1.315
Q_{24}	7.118	6.115	13.233	1.003
Q_{25}	5.824	5.536	11.360	0.288
Q_{26}	5.589	5.412	11.001	0.178
Q_{31}	6.369	6.191	12.560	0.178
Q_{32}	6.768	5.808	12.576	0.960
Q_{33}	6.320	5.987	12.307	0.333
Q_{41}	6.686	6.416	13.103	0.270
Q_{42}	6.433	7.198	13.631	−0.766

四、网络安全人才培养质量屋的建立

基于对网络安全人才培养顾客需求权重及质量特性中心度的分析,利用 QFD 框架构建了网络安全人才培养质量屋(见表 56)。

五、研究结果讨论

通过 QFD 构建网络安全人才培养质量体系模型。该模型由网络安全人才培养的顾客需求、质量特性两个权重矩阵和关联矩阵组成。顾客需求元素涵盖了基本条件、互动关系、发展成就等方面,质量特性元素则包括内部保障和外部保障两个维度。

(一)网络安全人才培养顾客需求要素评估

在网络安全人才培养的基本条件需求类别中,教学水平配套的管理机制 D_{11}(0.145)占据了最高权重,意味着强化管理体系被视作提升教学质量的核心。而国家级网络靶场提供的攻防演习 D_{12}(0.102)和专业的网络空间安全实验室 D_{13}(0.093)为网络安全实践技能培养提供了必要的基础设施,这些指标的权重表明了实践环境对教育质量的显著影响。师资队伍的水平和结构 D_{14}(0.071)的重要性位列第四,强调了优秀教师在人才培养中的关键作用。

在互动关系需求类别中,高校与企业共建的产学合作基地 D_{21}(0.108)和与科研机构的交流渠道 D_{22}(0.106)的权重最高,凸显了行业接轨和科研合作在培养网络安全人才中的重要性。联合培养博士生的国际合作 D_{23}(0.100)以及师

表56 网络安全人才培养质量屋

		权重	内部保障										外部保障				
			人才参与				高校管理						社会协作体系			政府统筹规划	
			Q₁₁ 参与学科竞赛	Q₁₂ 积极老师同学交流	Q₁₃ 有明确的职业规划	Q₁₄ 海外高校学术交流	Q₂₁ 开展学科竞赛	Q₂₂ 更新上课方式	Q₂₃ 青少年发展基金	Q₂₄ 多模式培养机制	Q₂₅ 与相关企业合作	Q₂₆ 学科之间的平衡	Q₃₁ 制定行业标准	Q₃₂ 制定对审核制度	Q₃₃ 支持社会培训机构	Q₄₁ 完善博士点布局	Q₄₂ 增设相关项目
基本条件	D₁₁ 配套的管理机制	0.145	4.500	2.700	3.100	4.600	3.900	4.800	3.000	4.800	2.000	3.100	2.000	4.200	2.100	2.200	4.100
	D₁₂ 网络靶场提供演习	0.102	3.300	4.200	2.000	2.300	5.000	3.700	4.000	3.900	3.200	3.600	4.100	2.200	3.100	3.400	4.300
	D₁₃ 有网络安全实验室	0.093	4.900	3.900	1.400	3.100	4.700	4.000	4.900	4.900	3.000	4.700	4.300	1.300	4.200	4.100	4.600
	D₁₄ 素质高结构好师资	0.071	4.200	5.000	4.900	3.700	4.900	4.900	3.000	4.100	3.400	4.500	4.000	4.900	4.100	3.200	3.300
互动关系	D₂₁ 共建产学合作基地	0.108	1.900	2.100	4.900	2.900	3.100	2.800	2.900	4.900	4.300	3.800	3.500	3.100	4.700	3.400	3.800
	D₂₂ 和机构有交流渠道	0.106	3.000	4.700	4.700	3.900	5.000	3.300	1.500	4.100	4.300	4.000	3.000	4.000	3.300	4.100	3.400
	D₂₃ 联合培养博士生	0.100	4.200	4.200	4.900	2.300	4.200	4.000	2.700	2.100	3.100	4.500	3.300	2.300	4.000	4.400	4.100
	D₂₄ 师生交流频率高	0.076	4.600	4.700	3.100	4.600	5.000	4.800	4.700	2.300	2.000	4.100	3.500	4.000	3.100	4.800	3.900
发展成就	D₃₁ 知识应用能力强	0.060	4.600	4.100	3.900	2.100	4.800	4.500	2.100	4.800	4.500	4.200	2.000	4.000	4.800	4.500	3.500
	D₃₂ 职业道德素质高	0.068	2.800	4.500	4.300	3.900	3.900	4.900	4.800	4.400	4.200	3.100	4.800	3.100	4.100	4.700	3.900
	D₃₃ 就业竞争力强	0.071	4.400	2.900	4.600	3.900	4.600	4.400	2.600	4.300	3.700	4.100	3.600	3.700	4.200	4.200	4.600
初始重要度			3.814	3.798	3.738	3.433	4.405	4.125	3.248	4.081	3.337	3.923	3.493	3.307	3.660	3.769	3.974
中心度			14.599	13.312	14.573	13.722	14.505	13.789	10.650	13.233	11.360	11.001	12.560	12.576	12.307	13.103	13.631
最终重要度			0.076	0.069	0.074	0.064	0.087	0.078	0.047	0.074	0.052	0.059	0.060	0.057	0.062	0.067	0.074
排名			3	7	4	9	1	2	15	6	14	12	11	13	10	8	5

生之间的交流频率 D_{24} (0.076)虽权重较低,却仍然凸显了国际化教育背景及师生互动对于质量评价体系的贡献。

在发展成就需求类别中,就业竞争力 D_{33} (0.071)与职业道德素质 D_{32} (0.068)的权重显示了毕业生应对行业需求的能力以及个人品质的发展是评价网络安全人才教育成效的关键指标。知识应用能力的提高 D_{31} (0.060)虽为该类别中权重最低,但其对学生未来职业发展及对网络安全领域的贡献仍不可或缺。

根据结果,在实施质量屋转化过程后,网络安全人才培养需求特性的重要性等级得到了明确的确定。这些特性的相对权重值按照 4% 等间隔分布法定量化,从而将 11 个网络安全人才培养需求特性依重要性顺序分为三个层次:

(1)>12%:D_{11};

(2)8%~12%:D_{21},D_{22},D_{12},D_{23},D_{13};

(3)4%~8%:D_{24},D_{14},D_{33},D_{32},D_{31}。

因此,教学水平配套的管理机制 D_{11} (>12%)的高权重凸显了强化教学管理体系在提升教育质量中的关键作用。高校应重视优化其教育管理策略,以确保教学活动的有效性和效率。高校与企业共建网络安全产学合作基地 D_{21}、高校和科研机构的交流渠道 D_{22}、国家级网络靶场提供的攻防演习 D_{12}、高校与海外高校联合培养博士生 D_{23} 和专业的网络空间安全实验室 D_{13} (8%~12%),这些指标强调了行业合作、科研交流、实战演练和国际化视野在网络安全人才培养中的重要性。这要求高校在产学研协作、实验室建设和国际合作方面进行更为深入的投入和规划。同时,高校学生与任课老师之间的交流频率高 D_{24}、师资队伍的水平和结构 D_{14}、就业竞争力强 D_{33}、职业道德素质水平高 D_{32} 和提高知识应用能力 D_{31} (4%~8%):虽然这些指标的权重相对较低,但它们在确保学生的全面发展和职业准备中仍扮演着重要角色。这些要素突出了教师与学生之间互动的重要性、教师质量、学生的就业前景、职业道德和实际技能的应用。

综合这些需求权重指标,网络安全人才培养质量评价体系应重点关注管理体系的强化、实践基础设施的建设、产学研合作的深化,以及毕业生核心能力的培养。这些分析结果为高校在网络安全教育质量方面的决策提供了量化的依据。

(二)网络安全人才质量特性要素评估

通过应用网络安全人才培养质量屋框架,将利益相关者的需求要素与质量特性要素相结合,通过计算出质量特性要素的权重,这一过程基于利益相关者需求要素的权重分配。同时通过 DEMATEL 方法进一步分析了这些要素的相互影响,从而形成了一个多维度的框架,包括内部维度和外部维度。

在内部与外部特性的权重比较中,内部特性的平均权重 0.0680 高于外部的

0.0639,表明提升网络安全人才培养质量的关键在于强化高校的内部管理。其中,内部维度着重于高校内部管理机制和学生参与度,这两个方面被认为是影响网络安全人才培养质量的关键内部因素。人才参与 Q_1 维度涵盖了学生在网络安全领域的主动学习和参与,其中包含了努力参与学科竞赛 Q_{11}(0.076)、深度交流 Q_{12}(0.069)、职业规划 Q_{13}(0.074)和国际学术交流 Q_{14}(0.064)。这些指标的权重分配体现了学生自我提升、沟通协作以及全球视野的重要性。高校管理 Q_2 维度则包括教学内容与方法的创新,如学科竞赛的开展 Q_{21}(0.087)、教学方式的更新 Q_{22}(0.078)、多模式培养机制 Q_{24}(0.074),以及与产业界的合作 Q_{25}(0.052)。这些要素的权重凸显了高校在提高教育适应性和教学质量上的责任。

同时,外部维度聚焦于社会协作体系 Q_3 和政府统筹规划 Q_4,这些维度体现了外部环境对网络安全教育质量的影响。社会协作体系 Q_3 维度强调了行业与社会的协同作用,包含了行业标准的制定 Q_{31}(0.060)、对教育机构的审核制度 Q_{32}(0.057)以及政府对社会培训机构支持的重要性 Q_{33}(0.062)。这些指标的权重分布揭示了社会参与在网络安全人才培养中的辅助角色。政府统筹规划 Q_4 维度则关注于政府在教育规划中的作用,其中包括科研项目的增设 Q_{42}(0.074)和学科博士点布局的完善 Q_{41}(0.067)。这些要素的权重表明了政府在提供资源、制定政策和推动学科发展方面的关键作用。

在综合考量内部与外部维度的基础上,网络安全人才培养的质量保障策略应当确保学生的全面发展和教育体系的创新,同时与外部环境的良性互动与协调发展。只有这样,高等教育机构才能在培养符合时代需求的网络安全专业人才方面实现质的飞跃。

依据各特性权重,采用同样的间隔分布法将质量特性要素以 1‰ 划分为三个层级:最优先层级(>8‰),高层级(7‰~8‰),中层级(6‰~7‰),和低层级(<6‰)。从而将 15 个网络安全人才培养质量特性依重要性顺序分为四个层次:

(1)>8‰:Q_{21};

(2)7‰~8‰:Q_{24},Q_{42},Q_{13},Q_{11},Q_{22};

(3)6‰~7‰:Q_{33},Q_{14},Q_{41},Q_{12};

(4)<6‰:Q_{23},Q_{25},Q_{32},Q_{26},Q_{31}。

在网络安全人才培养质量评价体系中,学科竞赛的开展 Q_{21}(>8‰)位于最优先层级,这表明专家们认为通过学科竞赛能有效提升学生的技能和知识,对网络安全人才培养的影响极为显著。这强调了高校应重视组织和鼓励学生参与相关竞赛,以提高学生的实战能力和创新思维。

高层级（7%～8%）包括多模式培养机制 Q_{24}、网络安全相关科研项目 Q_{42}、职业规划 Q_{13}、参与网络安全学科竞赛 Q_{11} 和教学方式更新 Q_{22}。这些特性的高权重反映了教育内容和方法的多样化、科研项目的重要性以及学生职业发展规划对质量保障的显著影响。高校应在这些领域采取积极措施，以促进教育质量的提升。

中层级（6%～7%）如政府对社会培训机构支持 Q_{33}、国际学术交流 Q_{14}、博士点布局 Q_{41} 和师生深度交流 Q_{12}。这些要素虽然不如前两层级的特性重要，但在维持教育质量和促进学生全面发展方面仍扮演关键角色。这表明高校需要与政府和社会各界保持良好的互动，同时注重提升师生之间的交流质量。

低层级（<6%）包括青少年发展基金 Q_{23}、与企业合作研究 Q_{25}、对教育机构的审核制度 Q_{32}、学科间平衡 Q_{26} 和知识应用能力提升 Q_{31}。尽管这些要素的权重相对较低，但它们在培养高质量网络安全人才的过程中仍然具有一定的价值。特别是在推动教育创新和行业合作方面，这些要素不应被忽视。

通过综合考虑这些层级划分的结果，高校和教育决策者可以更加明晰地识别网络安全人才培养中的关键要素，并据此制定更有效的教育策略。这种层级化的分析方法有助于优先解决最关键的问题，同时确保其他重要领域也得到适当的关注，以全面提升网络安全人才的培养质量。

第六节 小 结

以社会对网络安全专业人才的紧迫需求为出发点，采用了 QFD 技术构建网络安全人才培养的质量屋模型。通过对构建出的质量屋模型要素进行分析，结果表明顾客需求包括基本条件、互动关系和发展成就 3 个一级指标，以及配套的管理机制、有国家级网络靶场进行攻防演习等 11 项二级需求，网络安全人才培养质量特性包括外部保障中政府统筹规划和社会协作体系，以及内部保障中高校管理和学生参与等 4 个一级指标以及参加学科竞赛、积极与老师同学交流等 15 项二级指标。网络安全人才培养的需求要素对质量特性有着显著的正向影响。通过构建的质量屋模型，不仅在理论层面上丰富了网络安全人才培养的研究内容，也在实际操作层面上为教育提供者和政策制定者提供了一种科学的决策工具。利用此模型，教育机构能够识别培养过程中的关键质量因素，并对教学策略和课程设计进行优化，以期满足行业对高质量网络安全人才的实际需求。同时，该模型还可帮助政策制定者了解培养质量的关键点，从而制定出更加有效的教育政策和标准，推动网络安全教育体系的持续改进和升级。

第十章　我国网络安全人才培养路径研究

本章在对我国网络安全人才培养现状进行提炼的基础上，结合"推动创新链产业链资金链人才链深度融合"的背景提出我国网络安全人才培养路径。

第一节　我国网络安全人才培养的现状

2000 年之前，我国只有少数高校培养网络安全相关方向人才，主要以密码学和信息对抗为主。2001 年，武汉大学设置国内第一个信息安全本科专业。此后，北京理工大学、武汉大学等 43 所院校自主设立信息安全相关二级学科，如信息安全、网络信息安全、信息对抗等。2005 年，教育部印发《关于进一步加强信息安全学科、专业建设和人才培养工作的意见》。2007 年，教育部批准成立高等学校信息安全类专业教学指导委员会。至 2013 年底，全国共有 93 所高校设置了 103 个信息安全类本科专业。

2014 年 2 月，在中央网络安全与信息化领导小组会议上，习近平总书记指出，没有网络安全就没有国家安全，特别强调："'千军易得，一将难求'，要培养造就世界水平的科学家、网络科技领军人才、卓越工程师、高水平创新团队"。[1] 2015 年 6 月，国务院学位委员会、教育部决定在"工学"门类下增设"网络空间安全"一级学科。四川大学、西安电子科技大学、北京邮电大学等 20 多所高校成立网络安全学院。此后，清华大学、北京交通大学、北京航空航天大学等 29 所高校获得首批网络空间安全一级学科博士学位授权点资格。

2015 年 10 月，党的十八届五中全会提出"实施网络强国战略"，我国从"网络大国"向"网络强国"发展。2016 年 6 月，中央网络安全和信息化领导小组办公室、国家发展和改革委员会、教育部、科学技术部、工业和信息化部、人力资源和社会保障部六部门联合印发《关于加强网络安全学科建设和人才培养的意见》，提出加快网络安全学科专业和院系建设，创新网络安全人才培养机制，加强

---

① 新华网.习近平主持召开中央网络安全和信息化领导小组第一次会议[EB/OL].人民网—习近平系列重要讲话数据库，(2024-02-27)[2024-03-02].http:jhsjk.people.cn/article/24486402.

网络安全教材建设,强化网络安全师资队伍建设,推动高等院校与行业企业合作育人、协同创新,加强网络安全从业人员在职培训,加强全民网络安全意识与技能培养,完善网络安全人才培养配套措施等意见。高校纷纷响应开办网络安全相关专业。同年出台的《网络安全法》多处涉及网络安全人才工作,其中第三条提出"支持培养网络安全人才",第二十条提出"国家支持企业和高等学校、职业学校等教育培训机构开展网络安全相关教育与培训,采取多种方式培养网络安全人才,促进网络安全人才交流。"第三十四条提出关键信息基础设施的运营者还应当"定期对从业人员进行网络安全教育、技术培训和技能考核"。2017 年 8 月,为贯彻习近平总书记关于加强一流网络安全学院建设的重要指示精神,落实《网络安全法》《关于加强网络安全学科建设和人才培养的意见》明确的工作任务,中央网信办和教育部联合出台《一流网络安全学院建设示范项目管理办法》决定在 2017—2027 年期间实施一流网络安全学院建设示范项目。目前西安电子科技大学、东南大学、武汉大学、北京航空航天大学、四川大学、中国科学技术大学、中国人民解放军战略支援部队信息工程大学、华中科技大学、北京邮电大学、上海交通大学、山东大学等 11 家高校获批建设示范单位。

即便如此,目前我国网络安全人才培养还存在一些问题和挑战:

一、校园培养存在瓶颈

(1)培养规模有限。工业和信息化部《网络安全产业人才发展报告(2021)》显示,我国网络安全专业人才累计缺口在 140 万以上,而每年相关专业的高校毕业生规模仅 2 万余人,人才供给远远落后于数字化发展整体速度。

(2)培养方案亟待完善。相比于其他传统专业,网络安全及相关专业兴起时间较短,可借鉴经验较少,各学校的人才培养体系建设仍处在积极探索的阶段。《网络安全人才现状白皮书》指出,各校在网络安全及相关专业教学过程中存在培养目标定位不准确及教学计划不合理、教学方法单一、忽略个性培养、缺乏教学案例等问题。统计数据显示,仅有 25.39% 的学生认为所有课程对就业都有用,还有 3.13% 的学生认为学校课程对就业完全无帮助。40.75% 的学生对在校期间学校安排的实习、见习类活动表示满意程度一般,6.58% 的学生表示完全不满意。《网络安全产业人才发展报告(2021 版)》也对院校网络安全及相关专业建设情况进行了调查分析,发现对本专业培养满意度较低的学生占比超过三成,对本专业课程设置满意度较低的学生占比四成,相关专业建设亟待加强。此外,调查也发现当前网络安全相关专业的教学内容并不能满足学生的就业需求。其中,网络安全从业者在实际工作中应用的知识技能大多来自工作后的项目积累(占比 62.82%),校内课堂学习仅占技能来源渠道的 6.82%,这也直观地反映出高校的人才培养方案亟待完善。

（3）师资力量匮乏。一方面,我国直到 2015 年才设立网络空间安全一级学科,导致专业完全对口的教师数量相对较少,很多主干课程的任课教师往往是由计算机科学等相关专业的教师兼任的。另一方面,高校的考核机制问题导致大量年轻教师进入院校后无法在应用型人才培养方面投入过多的精力。《网络安全人才现状白皮书》针对参与社会类考证或培训的学生进行调查,发现 39.71％的学生表示学校专业教师不能满足专业学习需求。具体来说,属于国家"985 工程"类的学校,6.45％的学生认为师资力量无法满足专业需求;属于"211 工程类"的学校,52.27％的学生认为无法满足需求;普通高校中,有 47.89％的学生认为无法满足需求;在职业院校中,也有近三成的学生认为无法满足需求。

（4）缺乏公共靶场服务。学生实践能力培养需结合真实网络攻防环境,搭建基于网络对抗的仿真模拟演练平台。网络靶场作为国家网络空间安全体系中的重要基础设施,通过模拟各类网络安全场景构建真实多变的网络环境,成为人员培训与应急演练的"最佳实践"。网络靶场是提高网络安全及相关专业学生实战能力、拓宽网络空间视野的重要基础设施。来自安恒大数据、工业和信息化部人才交流中心人才大数据中心的调查显示,60.32％的从业者认为用人单位对网络安全人才的实战能力有较高要求,将近 40％的网络安全人才对于实战演练有较高的需求。此外,有 40％左右的网络安全从业者都是通过参加网络安全竞赛和实战演练来提升自身的技能水平和综合素质。然而,我国网络靶场建设仍处于起步阶段,仅有部分科研实验室和行业专用试验场等。

二、人才供应结构失调

（1）职业化人才培养体系亟待建立。对于技术技能密集型的网络安全行业来说,建立完善的职业化人才培养体系,是填补人才缺口的有效解决途径。复杂的网络安全任务决定了用人单位对于网络安全人才的能力要求是复合的、多层次的,既要精通计算机专业知识、网络安全、网络工程等相关技术与原理,还需具备一定的执行与管控能力、沟通与协作能力以及问题解决能力等。根据《网络安全产业人才发展报告（2021 版）》的分析显示,虽然我国网络安全人才的培养规模在稳步提升,但仍无法满足企事业单位的用人需求。其中,基础研究型人才的理论研究内容与实际应用场景偏离较大,导致此类人才往往需要 1~2 年的转化期才能胜任企业研发工作;而应用型人才的培养由于缺乏师资队伍、实践教学环境、实践教材和实践能力养成体系等问题,大部分应届毕业生（约 80％）无法快速融入真实业务,价值降低。此外,报告也指出,有约两成（19.92％）的学生表示对目标职业的了解程度较低,这也反映出学生个人职业生涯规划和技能学习情况不是太理想,职业化人才培养体系亟待建立。

（2）人才分布不均衡、跨区域协调能力差。首先是行业分布不均。数字经济时代的到来,网络安全的外延不断扩大,渗透在各个行业领域。互联网企业在薪资待遇、发展晋升和能力提升等方面的都相对优于其他行业,是多数网络安全专业毕业生的首选。而随着产业数字化的进一步推进,更多传统行业都将面临网络安全带来的威胁,但是一方面由于行业吸引力不够,另一方面传统行业对网络安全的重视程度也不够,人才在行业上的分布不均进一步拉开。其次是人才培养分布不均,网络安全人才供给排名前五的城市分别是北京、深圳、上海、南京及成都,占了市场总供给的 59.45％,这表明网络安全人才培养多集中在一线城市,而非一线城市的网络安全人才供给力度仍较低。最后,从就业角度而言,薪资待遇、发展晋升和能力提升等因素也加剧了网络安全人才的频繁流动,而一线城市往往在这些方面优势比较明显。近八成（79.95％）的学生首选在一线沿海城市工作。

（3）社会引导驱动不够。一方面,缺乏完善的人才专项支持政策。各地的人才政策虽然对网络安全人才引育留用具有一定的作用,但仍存在政策针对性不强、效能有限、覆盖率有待提高等问题。尽管很多地方已将网络安全人才纳入重点人才引进范围,但未建立相应的配套政策和激励机制,多元化的专项引才留才体系仍未建立。一项针对浙江省网信人才的调查显示,有超过 90％的人才未曾享受相关人才政策。

三、供需匹配水平较低

（一）评价指标难以确定

培养国际领先的科技创新人才,就必须解决好人才评价这一根本性、指导性的问题。北京御林网安科技有限公司携手北京航空航天大学计算机学院发布了国内首个网络安全人才评价指标体系——《网络安全技术人才能力验证指标体系》,为填补这一方面的空白注入了新动力。此后,中国关键信息基础设施技术创新联盟组织修订了《网络安全人员角色分类与能力要求框架》,360 网络安全大学发布了《网络安全人才能力发展白皮书》为网络安全从业人员能力评价工作的开展提供强有力的支撑;工业和信息化部网络安全产业发展中心（工业和信息化部信息中心）与部人才交流中心联合牵头组织编制了《网络安全产业人才岗位能力要求》,为各相关单位开展网络安全产业人才评测工作提供了依据和参考。另外,人力资源和社会保障部发布的网络与信息安全管理人员、信息安全测试人员等职业技能等级认定证书,以及中国信息安全测评中心、中国网络安全审查技术与认证中心等网络安全主管机构构建的网络安全人员认证认可证书,也切实为行业技能人才培养提供了评价作用。总体来说,我国网络安全人才评价体系尚处于不断探索和完善的阶段。

(二)缺乏高端人才

错综复杂的国际局势使网络安全已成为国家安全的重要一环。网络安全人才不仅要"有病治病",更要"改变基因",网络空间安全竞争实际上是高层次人才的竞争。目前网络安全人才呈现年轻化特征,较高学历、较高职称、较高资质的人才相对缺乏。近两年来八成以上的网络安全从业人员的年龄段集中于 25 至 40 岁之间的中青年,过半都是 35 岁以下的,年龄段为 30~35 岁之间占比最高,约为 35%。结合工作年限来看,从业 5 年至 10 年的人数最多,为 34.58%,10 年至 15 年和不到 5 年的从业人数占比次之,分别为 27.16% 和 18.50%。从近三年的网络安全人才的学历情况统计结果来看,网络安全人才的最高学历分布呈现橄榄型分布,即本科学历最高,随着学历提高和降低,网络安全人才所占比例都有相应的降低。例如,2021 年本科占比 63.89%,硕士占比 17.65%,博士占比 1.02%。这表明网络安全领域高综合素质人才占比仍较低。培养一个高端网络安全人才周期很长,需要在丰富的实际业务场景中经历多年体系化的历练。缺乏高端人才一方面意味着缺乏应对复杂攻防场景的经验,另一方面也意味着在网络安全攻防技术自主创新方面缺乏足够人力支持。

(三)中小企业内驱动力不足、规范化不够

自 2019 年网络安全等级保护制度 2.0 标准正式发布,提高了对中小型机构的安全等级要求,中小企业的安全需求以每年接近 3 个百分点的增幅在不断提高。然而根据《网络安全产业人才发展报告(2021 版)》显示,中小企业作为经济社会中数量最多的企业主体之一,对于网络安全类的人才需求仅占 18.59%。2021 年思科发布的调查报告《中小企业网络安全:亚太区企业为数字化防御做准备》显示,由于疫情的影响,中国区有 93% 的中小企业已经制定了数字化转型的蓝图,也正因此,中小企业面临的网络攻击风险也明显增加。中国区有 42% 的中小企业在过去 12 个月遭到网络攻击,其中 75% 的中小企业客户信息落入网络攻击者手中。针对中小企业的网络安全事件极易通过其所嵌入的供应网络演变成为攻击关键信息基础设施的"跳板"。但是,中小企业受限于资金、技术以及安全意识等方面因素,网络安全投入不足、网络安全体系搭建规范化和专业化程度较低、网络安全队伍力量较为薄弱。

第二节　我国网络安全人才培养路径

基于网络安全人才供需匹配评价指标以及实证实验研究相关结果,梳理对我国现实情境的网络安全人才培养路径。

一、加强顶层设计,完善体制框架

全球信息先进国家都关注网络安全人才的培养,将其作为国家战略进行重点布局,并建立"举国"体制进行支持。习近平总书记曾在全国网络安全和信息化工作会议上强调,要"研究制定网信领域人才发展整体规划,推动人才发展体制机制改革"。要发挥我国新型举国体制优势,把网络安全人才培养工作作为人才强国战略的重要组成、网络强国战略的重要环节、创新驱动发展战略的重要支撑、数字中国战略的安全屏障,在充分理解"培养什么人、怎样培养人、为谁培养人"这一根本性问题的基础上,正确把握网络安全人才培养方向,以高质量提高网络安全人才供需匹配水平为主线,以提升跨界复合型网络安全人才为主攻方向,结合我国网络安全时空特征和行业发展趋势,加强顶层设计,制定网络安全人才供需匹配战略规划。

要尽快发布国家网络安全知识体系规划。国家或地方层面网络安全知识体系的构建是网络安全教育和人才培养的重要指引要领。例如,2017 年美国国家标准与技术研究院牵头发布了《NICE 网络安全人才队伍框架》以帮助行业讨论和理解网络空间安全专业人员的工作和技能要求。2022 年,欧洲网络和信息安全局(ENISA)为成员国提供了欧洲网络安全技能框架(ECSF),用于支持识别和阐明与欧洲网络安全专业人员角色相关的任务、能力、技能和知识。该框架由用户手册补充,该手册基于示例和用例,构成了其使用的实用指南。2017 年,英国启动"网络安全知识体系"(CyBOK)项目,将人力、组织和监管,攻击与防御,系统安全,软件和平台安全,基础设施安全 5 个方面,21 个知识领域纳入总体框架,作为描述认证本科和研究生网络安全学位课程以及认证培训课程内容的基础,也用来帮助设计教育、培训和专业化方面的网络安全课程材料,成为国家标准。目前我国还没有针对网络安全人才的培养出台系统的知识体系,在很多方面都借鉴参考先进国家经验,难以适应我国国情下网络安全人才的培养模式和培养路径,亟须进行网络安全知识体系的本土化,为专业学历教育、职业培训和专业化人才队伍建设提供指导。

网络安全人才发展规划的推进和实施监督需要在体制架构上支撑,一方面需要在国家层面成立网络安全人才培养统筹领导小组。领导小组下设办公室，具体负责网络安全人才发展总体方案的制定、具体工作的协调实施以及内部职责任务的督促落实。另一方面要建立从领导小组、省级、市级、区县、街道（乡镇）跨层级指挥体系，建立协调体制机制，细化人才发展工作全流程，厘清权责分配。指挥链要充分下沉到基层，特别是目前基层单位成为网络安全防范的"阿喀琉斯之踵"。随着数字化改革深化，基层积累了海量数据，但与此相匹配的网络安全资源却滞后甚至缺失。以数字乡村为例，截至 2022 年 7 月"浙江乡村大脑"已归集各类"三农"数据超 16 亿条。农村资源可视化中地形、港口等敏感数据，以及生物育种等关键核心技术科研数据泄漏，将对国家安全构成威胁。而乡村又是网络安全人才最为缺乏的区域，只有自顶向下进行人才的合理有效配置才能避免在乡村脆弱环节出现人才供给不力导致的网络安全问题。

二、推动"四链"融合，促进系统发展

网络安全人才的培养离不开产业支撑、创新驱动以及资金支持，党的二十大报告提出要"推动创新链产业链资金链人才链深度融合"。我国网络安全人才培养需要与产业链、创新链、资金链"同频共振"才能够产生最大的效果。

网络安全产业发展为网络安全人才发展创造机会。一方面产业发展为网络安全提供了应用领域和场景，这既包括数字产业的发展也包括传统产业的数字化转型：根据《国务院关于数字经济发展情况的报告》，截至 2021 年，全国软件业务收入 9.6 万亿元，年均增速达 16.1%，工业互联网核心产业规模超过 1 万亿元，大数据产业规模达 1.3 万亿元，并成为全球增速最快的云计算市场之一，2012 年以来年均增速超过 30%。截至 2022 年 7 月底，"5G＋工业互联网"建设项目超过 3100 个，形成一系列新场景、新模式、新业态。全国具备行业、区域影响力的工业互联网平台超过 150 个，重点平台工业设备连接数超过 7900 万台套，服务工业企业超过 160 万家，助力制造业降本增效。另一方面也为各类网络安全设施设备的建立提供了产业基础，据中国网络安全产业联盟（CCIA）《2022年中国网络安全市场与企业竞争力分析》报告统计，2021 年我国网络安全市场规模约为 614 亿元，同比增长率为 15.4%。"以才兴产、以产聚才"，产业发展为人才培养提供了舞台，也是人才集聚的重要载体，产业需求为人才培养提供方向。《"十四五"国家信息化规划》提出培育壮大人工智能、大数据、区块链、云计算、网络安全等新兴数字产业，以及要加强网络安全核心技术联合攻关，开展高级威胁防护、态势感知、监测预警等关键技术研究，建立安全可控的网络安全软硬件防护体系。要在国家层面支持网络安全产业高质量发展，特别是要全国网络安全产业发展"一盘棋"，合理布局国家网络安全产业园区，形成各地优势互

补、模式相融、协同发展的现代化网络安全产业体系,推进北京、上海、武汉、长沙、杭州等具有一定网络安全产业基础的地区打造网络安全产业高地,积聚人才、实现网络安全高水平科技自立自强。

网络安全关键核心技术突破和创新解决方案是网络安全人才发展的重要方向。习近平总书记强调,"要紧紧牵住核心技术自主创新这个'牛鼻子',抓紧突破网络发展的前沿技术和具有国际竞争力的关键核心技术,加快推进国产自主可控替代计划,构建安全可控的信息技术体系。"[①]中国科学院院士冯登国认为当前网络空间的对抗形势下关键核心技术自主可控是不得不努力的方向。[②] 成熟的创新链对于创新人才提出了系统需求,也为人才培养提供了完整的知识体系。

网络安全产业发展和创新活动都离不开充足的资金支持。随着网络安全重要性的增加,各国不断调整本国网络政策,增加在网络安全方面的资金投入,根据 2022 年英国《国家网络战略》,未来三年,英国政府将在网络和传统信息技术方面投资 26 亿英镑,其中包括增加 1.14 亿英镑的国家网络安全计划。与此同时,英国还宣布将增加在研发、情报、国防、创新、基础设施和技能方面的投资,所有这些都将为英国的网络实力作出贡献。欧盟理事会在 2022 年通过的《NIS2 关于在欧盟范围内实现高水平共同网络安全措施指令》提出欧盟将在网络安全方面投入更多的资金及人员,进而加强网络防御能力,这个可能和发生在 2022 年初的俄乌冲突激烈的网络攻击不无关联。

2016 年经中央网络安全和信息化领导小组批准,国家互联网信息办公室发布的《国家网络空间安全战略》提出要在保护关键信息基础设施方面加大资金投入。目前工业和信息化部会同财政部、中国人民银行、中国证券监督管理委员会、国家金融监督管理总局等国家部委将网络安全产业纳入重点支持范围,积极开展产融合作,通过搭建国家产融合作平台、支持国家产融合作试点城市建设、实施"科技产业金融一体化"专项等措施,推动构建网络与数据安全产业的产融合作生态体系。[③] 即便如此,网络安全的投入不仅仅在于保护关键信息基础设施和产业发展,还需要有更多资金投入在网络安全人才开发项目中,要更大范围、更多领域、更早阶段、更为深入地发挥资金在人才开发、流通、配置等方面的作用。

① 新华社.习近平:加快推进网络信息技术自主创新　朝着建设网络强国目标不懈努力[EB/OL].人民网—习近平重要讲话数据库,(2016-10-09)[2024-03-02].http://jhsjk.people.cn/avticle/28763690.

② 冯登国.确保核心技术自主可控为网络安全提供基础支撑[J].网络传播,2021,(03):24-27.

③ 构建网络与数据安全产业产融合作生态体系[EB/OL].中国工信产业网,(2023-2-25)[2024-02-01].https://www.cnii.com.cn/gxxww/cyjs/202302/t20230225_449721.html.

三、优化培养方案,培养复合人才

网络安全是一个跨领域的问题,需要在计算机、通信、管理学、法律、金融保险、心理学、犯罪学、公共政策和其他领域拥有专业知识的人才参与。对于网络安全任务的应对,除了技术专长之外还需要其他胜任力,例如沟通能力、分析能力、学习能力、协调能力、合作能力、团队意识、领导力、责任心等。因此,网络安全人才应当以复合型人才进行培养。所谓复合型人才是掌握扎实跨学科专业知识,有较强知识运用能力、沟通能力和创新精神,有国际视野和家国情怀的人才。① 复合型人才培养需要设计系统培养方案对人才培养全过程全方位进行规划。

网络安全人才培养方案的设计中,除了需要能够覆盖基础技能,还应该整合更多非技术知识的传授。具体而言需要突出理论学习和实践锻炼相结合,加强学生动手能力、运用知识解决实际网络安全攻防问题的能力,提升学生创新创业精神;要注重通识教育和专业教育相结合。专业课程设置要紧跟网络安全态势、基础理论新突破以及新技术新方法的产生,通识课程要能够将网络安全的外延进行拓展,包括网络安全可能涉及的军事理论、总体国家安全观、法律法规、经济管理、社会科学、心理学等方面。此外要鼓励学生跨学科辅修另一专业或申请第二学位,完善知识结构。

考虑到网络安全人才的特殊性,要在培养方案中加强思政元素。以习近平新时代中国特色社会主义思想为基本遵循,自觉践行"两个维护",不断增强"四个意识",进一步完善网络安全人才思想政治教育体系,开展网络空间安全学科课程思政建设,推进"学习强国"平台在强化政治理论、爱国主义教育等方面的运用,"红"、"专"并进培养人才。随着网络安全重要性提升以及复杂性和不确定性的增加,未来能够有效应对网络安全任务的人才必然是在掌握专业技能的基础上,关注国家战略需求、熟悉管理艺术且洞察人性的高素质高忠诚度的人才。

网络安全人才培养具有人才结构立体化、体系覆盖面广、交叉融合性强、升级迭代速度快、理论与实践结合的特点,需要多元主体协同参与。高校需联合政府、行业协会、企业和科研院所,结合地方特色,强化官产学研融合,在培养目标、培养方案、课程设置、教材编制、实践教学、实验室共建、网络靶场共建、实践基地共建、网络安全竞赛、职业能力培训、职业认证体系建立、人才考核评估和核心技术攻关等多个环节和领域加强合作。在培养方案建立和修订过程中可以邀请其

---

① 金一平,吴婧姗,陈劲.复合型人才培养模式创新的探索和成功实践——以浙江大学竺可桢学院强化班为例[J].高等工程教育研究,2012,134(03):132-136+180.

他主体参与,确保应届毕业生能够与政策方向、行业标准、企业需求、岗位任务特征持续动态精准匹配。持续跟踪毕业生就业情况,通过组织毕业生座谈和问卷调查以及对用人单位的调研访谈等全方位实时跟踪了解毕业生对于工作环境、岗位、任务等的匹配度,广泛听取毕业生和用人单位对于培养方案的改进意见,并做出及时调整。[①]

四、加强师资队伍,科教融合支撑

加强对网络安全师资队伍的人才引进工作。雄厚的师资队伍是网络安全人才培养的有力支撑,应当创新人才引进机制,拓宽人才引进渠道,对国内外高校、科研机构的网络安全人才进行大力招引,并重视企业网络安全人才这一潜在教师资源的发掘。此外,高校需要创造良好的工作条件以加强网络安全教育工作的吸引力,适当提高网络安全教师人才待遇,充分配备教学和科研所需的基础设施,保障科研项目的开展和科研启动资金的申请等。并根据网络安全学科内涵发展需要,对相关领域的领军人物和优秀青年博士进行精准招引,建立配套人才团队,形成学科核心竞争力。要提升对网络安全师资队伍的培养工作。引进人才更需要留住人才、培育人才,完善的人才培育机制是人才快速发展、持续成长的重要保障。[②] 为提高网络安全科研与教育工作,高校应进一步增强网络安全教师专业水平,组织实施校内人才计划,如设立网络安全专项科研经费以帮助优秀青年教师开展科研项目,由资深教授带领青年教师开展科研教学活动实现"帮传带",开展网络安全教育专项培训活动等,帮助青年教师快速成长。同时,鼓励教师去往国内外高水平大学和重点科研基地学习深造,经常性开展和参与学术交流会议,提高其学术水平和创新能力。要优化网络安全教师评价体系。当前高校对在教师评价方面或多或少存在"五唯"(唯论文、唯帽子、唯职称、唯学历、唯奖项)现象,[③]对师资队伍建设和科研教育质量造成不良影响,应切实破除"五唯"弊端,向习近平总书记提出的"四有"好老师标准靠拢,培养"有理想信念、有道德情操、有扎实学识、有仁爱之心"的网络安全教育师资队伍。完善网络安全学科建设人才的评价标准,对科研贡献、社会贡献、教育贡献、师德师风等方面进行重点考评,引导网络安全教师树立远大理想抱负、潜心培育网络安全人才。

---

① 胡清华,王国兰,王鑫.校企深度融合的人工智能复合型人才培养探索[J].中国大学教学,2022,379(03):43-50+57.

② 张威.一流学科背景下自动化学科师资队伍建设路径研究——以东北大学信息科学与工程学院为例[J].控制工程,2022,29(12):2383-2387.

③ 涂端午.教育评价改革的政策推进、问题与建议——政策文本与实践的"对话"[J].复旦教育论坛,2020,18(2):79-85.

将科研工作与网络安全教育工作相融合。科教融合是融知识传播、知识创新与创造性思维培养于一体的教育理念,致力于科研和教学在融通合一中发展。[①] 通过教师教授网络安全先进技术与应用知识、分享前沿学术成果、带领学生进行网络安全相关项目等形式将科研理念融入教育理念,使学生参与科研的过程成为新的网络安全教育模式,转化网络安全研究成果为优质教育资源,使学生提高对网络安全建设的创新思维和实践能力,在科教融合中成为新一代网络安全人才。要形成网络安全师生科研共同体。科教融合提供了教师和学生的合作互动机会,应进一步加强教师与学生的联系,为网络安全相关专业的学生匹配个人导师进行科研指导工作。具体形式可以是导师主导网络安全科研项目、学生参与项目获取实践经验,也可以是学生独立开展网络安全相关研究、导师从旁指导,还可以是导师、学生分工合作完成网络安全项目。通过这些合作使学生能够进一步领会网络安全知识技能并培养相关科研能力,同时能够让导师更加了解学生学习和研究困境从而提高其教育水平,彼此在合作中起到相互促进、相辅相成的作用。此外,要构建以学生发展为中心的科教融合机制。网络安全科教融合的目的在于向社会输出更多高质量的网络安全人才,所以应当突出对学生的网络安全能力培养。通过对科研和教学的深度结合,使学生参与网络安全研究活动成为一种常见的教育方式,为其提供可申请的科研项目和竞赛并配备相应的奖励制度,鼓励网络安全相关专业学生自主发起或参与科研活动,营造网络安全良好科研氛围。此外,推动高校与网络安全相关企业、科研院所联合培养网络安全人才,鼓励网络安全专业学生走向实际科研活动,开拓视野,积累经验。

五、加速靶场建设,加强实践教育

网络安全人才培养应当重视实践教育,依托学科专业优势,建立更为完善的资源整合方案和制度,更为完整的实践教育体系,更为优越的资源共享机制和开放实验教学环境,为学生创造更多的实践机会。[②] 这就需要有一套支撑实践教育的基础设施的建设。

除了实验平台,网络靶场被认为是支撑人才实践教育最为有效的基础设施。网络靶场的概念起源于军事领域,2008 年,美国国防部开发了第一个网络靶场,将其定义为一种网络安全射击场。如今,网络靶场不仅用于军事领域,而且具有

---

① 谷木荣,陈世昀,刘芝庆.高校青年教师科教融合的现实障碍与突破[J].高教发展与评估,2023,39(3):30-36+120-121.

② 潘丽敏,罗森林,王越.网络空间安全创新实践教育教学方法研究[J].信息安全研究,2018,4(05):480-488.

多种应用目的。NIST(美国国家标准化研究所)将网络靶场定义为网络、系统、工具和应用程序的交互式、模拟和表达,并为安全教育、培训和测试提供一个安全、合法和可靠的环境。这个环境可以是完全虚拟的,但也可能包括实际的物理硬件。[①] 该定义强调了网络靶场对于人才教育培训的重要性。ECSO(欧洲网络安全组织)将网络靶场定义为用于开发、交付和使用交互式模拟环境的平台。模拟环境是一个组织的 ICT、OT、移动和物理系统、应用程序和基础设施的代表,包括模拟攻击、用户及其活动,以及模拟环境可能依赖的任何其他互联网、公共或第三方服务。网络靶场包括实现和使用仿真环境的核心技术的组合,以及实现特定网络范围用例所需的额外组件。该组织强调,网络靶场不仅仅是为特定目的创建的模拟环境,它必须具有额外的功能,并向最终用户公开特定的功能,并且能够以更动态的方式进行更改,以结合未来的需求。[②]

以网络靶场为代表的一系列科学装置可以汇聚一流人才,也是人才培养的实战场,特别是可以培养大量顶尖的青年科研人才和高质量、有国际视野的网络安全人才。以国家发展和改革委员会为主导、网信、科技、工信等部门协同,密切跟踪国际网络安全科学装置发展前沿,立足现实需求,联合优势企业、科研院所,从国家安全和区域发展的高度进行谋划布局一批网络安全科学装置,为关键核心技术研发和网络安全高端人才培养提供高质量高水平平台。

补充阅读:网络靶场的作用

①研发和取证。这是网络靶场中最传统的使用场景,作为一个特定的模拟环境,网络靶场可以有效地用于研发和取证分析,以在部署和使用之前识别潜在漏洞。并且类似沙箱,所有必要的活动都可以在不损害基础设施的情况下进行。网络靶场提供模拟系统的有效配置,并且可以根据特定需要轻松定制。

②安全研究。网络靶场是在广泛的安全领域开展安全研究的基本手段。就其本质而言,世界各地的研究人员正在开发网络靶场,以研究新的攻击检测和缓解方法,恶意软件仿真等等。

③教育培训。网络靶场可以提供更省时、更现实、更有效的教育培

---

① Glas, M., Vielberth, M., & Pernul, G. (2023). Train as you Fight: Evaluating Authentic Cybersecurity Training in Cyber Ranges. *In Proceedings of the* 2023 *CHI Conference on Human Factors in Computing Systems.*

② ECSO. (2020). European Cyber Security Organization. Understanding cyber ranges: From hype to reality, available at: https://ecs-org.eu/ecso-uploads/2022/10/5fdb291cdf5e7.pdf. (accessed 2024-2-1).

训,可以为不同教育主体所使用,例如高等学校培训:主要作为常规课程的支持,作为实验室,在某些情况下也作为人才管理和能力建设项目的课外活动。职业教育与培训:与高等教育类似,但培训可以更有目标,更具体。内部培训:为建立组织所需的必要技能而进行的培训,包括入职、培养新技能和再培训(通常从通用 IT 到网络安全)。

④认证/评估/招聘。这种用法侧重于根据特定的需求或基线评估所需的技能。无论是作为某些认证的一部分,对特定角色和职位的评估,还是作为招聘的一部分,都可以提供实用、真实的技能和能力评估。

⑤比赛。最为常见的竞赛是夺旗(CTF),CTF 的概念从现实战斗情况的军事模拟发展到网络空间。CTF 比赛的基本理念是让两支队伍保护固定在一个位置的实体旗帜,同时到达对方队伍的旗帜。在网络空间中,旗子通常是一个团队必须保护的计算机系统、服务或信息片段,而其他团队则试图进入这些系统、服务或信息片段。CTF 为设计演习的组织者和参与者寻找实现给定目标的方法提供了很大的灵活性。①

六、建立评估标准,推动人才流动

要建立完善评估标准,包括网络安全人才能力素质评价的标准以及区域层面网络安全供需匹配的衡量标准。一方面,人才认证体系需要市场检验,但是网络安全这类特殊专业人才往往难以通过业绩进行简单衡量,市场的检验作用较弱,因此需要自上而下进行人才认证,确保人才"德才兼备"。网信管理部门需联合行业协会、企业、高校和科研院所构建网络安全人才评价指标体系和标准。坚持分类评价,不要都用一把尺子衡量。立足网络安全行业专业技术人才职业属性和岗位需要,按照"干什么、评什么"的原则,细分研究类、攻防类、工程类、开发类、治理类、管理运维类等人才的分级体系。评价指标应充分结合现阶段网络安全特点,对探索类、揭榜挂帅类、特色类、竞赛类、实战类成果等进行差别化评价,明确分类导向和原则,明晰分类步骤和举措。另一方面,要在区域层面对网络安全人才供需匹配状况进行准确评估,这是在宏观层面对网络安全人才作为战略

---

① ECSO. (2020). European Cyber Security Organization. Understanding cyber ranges: From hype to reality, available at: https://ecs-org. eu/ecso-uploads/2022/10/5fdb291cdf5e7. pdf. (accessed 2024-2-1); REWIRE. (2022). Cyber Range Establishment methodology and roadmap, available at: https:// rewireproject. eu/wp-content/uploads/2022/12/R4. 1. 1-Cyberrange-Establishment-methodology-and-roadmap_vFINAL. pdf. (accessed 2024-2-1).

资源进行开发、储备、调度的基础。在本研究第五章已经建立了区域层面网络安全人才供需匹配评价框架,可以在此基础上,考虑基础环境、发展规划、培养体系、人才流动、匹配效果等5个方面的16子范畴,结合地方社会经济发展现状,细化形成评价指标体系并定期开展全域评价,在管辖范围内支持网络安全人才管理的"评价—反馈—改进"的良性循环。在此基础上,总结先进经验和挖掘优秀案例,通过样板宣传学习、模式复制推广、对口支援、"人才飞地"等方式,合理优化资源配置、补短板、强弱项、提质效,实现网络安全人才在不同专业领域、不同人才层次、不同区域层级上的动态平衡。

习近平总书记曾针对网信工作强调:"要采取特殊政策,建立适应网信特点的人事制度、薪酬制度""要探索网信领域科研成果、知识产权归属、利益分配机制,在人才入股、技术入股以及税收方面制定专门政策"。[①] 应注重高精尖人才的培养与孵化,相关部门可联合推动实施高精尖网络安全人才培育工程,每年选拔有培养前途和发展潜力、起骨干核心作用的中青年领军人才,在全域范围内构建高精尖网络安全人才蓄水池,并设立专项资助项目,包括种子基金、产业发展基金、研发补贴等,为掌握前沿技术的科研团队与高精尖人才提供资金支持,鼓励优秀人才进行自主创新研究,并完善人才激励机制,建立以体现技能价值为导向的技能人才薪酬分配制度,深入推进职务科技成果所有权或长期使用权改革试点。除了高精尖人才,技术技能人才的引进也需要加大力度。特别是对于很多网络安全人才,可能学历并不高,但是具有很强的攻防能力,要摘掉"非全日制""同等学力"标签,提供绿色通道,保证不会将有特殊技能的人才排除在人才引进通路之外。此外,在落户、医疗保健、住房保障、子女入学等配套措施上享受相应的人才待遇。要塑造优越的全周期人才服务软环境,用环境塑造和制度保障让人才感受到归属认同和价值激励,对人才形成持久的吸引力。

运用飞地模式破解人才流动壁垒,打造区域人才发展共同体。面对网络安全人才的供需矛盾,要站在区域一体化发展的高度,精准发力、逐步破解。一方面,要加强顶层设计,做好谋篇布局。各地各部门协同配合,成立人才飞地协调小组,统筹人才飞地发展规划。各地政府立足自身产业特点,研究制定促进飞地园区落地和发展的相关地方性法规和规章,完善推进机制,创新扶持政策,建立跨区域政府间的常态化协调机制。另一方面,要破除政策藩篱,落实一体化保障机制。人社部门要围绕人才最关心的公共服务转移接续问题,做好制度衔接。要建立一体化人才服务保障标准,"一盘棋"推进人才评价标准互认制度,实现人

① 习近平在网络安全和信息化工作座谈会上的讲话[EB/OL]. 新华网,(2016-04-26)[2024-02-01]. http://www.xinhuanet.com/zgjx/2016-04/26/c_135312437_6.htm.

才政策融通。知识产权部门要完善产权保护制度,增强人才共享的契约保障。对进驻飞地的各地企业,则由组织、科技部门牵头,联合发改、人社、行政审批、商务、工信等部门力量,成立人才飞地服务专班,为项目提供证照办理、法律咨询、招才引智、政策落实等一体化服务。

强化网络安全人才的社会化引流机制,培育区域性网络安全人才的社会化试点孵化基地。作为网络安全人才培养体系的重要补充,依靠社会力量培育网络安全人才,也是弥补人才缺口的有效途径。一是要优化政策环境,营造浓厚引流氛围。由政府出台关于加快网络安全人才孵化基地发展的政策措施,引导区域内基础设施好、实训条件成熟的企事业单位打造人才孵化基地,完善其监督管理机制,给予广告宣传补贴、优先享受相应激励政策、资金支持等政策倾斜,进一步优化网络安全人才孵化基地建设环境。二是要打造区域孵化载体,充分发挥示范基地的引领、辐射作用。要在各地建设网络安全人才孵化基地,实行中央统筹、属地政府提供配套服务的联动管理模式,作为探索孵化模式的重要平台,逐步带动社会机构为各地输送实战型、实用型网络安全人才。三是要强化系统思考,发挥区域比较优势。在孵化基地规划上加强整体谋划,建设具有区域特色的网络安全人才孵化基地,形成错位竞争、优势互补、协作配套的战略布局。

第十一章 总结与展望

网络安全人才短缺在全球都是普遍的问题,各国纷纷制定相关政策以确保网络安全人才供需动态匹配,既包括开发国内人力资源,也考虑吸引国际人士;既包括利用现有网络安全专业培养,也考虑增加其他工科专业向网络安全专业转化的弹性,并且从青少年时期就开始着力培养网络安全人才。即便如此,迅速激增的网络安全任务,以及不确定的国际国内局势,网络安全人才依然炙手可热。"七年之病,求三年之艾",网络安全人才的培养不能一蹴而就,既需要在国家和区域层面提前谋划布局,也需要政府、高校、企业、社会组织等多元主体合作,面向当前和未来需求精心设计培养方案。本研究为在区域层面实现网络安全人才供需匹配提供了理论支撑和实现路径参考,包括分析了全球网络安全人才促进政策,明确网络安全人才供需匹配是网络安全人才宏观管理的核心问题,开发区域层面网络安全人才供需匹配的评价模型,模拟网络安全人才规模涌现性,探讨网络安全行为的形成机制,构建网络安全人才培养质量模型,并且提出网络安全人才培养路径。网络安全环境正在发生重大转变,网络安全技术发展也突飞猛进,俄乌冲突昭示网络战已经成为现代战争的重要形式。网络安全人才的开发、储备和调用不仅是数字中国建设的重要保障也是国家安全的潜力资源。未来我们需要面向国家战略需求,紧跟网络安全态势发展,通过扩大调研范围,提升模型匹配度,增加模拟场景,为提升网络安全人才供需匹配提供更多具有前瞻性、系统性和可操作性的理论支持。

附　录

附录 1　访谈稿截取（互联网企业 HR）

Q：网络安全人才需求现状是什么样的？当前的人才供给是否能满足行业的需求？

A：就我在实际业务当中的感受来说，现在的情况应该是供不应求。最近这两年，行业内才逐渐重视网络安全。所以在供给侧方面，包括在校的学生，其实能够提供的能力都是基础通用的，而且这些学生了解网络安全这块又比较少，也可能是因为网络安全这块之前并没有被提到一个非常重要的地位上，所以很多学生都会选择一些比较大类的工作，比如说做中后台，做网络安全的会比较少。企业这两年开始重视起来之后，就发现其实很多人没有匹配到这方面专业的一些业务知识。

Q：在招聘网络安全人才的时候，会要求他们具备什么样的能力或者特质吗？是否有一些区别于其他信息技术人才的要求？

A：做安全的话，他们会有自己的一些技术类的范畴，所以技术上的能力是需要的，但这个技术能力的需要其实还是取决于对这个业务的了解，因为各个业务形态它面临的安全问题还是不一致的，所以说现在最大的问题是来自在学校培养的时候，学校没有办法给你提供环境去模拟一些真的会发生的事情，所以学生除了技术上的欠缺以外，还缺少对业务环境本身的认识，可能就不知道在整个业务链条当中哪一环会出现安全问题，这是最大的一个弊端，也就是他们可能需要提升一下硬性能力。然后第二个软性素质方面，做安全其实是一个兜底的工作，它没有办法在前端显示出你对于业务的贡献跟价值，就相当于说是一个中后台的东西，没有发现问题，就证明他做得好，但是你没有办法用没有发现问题这件事本身去衡量他的工作价值。所以在这方面对于这个人的软性素质的需求，除了要有较强的抗压能力，还需要能够沉下心来做事，需要一个不是那么强目标导向的人——比如说我做事的价值感不是来自业务本身的增加，而是来自那种强的责任感。另外这个人也需要比较稳重，没有必须说要工作一定要得到外界认可。其实做安全、做风控、做网络安全,没有太多的业务能够在你的业务价值上给到一些认可,因为不出问题就是做得好,但是不出问题这件事本身没有办法去后期衡量,类似于善战者无赫赫之功,但是他无赫赫之功就难以评价,是这样一个情况。

Q:企业有没有针对网络安全这一类岗位有一些比较特殊的激励或者绩效考核方式呢?

A:我觉得他们可能更多的是一种过程性的指标。因为对于风控安全来说,第一个它肯定是有考核指标的,比如是有结果考核的,就是不能出现事故,要有结果兜底。第二个就是如果出现了事故,他/她的止损跟反应的速度,这个也是我们可以考核的,观察他/她如何选择策略。第三个情况是我们其实可能只是把结果作为一部分,过程上的衡量可能来自本身安全系统的质量标准,包括横向能够给其他业务带来的增值。例如这套安全机制做出来之后能否在相同场景复用、能否迁移到另一个使用场景。关于激励,对中后台人才的激励问题始终还是一个比较大的问题,因为确实没有办法通过结果进行评价。所以在刚开始的时候,人岗匹配更重要。

Q:您刚才说到人岗匹配,你们一般用什么方式提升人岗匹配?

A:可以分校园招聘和社会招聘两种。如果是校园招聘,我们可能会更在乎他/她的学习能力和一些性格底层的东西,比如说这个人不是那种特别焦躁的人,然后可能性格比较内敛,比较谨慎。校园招聘中我们比较看重这个人的潜力。然后是社会招聘,因为社会招聘的一个前提是你要有相关的经验,一般你做了三年,有相关的经验之后,它对你来说就是一种成本,所以很多人就算知道自己想要去往其他岗位迁移,但还是会选择这个岗位,因为他之前做过这个东西。对于社会招聘的同事来说,他/她一定要清楚自己是之后想要从事这个岗位的,因为网络安全岗位和很多的岗位不太一样,没有那种很前端的价值感,而且他/她已经是尝试过这个岗位的,之后认定还要做这个岗位,我觉得这种自我认知是非常重要的,就他/她能够认识到自己很适合这个岗位的这种能力是很重要的。因为社会招聘的点是来自你已经试过错了,你试完错之后你能够发现你跟它是匹配的,或者你跟它没有那么的匹配,但是你知道这个岗位需要具备什么样的能力,你愿意往那个画像去调整自己,我觉得这个是最好的社会招聘的状态,就是底层素质。因为我之前面试了很多人,之后也发现能把这个岗位做好的,或者能把自己现有的岗位做好的人,他/她非常清楚自己适合这个岗位,清楚这个岗位想要做成什么样,他/她有这个意愿想去做,我觉得这个比较重要。

Q:您认为建立一个职业认证体系,对于解决网络安全人才缺口来说重要吗?

A:就我看来,职业认知体系是需要经过市场检验它的含金量的。换句话说,如果这个体系本身还没有经过市场检验,放在企业层面,它是比较难以被买单的。比如说注册会计师为什么能够被市场买单,是由于它被验证了,能够经过这个职业认证的一群人是具备相关素质的。但是我们现在不太确认的是网络安全人才职业认证体系它是否被市场验证了,如果我通过这个体系认证,我是不是就具备了基本的素质,还有这个体系的建立是为了选拔人才,还是为了选拔人才保证基准的条件,如果说是保证基准条件,说我要拥有这个才表示我具备上岗的这样一个能力,这种可以做,因为它是一个大范围的,而且一个职业认证体系的建立一定是大范围的。如果是保证我一定上岗要具有这个能力的话,我觉得企业可以参考,但是是不是适用,肯定要到时候再看,因为它没有被市场检测。我再举个例子,就像说证券从业资格证,因为它太普遍了,就变成了一个基础条件,证券公司也不看了。所以我才问你这个体系建立的目的是保障一个基础条件,还是说选拔一些真的在这个领域上有天分的人,我觉得这个体系的设置目的比较重要。

Q:你们在招聘的时候有没有一些知识体系或职业认证方面的参考?

A:技术的确实比较少。我觉得技术的基本条件的筛选,在国内是取而代之变成了学校与专业。比如说你是985毕业的计算机专业,我就默认为你在这个领域上是具备基础素质的。学校和专业本身已经设置了这个体系的一个筛选门槛。不像人力资源和金融会设置认证体系,是因为人力资源或金融这个体系没有经过认证就不能证明你足够专业,但是像技术这种,因为有很强的知识门槛,所以学校和学历本身就变成了一种变相的门槛。在变成了一个准入门槛之后,可能我们更看重的是上限潜力的部分。这种上限潜力部分的确认更多的是通过比赛体现,比如说有个特别大的世界大学生的编程大赛,能够在这种领域上获得金奖,或者现在会有更多的一些企业自己去组织比赛,比如一些头部企业专门通过比赛去选拔这种人才,都是为了弥补人才认证体系的缺失。

附录2　访谈稿截取(网络安全学院院长)

Q:目前网络安全人才的培养情况和模式是怎样的?

A:网络安全学科的交叉性特别明显,这主要是因为网络安全任务应对对于知识复合性的要求很强。

第一,从本科就业的角度上来讲,现在网络安全的人才培养体系我个人觉得还需要完善,或者毕业生以后即使进入了网络安全岗位,未来的发展潜力我觉得还是要画个问号。因为网络安全现在大多数还是以计算机的知识为主,主要在其中加了一些网络安全的对抗性思维、攻防的想法在里面。但是刚才说了它的学科是比较广的,比如说工控。工控实际上是跟自动化联系比较密切的,还涉及电子,然而现在大多数学校的培养都是以计算机为主体,这个时候就存在着一个很难跨学科的问题。

第二,我们在网络上面用得比较多的协议之类的工具,学得比较深了以后,你才会更多了解它涉及网络安全攻防的一些东西,所以目前的培养体系还不是特别的理想。而且据我所知像网络安全专业学生毕业后大多数是进入了计算机这个大门类,而不一定进入网络安全这个小门类。本科生就业的时候,网络安全和计算机专业的学生,他们的就业有什么优势,这个还是蛮难确认的。

第三,现在来讲网络安全人才培养,还是靠自我驱动,那么这也会有一些问题。虽然现在你想学的网络安全知识,互联网上、各个论坛都有,但它不是系统的,或者可能很多工具你都会,但是需要你自己去开发工具可能就困难了。另外,你可能会使用这些工具找到漏洞,但是找到以后怎么样利用或者弥补这个漏洞,这就需要一些更深的知识。因为攻防的话,对于攻来说,攻一点就行了,只要从一个地方突破;但对于防来说,窗户也要挡住,门也要挡住,地板也得挡。所以我觉得网络安全人才的培养,现在也是一个比较痛苦的阶段,坦率来讲,就像国内前期比较顶级的黑客,很多人根本就不是相关专业,有一些甚至都不是计算机专业、都不是工科的,而是学医的等等,那么自我驱动就比较要紧,最要紧的是知识体系。

我个人觉得,本科阶段还是应该打好计算机的底子,了解以计算机为核心的知识;在研究生阶段,再专攻某一个方面,比如你是喜欢做网络的,或者安全,再去偏向安全可能会比较合适。

那么现在来说,一些安全公司也成立了网络空间安全学院,但是他们主要是企业内部人员的培养,他们的培养体系入门就比较快,因为员工学完了以后能上手得比较快,但是其背后的理论支撑是不够的。各个学校或者各个公司的网络安全学院基本合作的对象都是一些高职或者中职的比较多,本科的不是太多,因为本科对整个理论的完整性要求比较多,而没有那么多学分放到相对来说比较实操的内容里面。那么另外一个就是说网络安全真正要做攻防这方面的人才也需要有一定的天赋,或者是特别爱好的。

高校网络安全专业的培养课程里面以计算机课程为主,然后加一些攻防的思想在里面,辅之以学生的社团,到了大三下学期、大四的时候再和企业合作,基本上也都是这么一个模式。但在本科阶段,除了比如参加网络安全竞赛之类的活动以外,网络安全这个专业的特殊性、它的特色或者和计算机专业的差别,实际上不是特别明显,这个是一个比较普遍的问题。

Q:目前网络安全人才培养师资情况和实践课程设计如何?

A:这些是人才培养体系的核心。我们现在的课程体系和师资结构,我个人觉得是不太适合网络安全人才的培养。因为现在高校教师招聘进来都要博士,博士的话基本上是写论文的居多。在高校里面不写论文,这个日子都过不下去。那么关于老师培养应用型学生的导向就较弱。致力于培养网络安全专业学生实践能力的老师,如果把精力都投入这个方面,例如带学生打比赛,他的职称可能会很难上,这是一个问题。那么另外一个,就像刚才提到网络安全是比较复合型的,实际上你要学的东西真的是很多,你要学到那个层次了才会有更深的理解。但是对于大多数学生来说,老师在上课的时候可能也只是把那些规定要讲的东西讲掉,没时间再讲别的。

另外一个就是大学四年修的学分实际上跟本专业有关系的,或者联系性比较强的课程是不多的,在大多数的学分都已经被占掉的情况下,如果要加强实操,或者是加一些特色性的东西进去,那么空间是比较小,所以只能说是靠社团这种,但是社团它的辐射面毕竟没有那么大。有些网络安全企业和职高他们弄的课程体系相对比较灵活。实践教学方面,现在网络安全竞赛的作用比较大。网络安全竞赛总体上分为几类:一类是叫作作品赛,作品赛是教育部教指委组织的,就是你利用网络安全的知识做一些作品;那么还有一类就是所谓的CTF比赛,就找漏洞或者是其他。作品赛能够考核学生的整体能力或者团队合作精神更多一点,但是作品赛不像夺旗赛或者CTF这样,成就感来得这么快,而且现在如果说能在网络安全比赛当中获得一个比较好的成绩,对你就业都是很有影响的。

另外就是网络靶场建设。现在大多数的地方,比如说建一个实操的靶场,可能更多的是教学实验环境而不一定是实操环境,因为你要知道建一个真正的比较好的靶场,投入是相当巨大的,至少是需要大几百万的投入,学校在这方面的投资能力有限。最好是国家或者省里层面能够投入建设。当然也可以和企业多合作,但是合作的一个前提是什么?第一,学生要有精力,有时间能空出来参加实践。第二,双方在合作的过程当中都害怕,害怕安全稳定的问题,因为你一离开学校谁都害怕,万一出问题了以后怎么办?这是一个很现实的问题,就是想法都不错,但就是说不太好落地。

现在年轻人的确是思想、价值观比较多元,我们当时就发现一些动手能力比较好的,的确在比赛当中成绩也不错的。但是有些学生逐利倾向明显。现在网络黑灰产业也很发达,一些学生攻击一些信息系统,从小的来说,有些是为了修改自己的成绩或者其他,大的来说就是涉及犯罪的事儿,犯罪的事实际上在各个高校都有,但是不一定报出来了,所以这个是比较让人害怕的一件事。所以我一直认为对网络安全专业学生的思想政治教育这件事情是很有必要做的,虽然这个事情的实施效果很难立竿见影,但是这个事情一定是要作为很重要的一个关注因素,至少在教学上面应该有这方面的考虑。另外,在实践教学上应该要多和公安或者国家一些特殊部门合作,让学生觉得自己的技术是有用的;学生参与护网行动等相关工作后,他们的思想政治品质、国家安全意识也会加强。

Q:企业对于网络安全毕业生的需求情况如何?

A:和我们接触的公司也是经常反馈找不到合适的人,实际上他们说的找不到合适的人,是因为他们希望招到的人是马上就能上手的。在这种情况下,很可能是职高或者大专出来的学生反而上手更快,但是这些企业也承认本科生的潜力或者能力提升要比职高的更快。

安全有一句话叫:平时你没用,出了事以后你真没用。平时平平安安的,没有任何问题,你是感觉不到这些安全岗位在背后支撑的。一旦出了问题,那肯定是安全部门没做好。所以这很痛苦,因为做好做不好都没有任何的给领导或者给单位带来直接效益的东西,这个事就很麻烦。因为每一次对安全的重视都是由于出现问题了,像斯诺登事件等等,都是危机所导致的一种事后的弥补,事前谁都不会预料。安全对企业来讲必定是有了投入以后,不会马上产生结果、不一定会直接产生效益的,所以这个事比较麻烦了。实际上这是这行普遍存在的问题,不太好解决。所以学生对进入网络安全这个行业有顾虑,因为相对计算机专业来说要满足网络安全专业的就业机会比较少。就从薪酬体系上来再来讲,网络安全的确在起薪上面是比较高的,但是头部互联网企业会选特别优秀的毕业生。对于能力较一般的学生就业面窄就意味着就业机会小,这个是很现实的一件事。

在政府层面,现在进行护网行动,每年省里面的护网行动,可能六七月份就开始了,这个时候人才是特别缺乏的。另外一方面这些企业因为缺人,但学生的水平可能不是特别够,那么可以采取校企合作的方式,让学生多多参与,给学生布置比较简单的或者基础性的活。你能够为企业提供一些实质性的支撑,企业也乐意与你合作,企业能够通过这种合作来选拔一些人,但缺的是比较厉害的人。

政府层面的网络安全保障政策,有些省份把网络安全的高层次人才列入到了省里面的紧缺人才里面,但是网络安全往往存在一个问题,就是它是做一些实际性的东西,而不是做理论性研究的,所以怎么来衡量网络安全人才的水平不是特别好办,还缺乏一个大家都公认的评价标准。像现在很多都是以获得荣誉、发表文章,或者拿到职称为评价标准。但是这个在网络安全里面还没有,我的印象中是对于一般的人来说是没有一个大家都非常公认的衡量标准,对于那些特别厉害的当然不一样。

总体来讲,大公司对安全是有内在驱动的,不讲别的,它的经营信息或者客户信息如果丢了、遭到勒索,是能够直观感受到的,但一般的中小型企业首先要保证活下去,他们的安全投入往往不能直接产生效益。目前政府或者政策上推动网络安全人才发展的力量还是挺大的,特别是对于中小企业的安全投入的影响比较大,如像刚才说要满足网络安全等级保护的基本要求。

附录3　网络安全行为问卷主要题项

1. 您是否有 IT(信息技术)相关的专业背景?
　　○ 是　　○ 否

2. 您单位是否有信息安全相关的正式文件,如政策文件,行为守则,培训资料!
　　○ 是　　○ 否　　○ 不知道

3. 您已经阅读了单位规定的与您工作相关的信息安全政策?
　　○ 是　　○ 否　　　○ 不知道

4. 您单位是否会定期修改及更新信息安全政策?
　　○ 是　　○ 否　　○ 不知道

5. 您是否会定期被告知有关组织信息安全的要求和更新?
　　○ 是　　○ 否　　○ 不知道

6. 如果遇到信息安全事故,您需要向哪个部门报告(可多选)?
　　□ 人力资源部
　　□ IT 部
　　□ 直接上级
　　□ 集团信息安全官
　　□ 其他
　　□ 不知道

7. 在您参加单位组织的以下几类培训中是否涉及信息安全相关内容(可多选)?
　　□ 入职培训
　　□ 在职培训
　　□ 脱产培训
　　□ 转岗培训
　　□ 都没有

8. 您是否同意以下对您单位信息安全培训的描述?

	1 非常同意	2 同意	3 不确定	4 不同意	5 完全不同意
1.我接受了足够多的针对日常工作信息安全的培训。					
2.单位会定期提供信息安全的培训。					
3.单位有明确的信息安全培训计划和考核要求。					

9. 您是否同意以下对您单位高层管理者和同事的描述?

	1 非常同意	2 同意	3 不确定	4 不同意	5 完全不同意
1. 高层管理者认为信息安全是组织应该优先考虑事务。					
2. 各级管理者总是会参与关键的信息安全活动。					
3. 高层管理人员对安全项目给予强有力的和一致支持。					
4. 高层管理人员为我提供信息安全培训和学习资源。					
5. 高层管理者在做战略规划时会考虑信息安全问题。					
6. 高层管理人员的支持对建立安全文化具有重要作用。					
7. 我的同事也认为应该要遵守单位的信息安全政策。					
8. 信息管理部门会支持我遵守信息安全政策。					

10. 您是否同意以下对您单位信息安全政策的描述?

	1 非常同意	2 同意	3 不确定	4 不同意	5 完全不同意
1. 信息安全政策清楚列明了我在信息安全方面的责任。					
2. 信息安全政策的内容很容易理解。					
3. 信息安全政策适用于我的日常工作。					
4. 员工遵守信息安全政策可保证单位的信息安全。					
5. 员工遵守信息安全政策可减少单位的信息安全威胁。					
6. 员工遵守信息安全政策可帮助单位避免信息安全攻击。					

11. 您是否同意以下对于您单位信息安全政策遵从监督检查的描述？

	1 非常同意	2 同意	3 不确定	4 不同意	5 完全不同意
1. 为了防止安全事件，员工信息安全行为要被适当监控。					
2. 单位会经常对员工的信息安全行为进行检查。					
3. 单位会强制员工遵守信息安全政策。					
4. 单位明确规定了员工违反信息安全规定的惩罚。					
5. 对于不遵守单位安全政策的人，单位会采取惩罚措施。					
6. 员工一旦被发现违反信息安全政策会被严厉惩罚。					
7. 单位会开除多次违反信息安全政策的员工。					

12. 您是否同意以下对您信息安全意识的描述？

	1 非常同意	2 同意	3 不确定	4 不同意	5 完全不同意
1. 我愿意遵守单位的信息安全政策。					
2. 我会在任何时候遵守单位的信息安全政策。					
3. 我确定我会遵守单位的信息安全政策。					
4. 我有足够的技能来实施信息安全保护措施。					
5. 我有足够的知识来实施信息安全保护措施。					
6. 我有足够的资源来实施信息安全保护措施。					
7. 遵守单位信息安全政策已经成为我的习惯了。					
8. 遵守单位信息安全政策对我来说很自然。					
9. 遵守单位信息安全政策是我很自觉会做的。					
10. 我觉得遵守单位信息安全政策是重要的。					
11. 我觉得遵守单位信息安全政策是有益的。					
12. 我觉得遵守单位信息安全政策是必要的。					
13. 我了解与我工作相关的信息安全政策。					
14. 我了解自己的信息安全职责和角色。					
15. 我了解单位的道德行为准则。					
16. 我认为提高员工的信息安全意识是很重要的。					
17. 我知道单位正在进行的关于安全意识方面的倡议。					

13. 您是否同意以下对于信息安全责任感的描述？

	1 非常同意	2 同意	3 不确定	4 不同意	5 完全不同意
1. 保护单位的信息安全是每个员工的责任。					
2. 员工参与单位信息安全政策的制定是重要的。					
3. 员工对单位安全有主人翁意识是重要的。					
4. 我觉得单位的信息资产是我的。					
5. 我觉得我对单位的信息资产有很高的个人所有权。					
6. 我觉得我拥有单位的信息资产。					
7. 我很难把本单位的信息资产看作是我的。					

附录4 网络安全人才培养需求问卷主要题项

在网络安全人才培养的过程当中,您觉得以下哪一项指标能很好培养网络安全人才? 评分标准如下:1分表示"非常不重要",2分表示"不重要",3分表示"中等重要",4分表示"重要",5分表示"非常重要"。

	1	2	3	4	5
与教学水平配套的管理机制	○	○	○	○	○
有国家级网络靶场提供攻防演习	○	○	○	○	○
有专业的网络空间安全实验室	○	○	○	○	○
有水平素质高、结构好的师资队伍	○	○	○	○	○
高校与企业共建网安产学合作基地	○	○	○	○	○
高校和科研机构有交流的渠道	○	○	○	○	○
高校与海外高校联合培养博士生	○	○	○	○	○
高校学生与任课老师之间交流频率高	○	○	○	○	○
知识应用能力强	○	○	○	○	○
职业道德素质水平高	○	○	○	○	○
就业竞争力强	○	○	○	○	○

附录5 网络安全人才培养层次分析专家打分主要题项

请对网络安全人才培养利益相关者需求之间的相对重要性进行打分，从 1 至 9 重要性不断增强，$\frac{1}{3}$，$\frac{1}{5}$，$\frac{1}{7}$，$\frac{1}{9}$ 为以上的倒数。

1. 网络安全人才培养利益相关者需求

	1	3	5	7	9	1/3	1/5	1/7	1/9
基本条件 D1： 互动关系 D2	○	○	○	○	○	○	○	○	○
基本条件 D1： 发展成就 D3	○	○	○	○	○	○	○	○	○
互动关系 D2： 发展成就 D3	○	○	○	○	○	○	○	○	○

2. 网络安全人才培养利益相关者需求——基本条件 D1

	1	3	5	7	9	1/3	1/5	1/7	1/9
与教学水平配套的管理机制 D11： 国家级网络靶场提供攻防演习 D12	○	○	○	○	○	○	○	○	○
与教学水平配套的管理机制 D11： 有专业的网络空间安全实验室 D13	○	○	○	○	○	○	○	○	○
与教学水平配套的管理机制 D11： 水平素质高、结构好师资队伍 D14	○	○	○	○	○	○	○	○	○
国家级网络靶场提供攻防演习 D12： 有专业的网络空间安全实验室 D13	○	○	○	○	○	○	○	○	○
国家级网络靶场提供攻防演习 D12： 有水平素质高结构好的师资队伍 D14	○	○	○	○	○	○	○	○	○
有专业的网络空间安全实验室 D13： 有水平素质高结构好的师资队伍 D14	○	○	○	○	○	○	○	○	○

3. 网络安全人才培养利益相关者需求——互动关系 D2

	1	3	5	7	9	1/3	1/5	1/7	1/9
高校与企业共建合作基地 D21： 高校和科研机构有交流的渠道 D22	○	○	○	○	○	○	○	○	○
高校与企业共建合作基地 D21： 高校与海外联合培养博士生 D23	○	○	○	○	○	○	○	○	○
高校与企业共建合作基地 D21： 学生与老师之间交流频率高 D24	○	○	○	○	○	○	○	○	○
高校和科研机构有交流渠道 D22： 高校与海外联合培养博士生 D23	○	○	○	○	○	○	○	○	○
高校和科研机构有交流渠道 D22： 学生与老师之间交流频率高 D24	○	○	○	○	○	○	○	○	○
高校与海外联合培养博士生 D23： 学生与老师之间交流频率高 D24	○	○	○	○	○	○	○	○	○

4. 网络安全人才培养利益相关者需求——发展成就 D3

	1	3	5	7	9	1/3	1/5	1/7	1/9
提高知识应用能力 D31： 职业道德素质水平高 D32	○	○	○	○	○	○	○	○	○
提高知识应用能力 D31： 就业竞争力强 D33	○	○	○	○	○	○	○	○	○
职业道德素质水平高 D32： 就业竞争力强 D33	○	○	○	○	○	○	○	○	○